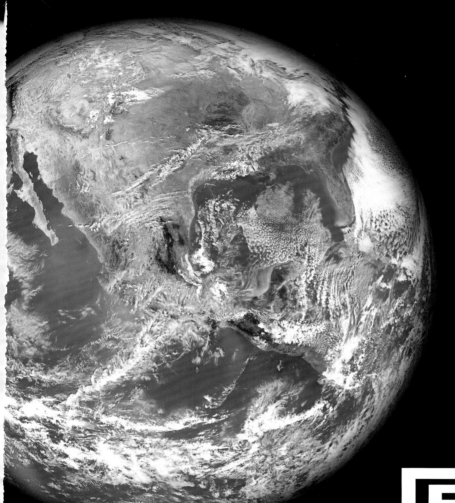

NATIONAL
GEOGRAPHIC

最 新 增 訂 版

國家地理

圖解
太空

NATIONAL GEOGRAPHIC

最新增訂版

國家地理

圖解太空

從內太陽系到外太空
最完整的宇宙導覽圖

詹姆斯・特菲爾 James Trefil 著

巴茲・艾德林 序言推薦

李昫岱、姚若潔 翻譯

Boulder Media 大石文化

目錄

前頁：（第1頁）地球西半球。（第2-3頁）獵戶座星雲（Orion Nebula），左下方是獵戶座LP星（LP Orion）。

泡泡狀雲氣是SNR 0509-67.5超新星殘骸，位在大麥哲倫雲（Large Magellanic Cloud），這張照片是可見光和X射線合成影像，綠色和藍色的部分是高溫物質，粉色的殼狀構造是超新星的震波穿過星際物質時所形成。

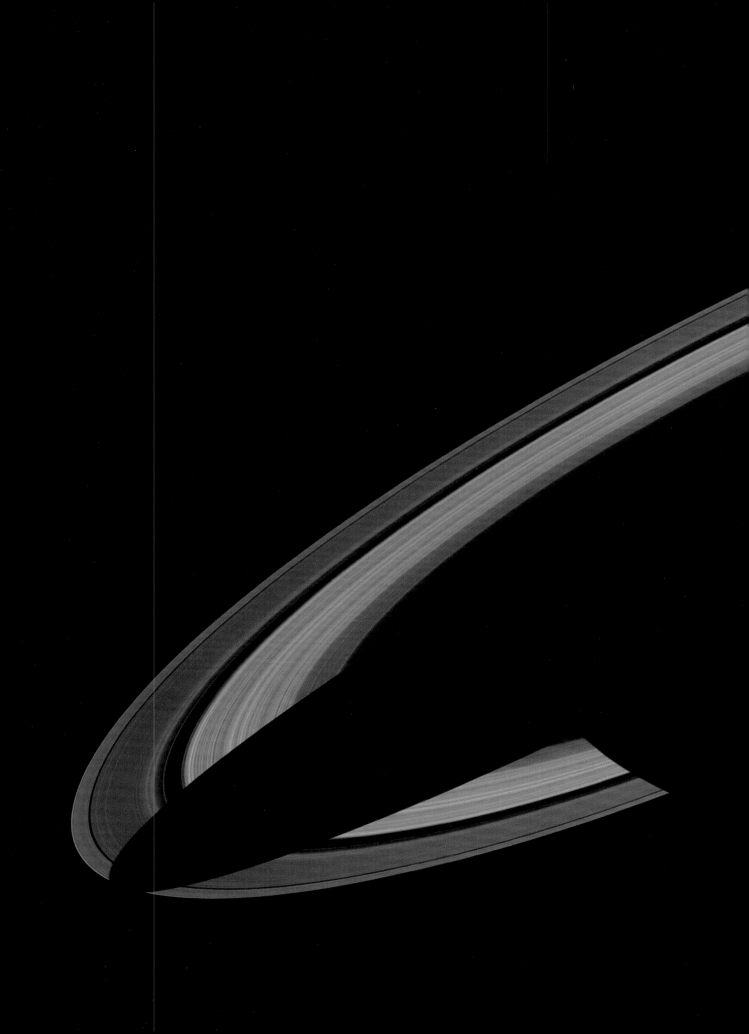

太陽系

土星可說是太陽系之后，以壯觀的土星
環系統著稱。土星探測船卡西尼號
（Cassini orbiter）在自然光下拍攝的
這張影像，呈現土星環和環縫的複雜結
構，土星環在這顆氣態巨行星的大氣上
投下一道邊緣銳利的影子。

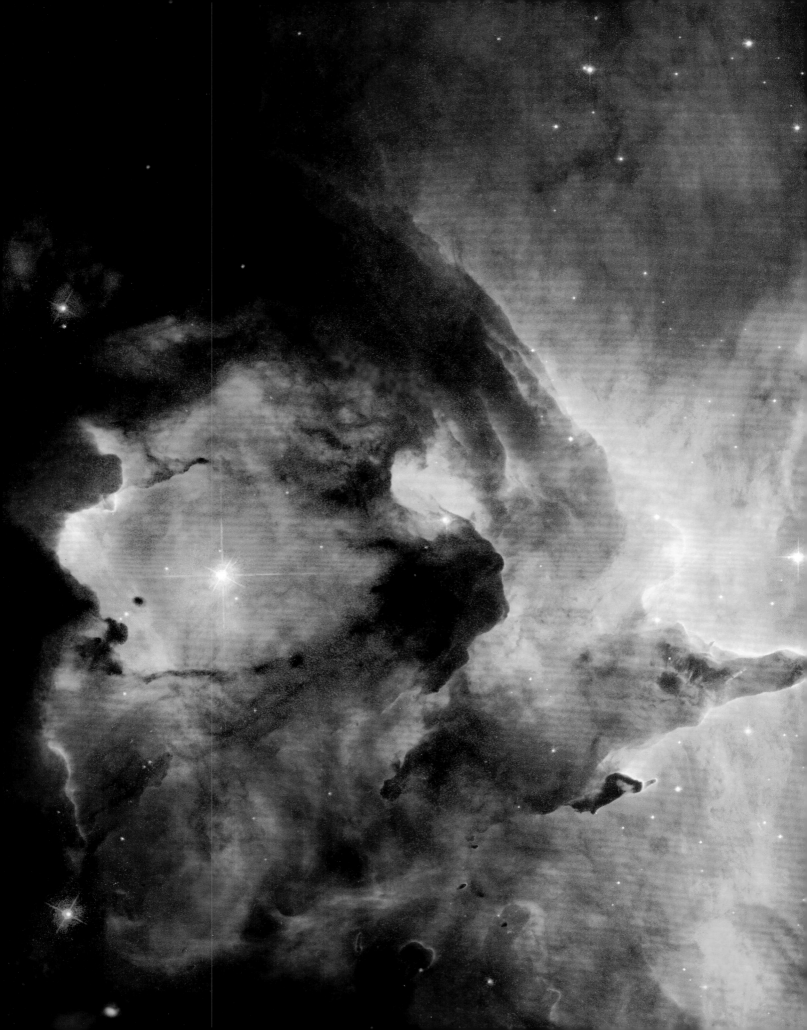

星系

NGC 6357星雲由明亮的恆星和正在形成恆星的氣體區域組成。圖中最明亮的Pismis 24-1其實是雙星，兩顆星的質量合計約為太陽的200倍。

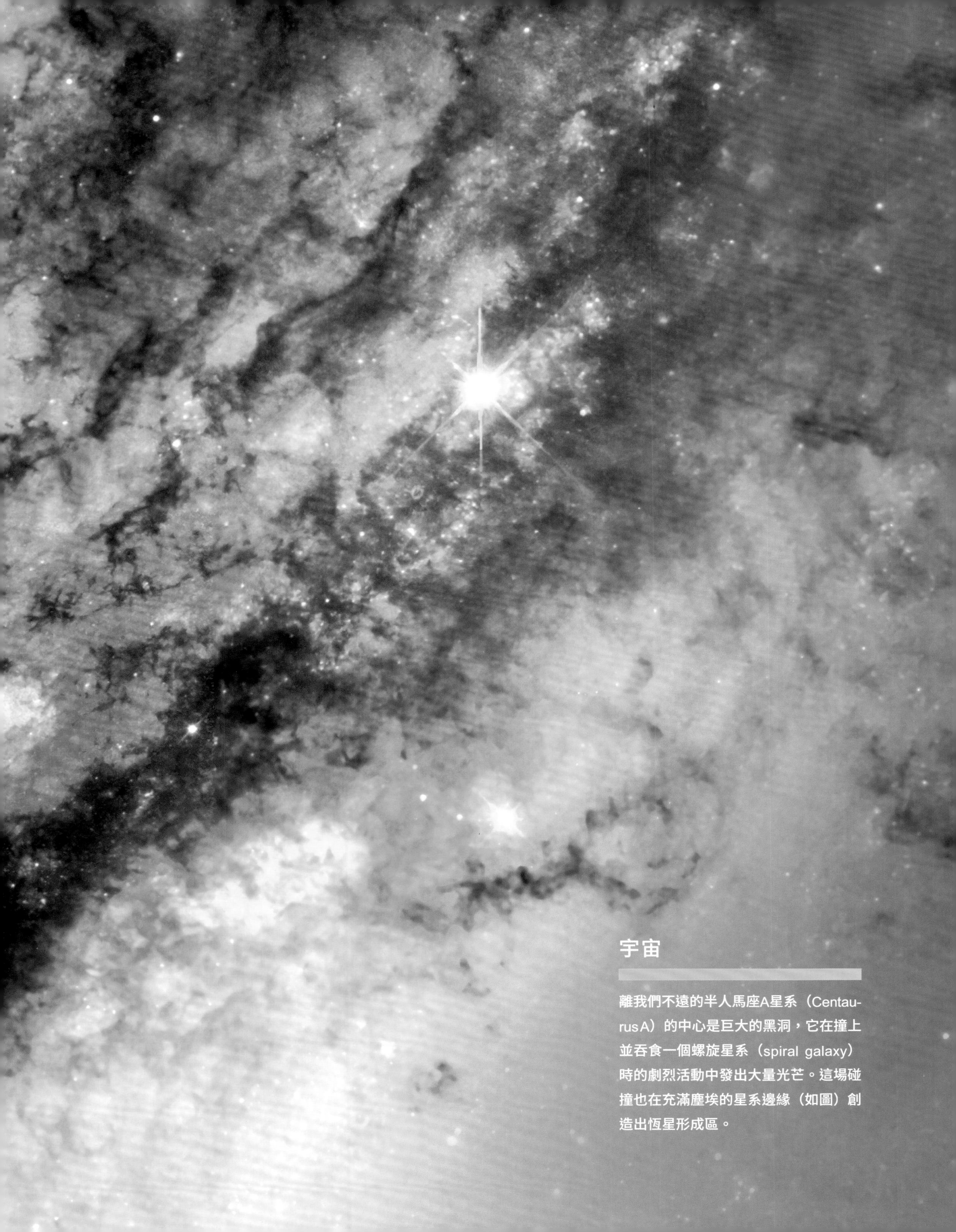

宇宙

離我們不遠的半人馬座A星系（Centau-rusA）的中心是巨大的黑洞，它在撞上並吞食一個螺旋星系（spiral galaxy）時的劇烈活動中發出大量光芒。這場碰撞也在充滿塵埃的星系邊緣（如圖）創造出恆星形成區。

登陸月球50年後

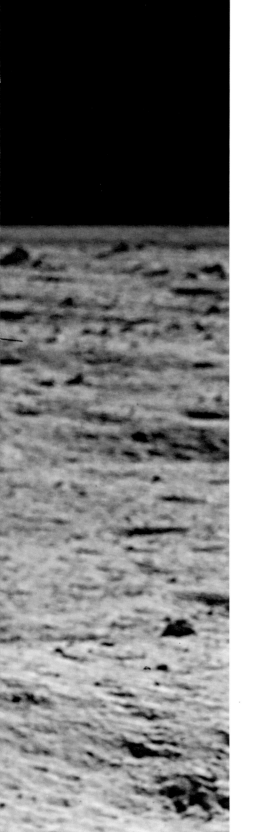

巴茲‧艾德林 BUZZ ALDRIN

你現在拿在手上的，是整個宇宙——這本前所未見的圖文書收錄了全宇宙的知識，透過驚人的影像、地圖和令人心智大開的文字，在每一頁的編排中展現出力量。書中呈現出偉大的時空旅程，和尋訪新疆界時得到的訊息，代表了人類對知識永不止息的追求，以及對宇宙的體認。

這本書見證了我們知道的事，也承認了我們的無知。看看我們現在有多少探索太空的設備，從地面望遠鏡、太空望遠鏡，到穿過太陽系往外圍飛去的探測器，美國原住民曾說觀測星空的天文學家是「有千里眼的人」，而這些設備讓這個說法更加名副其實。

我把自己定位為「全球太空政治家」。我在旅途中有幸跟許多國家的國王、王后、總統和總理聚會，參加過無數的遊行，得過不少獎章。在交流的過程中，我明顯感受到 21 世紀的世人迫切需要一套明確、鮮活且先進的太空理念。

我在世界各地旅行時經常被人問到，太空探索的價值在哪裡？我們真的需要太空計畫嗎？我的好友天文物理學家史蒂芬‧霍金說過，我們過去這一百年來進步非常多，「不過要是想繼續進步下去，就一定要上太空。」我同意。當然，在我的有生之年大概是看不到太多進展，不過我會竭盡所能為我們未來的太空探索打下基礎。

1969年7月，阿波羅11任務達成重大里程碑，太空人巴茲‧艾德林走在登月艙老鷹號旁的月球表面上，太空人尼爾‧阿姆斯壯在寧靜海為艾德林拍下這張照片，當時他們正在探索月球表面。艾德林的頭盔上清楚倒映出老鷹號和阿姆斯壯的影像。

我們對太陽系的行星、衛星、小行星，乃至於繞行其他恆星的系外行星，都有一種強大的集體好奇心。這些遙遠的世界中哪一個有適合生命居住的環境，甚至發展出地外文明？這個問題只是眾多宇宙待解之謎中的一個。

太空研究帶來的科學進展，無疑造就了我們現在每天都在使用的產品和技術，從手機、全球定位系統，到各式各樣醫療上的進步都是。如果不是投資太空計畫，這些技術都不會成真。同樣的道理，有遠見的太空計畫能為下一代的太空工程師、科學家和其他人士的心智添柴加火，以迎接未來的挑戰，這會使科學、科技、工程、藝術和數學得到更大的支持力道——簡言之，就是使STEAM 的力量得到運用！

美國在過去 50 年的太空探索上居於領先地位，這一點讓我感到很自豪，不過話說回來，近年來美國太空實力的衰退也讓我十分擔憂。美國航太總署的預算從 1960 年代占聯邦預算的大約 4%，降到現在只有政府自由使用款的 0.4%。接下來的幾十年，美國一定要恢復在人類太空飛行方面的領導地位，並加速在我們既有的基礎上繼續累積，這是無比重要的認知。

回顧

我離開地球之後的落腳處：月球，不該只被當成返航的站點。月球可能蘊藏珍貴的氧、水和推進燃料，可以讓商業公司開發。透過國際合作的方式，我們可以利用月球來拓展我們的觸角，精進至關重要的機器人技術，並作為訓練人員前往月球以外的地方——特別是火星——的基地。

談到登陸火星任務之前，我們先稍微回顧一下歷史。

阿波羅計畫是一個團隊努力的成果，集結了 40 萬個人的才智，打造共同的願景。這是一項結合了政府與工業、創新與團隊的志業，讓一個醞釀了很久的夢想得以成真。

總統甘迺迪下令進行這項不可能的任務之後只過了八年，尼爾‧阿姆斯壯和我就在那個難忘的 1969 年夏天，踩著滑石般的月塵走過寧靜海。我心中浮現的第一個想法是「宏偉的孤寂」，對全人類來說，踏上另一個世界是「宏偉」的勝利；然而月球的景觀是「孤寂」的，沒有大氣，沒有生命，沒有陽光照到的地方是全然的黑暗。站在那裡看著地球，我突然驚覺，我知道的、我所愛的一切事物，全都在頭頂上懸著的那個遙遠、渺小、脆弱、被漆黑的太空包圍的藍色球體。

尼爾和我從老鷹號登月艙走過月球表面時，全世界有將近十億人都在觀看或聆聽我們的一舉一動。我們三個——包括阿波羅 11 號指揮艙駕駛員麥可‧柯林斯，當時他正繞著月球航行——都離地球非常遠，是有史以來人類到過最遠的地方，儘管如此，我們卻覺得和地球上的每個人無比緊密，在這趟不可思議的旅程中有他們參與，讓我們感到安心。

我們在登月艙老鷹號附近活動時，大部分時間都是尼爾拿著相機，我的工作是架設儀器。任務中的兩張照片後來成了經典，一張是「面罩」照片，照片中可以看見老鷹號和尼爾反映在我的頭盔面罩上。有人問我為什麼這張照片這麼有表現力，我的回答是：地段、地段、地段。我也拍了幾張照片，其中一張至今仍然很有代表性：那

是我踩在月球上的腳印。

我想分享一件有趣的事。因為我算是政府雇員，所以回到地球之後，必須提報這趟去月球出差的收據。我從德州到佛羅里達州，再到月球，然後在太平洋上被接走，送往夏威夷，最後回到德州。我要報的公帳總計是 33.31 美元，畢竟在 1969 年 7 月 7 日到 7 月 27 日這段時間的膳宿都是政府提供的。另外，阿波羅 11 號組員帶回的月球岩石和月球塵埃樣本都必須向海關申報。

還有一件軼事是幾年前才被公開的，威廉·沙費爾（William Safire）在阿波羅 11 號升空那陣子寫了一篇文稿，他當時是美國總統尼克森的文膽。這份白宮內部文件的標題是〈萬一登月失敗〉（In Event of Moon Disaster），大意是說前往月球探索的人命運早已注定，「將永留在月球上安息」。沙費爾稱我們是勇敢的人，說「他們的探索，讓全世界團結一心；他們的犧牲，讓全人類手足情深。」

這份備用文案建議總統在發表聲明之前，應先致電每位遺孀；發表完聲明之後，航太總署要跟我們中斷聯繫的那一刻，請牧師用海葬的程序，把我們的靈魂交託給「最深的深處」，最後以〈主禱文〉作結。

幸好尼克森不必用到這篇聲明，全世界像迎接英雄一樣歡迎我們從月球歸來。然而在各種興奮、榮耀、遊行、訪談和任務報告之間，我們知道大家喝采的對象並不是我們這三個人，而是我們代表的意義：在世界的團結合作之下，人類完成了不可能的任務。

實現不可能的事

如果不是許多人在共同的目標下合作，阿波羅任務不可能完成。而人類一旦合作，就有機會實現不可能的事。

過去好幾百年人類一直夢想飛上太空，前往其他行星，甚至其他恆星，不過要等到 20 世紀初，人類才第一次實現了可操控的機械飛行：1903 年萊特兄弟在北卡羅來納州的小鷹鎮成功試飛。碰巧我母親也在那一年出生，她婚前的名字

1969 年 7 月 20 日在月球上留下「永遠的足跡」那一刻；這個足跡可能會在月球土壤上留存數百萬年。艾德林拍下這張照片，記錄月球塵埃的特性和走在上面的密實度。

叫做瑪莉昂·穆恩（Marion Moon）。所以或許可以說這樣的開創性就在我的命運之中。

不到 55 年後的 1957 年 10 月，蘇聯達成一件令人讚佩和意想不到的成就，他們發射了第一顆人造衛星到地球軌道。這顆嗶嗶響的史波尼克衛星不只是名留青史而已，美國為此在隔年成立了航太總署，目標是開闢太空疆界。從此人類進入太空時代，太空競賽也即將展開。

1961 年，美國航太總署把第一位水星計畫太空人艾倫·薛帕德（Alan Shepard）送上太空，進行 15 分鐘的次軌道飛行抵達太空邊緣。不過在此之前，蘇聯宇航員尤里·加蓋林（Yuri Gagarin）已經繞地球軌道飛行一圈，拿下英勇的勝利。

蘇聯接連兩次的盛大成功，使美國總統約翰·甘迺迪受到刺激，詢問剛成立的美國太空總署有什麼因應之道，他得到的答案是我們可以把人送到月球去，但至少需要 15 年。我到很後來才知道，甘迺迪原本是要我們去火星的，航太總署的人聽了各個瞠目結舌。當時署內的官員和高級工程師忙了一個週末進行縝密的計算，告知總統上火星似乎困難了點，我們應該把目標設定在月球，這樣實際得多。

艾倫·薛帕德進入次軌道的短短三星期之後，1961 年 5 月 25 日，甘迺迪就大膽宣告，要在 1960 年代結束之前把一個美國人送上月球！當時美國載人太空船的總飛行時數只有 15 分鐘，而且還沒有載人軌道飛行的經驗。離開地球軌道所需的火箭和太空船根本還不存在！很多人認為甘迺迪發下的豪語是不可能做到的，我們沒有那樣的技術。

但我們有的是一位有遠見、決心、勇氣和信心的領導者，相信登陸月球是可以實現的夢想，相信我們做得到。甘迺迪公開宣示這個目標和明確的時間表，讓我們無路可退。

彷彿是為了增強他登月的決心似的，甘迺迪後來在萊斯大學體育場強調了未來要面臨哪些挑戰：

> 我的公民同胞，要是我這麼說，我們應該從 38 萬公里外的休士頓控制中心，把一架高度超過 100 公尺火箭送到月球去，長度超過美式足球場大小，以新的合金製造，有些合金現在還沒有發明出來，比任何材料還要耐熱耐壓好幾倍，組裝精度勝過最精密的手錶，上面載了所有需要用來推進、導航、控制、通訊、食物和生存的儀器，進行一項過去從未嘗試過的任務，前往一個未知的天體，然後平安返回地球，以超過每小時 4 萬公里的速度重新進入大氣層，摩擦時的溫度大約是太陽溫度的一半……這些全都要做到，做得正確，而且要在這個年代結束前完成——那麼我們就一定要非常大膽。

按部就班

阿波羅計畫背後的目標，不只是讓美國人登上月球再安全返航而已。這些目標包括甘迺迪提到的發展出能實現登月任務以及滿足美國其他太空利益的科技；讓美國取得卓越的太空地位；發展人類在月球表面工作和探索的能力，以及在月

1969年7月16日，農神5號火箭載著阿波羅11號的組員，在美國佛羅里達州甘迺迪太空中心轟然升空。

球上執行科學探索計畫。

要知道，甘迺迪總統原本的目標是送一個人到月球，再把他安全帶回來。所以只要有一個人降落在月球上，從窗戶看出去，跟地球打聲招呼，頂多再布署一架蒐集科學資料的自動裝置，不必實際用腳踏上月球，也算是達成這個目標。不過美國並沒有採用這個選項，而是選擇一個更大的、夥伴系統式的目標，結果就是有兩個太空人踏上月球表面。

從 1969 年到 1972 年底，阿波羅登月任務總共成功了六次：阿波羅 11、12、14、15、16 和 17 號。1970 年 4 月的阿波羅 13 號因為途中發生故障而未能登陸月球，但任務指揮官小吉姆・洛維爾（James A. Lovell, Jr.）、指揮艙駕駛員小約翰・斯威格特（John L. Swigert, Jr）和登月艙駕駛員小弗烈德・海斯（Fred W. Haise, Jr.）戲劇性地成功返回地球，這三位組員使全世界注意到太空人的勇氣和決心，與任務管制員的堅忍不拔。

至今全世界只有 12 個太空人曾經走在月球表面上。我自己和隊友在月球上漫步的時間累加起來十分有限，從阿波羅 11 號的短短 2.5 小時，到阿波羅 17 號總計大約 22 小時的幾次月面活動。不過這六次登月任務帶回豐富的科學資料，和超過 2200 件月球樣本，總重量超過 380 公斤，進行過包括土壤力學、流星體、月震、磁場和太陽風等的月球實驗。

50 年後回想阿波羅 11 號任務時，最重要的就是回顧這些早期的飛行、接下來同事所完成的大大小小進展，以及他們各自的冒險。

悲傷的是，我也還記得 1967 月 1 月 27 日阿波羅 1 號的不幸災難。這項任務預定是第一次的載人任務，當時他們正在發射臺上進行測試，結果一場火在阿波羅指揮艙內蔓延開來。我們失去了太空人維吉爾・葛利森（Virgil Grissom）、我的好朋友愛德華・懷特（Edward White）和羅傑・查菲（Roger Chaffee），對我、航太總署和美國來說，這一天是非常沉重的打擊。要當太空探索的先行者總是一件危險重重的事，接下來幾年，這樣的事依然一再重演，除了 1967 年和 1971 年兩次太空船意外造成 4 名俄羅斯宇航員喪命之外，美國太空梭計劃也在 1986 年和 2003 年損失了 14 名勇敢的太空人。

阿波羅 1 號的火災之後，阿波羅 7 號重新回到登月的正軌，在地球軌道上進行測試，任務指揮官是華特・舒拉（Walter Schirra, Jr.）、登月艙駕駛員瓦特・康寧漢（R. Walter Cunningham）和指揮艙駕駛員唐・艾斯利（Donn F. Eisele）。1968 年 10 月，經過 11 天的飛行，完成了重要的阿波羅太空船系統測試。

到了阿波羅 8 號任務，我們總算真正進入月球軌道，這次的組員是指揮官弗蘭克・博爾曼（Frank Borman）、登月艙駕駛員威廉・安德斯（William A. Anders）和指揮艙駕駛員詹姆斯・洛維爾。這是阿波羅任務第一次把人載到月球附近，正式宣告人類登月能力取得重大進展。阿波羅 8 號任務在 1968 年 12 月 21 日升空，歷時六天，期間繞行月球十圈。離開地球和前往月球的導航和推進系統測試結果都非常成功，可以繼

艾德林正從老鷹號登陸器的科學儀器隔間把器材拿出來；布署在月球上的科學儀器包括雷射測距儀和月塵偵測器。

續往下一步進行。

　　阿波羅9號是登月艙首次的載人飛行，在1969年3月繞地球飛行十天，由任務指揮官詹姆斯‧麥克迪維特（James A. McDivitt）帶領指揮艙駕駛員大衛‧史考特（David R. Scott）和登月艙駕駛員拉塞爾‧施威卡特（Russell L. Schweickart）。這次任務實際操作了各項重要程序，包括完整的會合與對接流程，以及艙外活動的組員作業。所有系統的表現都令人滿意。這是登月艙第一次被當成獨立的太空船來測試，能主動執行會合和對接操作，接下來的阿波羅10號任務就要在月球軌道上進行同樣的操作。

　　1969年5月，阿波羅10號完成了全部的載人登月流程，只差沒有真正著陸。這是首次完整的阿波羅太空船載人繞月飛行。指揮官湯馬斯‧斯塔福德（Thomas Stafford）、登月艙駕駛員尤金‧塞爾南（Eugene Cernan）和指揮艙駕駛約翰‧楊（John Young）。這次勇敢的任務包括登月艙獨自在月球軌道上飛行八小時，分離後下降到離月球表面16公里，然後回升到110公里高的月球軌道上與指揮艙和服務艙會合與對接。任務的目標全部達成。

未知的未知

1969 年 7 月的阿波羅 11 號任務應用歷次任務學到的教訓，為人類第一次嘗試降落在另一個天體做好了準備。不過老鷹號要降落在月球的寧靜海（Mare Tranquillitatis）之前，還有很多未知的未知情況。多虧了組員輪替的時機，尼爾·阿姆斯壯、麥可·柯林斯和我獲選執行這項歷史性的任務，成為第一次嘗試登陸月球的太空人。

我獲悉自己是首次登月任務的組員之一以後回到家，把我五味雜陳的心情說給老婆聽。說真的，我寧願參與晚一點的任務，因為到時候會有更多有趣的事可以做。但另一方面，我也可以想像回來之後一定會受到全世界的讚揚。我的心情真的很複雜，不過到最後，我的戰鬥機飛行員背景挺身而出，讓我忠誠地宣示接受這項任務。

我沒有辦法拒絕。而且我真的非常幸運，這點毫無疑問。美國航太總署估計我們有六成的機會不用終止任務，會成功降落在月球表面；我們三個人安全返航的機率是 95%。我們當然非常樂見這樣的機率！

即使是現在聽來，甘迺迪總統的登月宣言依舊十分動人——「不是因為這件事很容易，而是因為很困難」。他給我們十年的時間，而我們提前做到了。從阿波羅 11 號任務可以看出一個國家有能力設想出一個目標龐大的願景，把它當作最優先事項，並發展出必要的技術讓它實現。

阿波羅 11 號的成功，奠定了後續登月任務的基礎：

阿波羅 12 號：任務指揮官小查爾斯·康拉德（Charles Conrad, Jr.）、指揮艙駕駛員理查·高登（Richard F. Gordon）和登月艙駕駛員艾倫·賓（Alan L. Bean）。1969 年 11 月 19 日，阿波羅 12 號登月艙無畏號（Intrepid）精準降落在月球表面的風暴洋（Oceanus Procellarum）。這次的準確著陸意義重大，顯示我們能選擇具有科學重要性的地點來降落，即使是在崎嶇的地形上。

阿波羅 14 號：任務指揮官艾倫·薛帕德、指揮艙駕駛員斯圖爾特·羅薩（Stuart A. Roosa）和登月艙駕駛員艾德加·米切爾（Edgar D. Mitchell）。阿波羅 14 號登月艙蠍心號（Antares）在 1971 年 2 月 5 日著陸，這次的任務有幾個目的：探索弗拉·毛羅高地（Fra Mauro formation）上的預選著陸點、部署並啟動阿波羅月面實驗組、發展月球環境的工作能力和拍攝可能的探索地點。

阿波羅 15 號：任務指揮官大衛·史考特、登月艙駕駛員詹姆斯·艾爾文（James B. Irwin）和指揮艙駕駛員阿爾弗烈德·沃登（Alfred M. Worden）。阿波羅 15 號獵鷹號（Falcon）登月艙在 1971 年 7 月 30 日著陸在月球的哈德利－亞平寧區（Hadley-Apennine region）。這是三次「J」任務中的第一次，比起先前的阿波羅任務，J 任務探索月球的時間較長、範圍較廣，用來蒐集科學資料的儀器也比較多。這也是第一次配備月球車的任務，可大大增加太空人探索月球的範圍。

阿波羅 16 號：任務指揮官約翰·楊、指揮艙駕駛員湯馬斯·馬丁利二世（Thomas K.

一些政府和商業公司對重返月球愈來愈有興趣，目的是建立長期實驗站，如這幅想像圖中所示。

Mattingly II）和登月艙駕駛員小查爾斯·杜克（Charles M. Duke, Jr.）。1972 年 4 月 21 日，登月艙獵戶座號（Orion）降落在笛卡爾山脈（Descartes Mountains）西側，也是首次成功降落在月球中部高地。任務中再次使用月球車越過月球表面，在將近三天之中收集了 11 個地點的樣本，包括鑽取一塊 2 公尺深的岩芯樣本。

　　阿波羅 17 號：任務指揮官尤金·塞爾南、指揮艙駕駛羅納德·伊文斯（Ronald E. Evans）和登月艙駕駛員哈里森·施密特（Harrison H. Schmitt）。登月艙挑戰者號（Challenger）在 1972 年 12 月 11 日抵達月球，在澄海（Mare Serenitatis）東緣的陶拉斯—利特羅谷（Taurus-Littrow Valley）著陸時揚起一陣塵埃。這次任務創下了好幾項紀錄，包括歷時最長的月球漫步和月球車行駛時數。阿波羅 17 號的主要目標是採集高地物質的樣本，這些樣本比雨海撞擊盆地（Imbrium impact）的形成年代還要久遠，以及在這個區域探查年輕爆裂火山作用的可能性。人類第一階段探索月球的任務在阿波羅 17 號畫下休止符。

前往火星的循環路線

　　想到人類已經在 20 世紀的阿波羅任務中登陸月球，加上到了這個年紀，我常不自覺思考要留下什麼給後代，我不希望在後人的記憶中，我只是個曾經在月球上揚起過塵土的人而已。我特別希望能為 21 世紀人類在火星上建立永久殖民地有所貢獻。

　　多年來我一直在規畫一套做法，讓人類在 2040 年以前能在火星上建立永久基地。我和美國各地的大學與經驗豐富的太空機構合作開發出來的探險計畫，稱為「進駐火星的循環路線（Cycling Pathways to Occupy Mars）」，簡稱 CPOM。

　　CPOM 是一張前往火星居住的地圖，借重了目前新興的商業太空部門的最佳概念，以及其他已有太空能力的國家、學術機構和非營利組織的能力。我早在 1985 年就開始計畫這個太空運輸系統，在美國普渡大學，以及我在佛羅里達理工學院成立的巴茲·艾德林太空研究所的協助下，有一整個團隊在幫助我實現、發展這些我已經投注了超過 30 年的概念。

　　即使我們在 50 年前就已經登陸月球，但我們在探究如何殖民火星時絕不能忽略月球。實際上，在月球上建立基地能夠提供必要的訓練，運用在未來火星基地的建造上。我向來堅決提倡國際太空合作，美國應該協助其他先進國家——如歐洲、俄羅斯、日本和中國——登陸月球並建設基地。簡言之，月球能讓我們前往火星。

　　以下說明火星循環路線的基本概念。

　　這項計畫的第一項關鍵要素是比奇洛航天公司（Bigelow Aerospace）的 BA330，這是充氣式的生活艙，比國際太空站輕，也比較便宜。BA330 生活艙可以幫我們在低軌道建立據點，可以和預定在 2020 年代開始運作的中國太空站共軌。

　　下一步是建造循環太空船，這是由一個堅固的核心模組連結兩個 BA330 組成。多用途人員太空船（如美國的獵戶座號和其他類似的太空船）可以接上循環軌道船上四個艙口中的一個。透過模組化的設計，可以升級接合不同的生活艙。

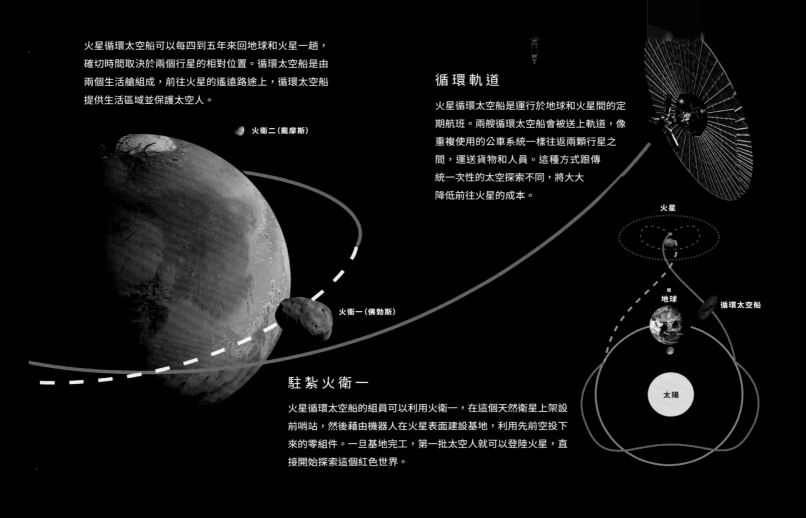

火星循環太空船可以每四到五年來回地球和火星一趟，
確切時間取決於兩個行星的相對位置。循環太空船是由
兩個生活艙組成，前往火星的遙遠路途上，循環太空船
提供生活區域並保護太空人。

火衛二（戴摩斯）

循環軌道

火星循環太空船是運行於地球和火星間的定
期航班。兩艘循環太空船會被送上軌道，像
重複使用的公車系統一樣往返兩顆行星之
間，運送貨物和人員。這種方式跟傳
統一次性的太空探索不同，將大大
降低前往火星的成本。

火衛一（佛勃斯）

火星

地球

循環太空船

太陽

駐紮火衛一

火星循環太空船的組員可以利用火衛一，在這個天然衛星上架設
前哨站，然後藉由機器人在火星表面建設基地，利用先前空投下
來的零組件。一旦基地完工，第一批太空人就可以登陸火星，直
接開始探索這個紅色世界。

這種月球循環太空船可利用地球與月球各自
的重力場，定期在地球和月球之間運行，每次的
運行周期大約是一個月。像獵戶座號這樣的太空
載具可以和循環太空船對接或是脫離，像火車離
開車站一樣。循環太空船靠近月球時，上面的載
具能夠脫離，進入月球軌道或者降落在月球表面。

下一個階段是仰賴低軌道地球循環太空船的

設計，兩個堅固的生活艙將取代充氣式的比奇洛
BA330，新生活艙可以保護出發進行太空任務的
拓荒者。

妥善利用月軌內空間（地球與月球之間的空
間）對火星探索將大有幫助。首先，太空船推進
燃料可以從月球上的冰取得，在月球上開採燃料
可以省去從地球運送燃料到太空的花費，好處是
能夠在太空中補充燃料，降低太空旅行的費用。

月軌內空間對測試探查艙和其他新設備非常
有幫助，這些經驗最後都能應用在火星探索上。
我們可以從月軌內空間上遙控機器人建設國際月

艾德林為人類擬定探索殖民火星的計畫，計畫中的循環太空船可
以建立和支援殖民地，讓人類在火星上建立文明。

球基地。一旦技術成熟，就能以同樣的方式，或許在火衛一上，建設火星的第一個基地。

重複使用的方式

　　成功建立地球與月球間的循環太空船系統後，可以為地球和火星間更困難的循環太空船系統打下基礎。我的想法是，我們應該在這兩顆行

星間用兩艘太空船來回運行，就像行星際計程車的服務，這種太空船是由兩個大型的生活艙組成，提供長途旅客活動空間。

　　循環太空船的乘員會降落在火衛一上，遠距遙控建設火星基地，並實際操作無人登陸艙，找到安全進入火星大氣、下降、著陸在火星表面的方法。這些都可以在派遣人員正式登陸火星前做

到，所以在太空人踏上火星土地前，基地已經準備好，所有的危險都會大大降低。

新一代的火星探測器材將大大提升遙控勘測的廣度和深度。操作人員和火星上的硬體之間只需要一秒、甚至不到一秒就能連線，因此高科技的機器人探測器將能快速穿越探索區域、深入熔岩隧道，甚至進行峭壁垂降。運用虛擬實境、沉浸式技術和人工智慧，不在火星的太空人用搖桿就能即時控制火星上的漫遊車等載具。我試用過「火星步行者」（Marswalker）這種電子虛擬替身，由使用者在虛擬太空中操控，這些虛擬替身可以組成一組野外探索隊，以虛擬的方式漫步在火星上。這樣的技術可以讓我們在太空人真正登陸火星之前，先決定好哪裡適合建立基地，並且用機器人組裝我們在火星上的第一個家。

所以說我們要怎麼達成前往火星、建立聚落的任務？答案就是本著阿波羅任務不屈不撓的精神，所有人共同努力，就能實現這個願景。我們一定能在火星上建立一個永久的、持續成長的基地。

進駐火星

我認為我們的終極目標應該是殖民火星，我感覺那一天會比我們以為的更早到來。美國總統可以藉慶祝人類首次登月 50 週年的機會說：「我相信美國應該承諾領導國際團隊在 20 年內進駐火星。」我說的進駐火星，不是像阿波羅任務一

樣到那裡插上國旗、留下腳印的方式，而是人員降落火星後，直到下一批人抵達前都不離開，這才是真正的進駐火星。

我們應該以此為目標。我強烈反對以阿波羅登月模式登陸火星，也就是把人送上火星表面宣告登陸成功，讓組員在上面架設實驗儀器，插一面旗子，然後就快快把他們送回地球。對火星採用這種做法太不牢靠，很容易導致中途取消或放棄。

人類前往火星的路一定不好走。最大的難題之一在於如何讓火星殖民地自給自足，這一點需要很早就開始規畫。從地球上運送維生用品過去，費用會高到難以實行，殖民地要存活下去，我們就必須想辦法運用當地的資源，如水、土壤等等，我知道其中有些資源還沒找到。

利用火星上的資源過生活絕不容易，需採行「就地資源運用」（In-Situ Resource Utilization），這個太空用語指的是人類直接在火星上使用天然資源，且不只是能活得下去，還要活得很好。火星上的水和大氣二氧化碳，是我們拓殖火星時最有價值的資源，這兩種基本資源可用來產生推進燃料、維持生命、栽種農作物，和抵擋致命的輻射。

要利用火星資源進行建設，都需要先經過開採、提煉、精製。火星上的殖民地可以做到安全、可負擔和自給自足。要達到自給自足需要一整套的技術為後盾，包括自動機器人、人工智慧、奈米技術、合成生物學和 3D 列印等尖端技術。例如我們可以從火星上的水和大氣取得碳、氫和氧，用來做成塑膠。火星拓荒者一旦能廣泛使用當地的物質，相信局面就會開始改觀，最終能夠在火

抵達紅色行星和建立長期的工作環境（如這幅美國航太總署的想像圖），需要用到我們最先進的科學與技術。

星上殖民。

　　火星可能變成許多新技術的試驗場，這些技術不僅能增進地球本身的獨立性，也能讓火星升級成供應燃料、氧化劑、維生用品、備品、備用載具、居住地和其他產品的來源地，以提升前往低地軌道以外、甚至火星以外的太空旅行的能力。

人類：跨行星物種

　　我們不能欺騙自己，要在火星上建立一個永續的文明是非常複雜的事，必需把人類社會的每個層面仔細想過一遍，然後針對另一顆行星重新設計。

　　要在火星上發展出有品質的生活方式，就要有太空運輸、發電和食物供給，以及因應殖民地擴張所需的建材。這肯定需要用到機器人和人類雙方的勞力。我預見火星殖民地會以密切程度前所未見的國際合作方式開始發展，不過我想不久之後火星上的居民就會失去他們的國籍認同，全都變成火星人。

　　我可以想像在 21 世紀結束之前，這個紅色行星表面的砂土上就會布滿第一批人類的腳印。未來的冒險將具有歷史性的意義，在火星上創造了永續的存在狀態之後，人類就成了跨行星物種。要迎接阿波羅登月 50 周年紀念，還有什麼比重新點燃我們對太空的熱情，建立地球、月球及火星之間的聯繫更好的方式？

　　人類必須探索、拓展現有的極限，就像我們在 1969 年所做的那樣。阿波羅任務的故事是人類把潛力發揮到極致的故事，我們從一個夢想開始，完成不可能的事。我相信我們可以再一次完成不可能，但我們必須捲起袖子放手一搏。

　　毫無疑問，火星是個充滿驚奇的世界，探索和殖民火星肯定能讓我們學到很多事情——不僅是關於這顆紅色星球，還有關於我們自己的事。

　　你有多常聽到「讓我們瞄準月球」這句話？這件事我做過一次了，現在我要瞄準火星。不過我在展望未來時，月球依舊在我的旅行計畫中。我要瞄準月球，讓它引導我前往火星，現在是世界再次放手一搏的時候了。

艾德林，1969年7月20日攝於阿波羅11號的登月艙內（上），右頁攝於2016年。

巴茲‧艾德林小傳

撰文／李奧納德‧大衛

如果太空是我們下一個探索的新疆界，巴茲‧艾德林希望自己不會缺席。

艾德林在美國新澤西州的蒙特克來爾（Montclair）長大，母親瑪莉昂‧穆恩是陸軍牧師的女兒，父親愛德恩‧尤金‧艾德林是一位航空先驅。巴茲提早一年從蒙特克來爾高中畢業，進入美國西點軍校，在班上以第三名成績拿到機械工程學的學士學位。

艾德林兩歲時，父親就第一次帶著他飛行。受到耳濡目染的影響，他從西點軍校畢業後就進入空軍。韓戰時，艾德林駕駛噴射戰鬥機，出過66次戰鬥任務，擊落數架米格15戰鬥機，後來獲頒「飛行優異十字勳章」。

韓戰過後，艾德林在1950年代後期駐紮德國，當時冷戰逐步增溫，情勢緊繃。他在德國駕駛F100噴射機的任務結束後，拿到麻省理工學院航太學博士學位，論文題目是關於人為操作軌道會合。

艾德林在麻省理工的論文設計了讓兩艘太空船在太空中會合的技術，大概沒有人（包括艾德林）知道，後來人類（也包括艾德林）成功登陸月球，這篇論文扮演了至關重要的角色。

艾德林第一次提出美國航太總署太空人的申請被拒絕，因為他不是試飛員。他決心再度申請，這次他的飛行經驗和美國航太總署對艾德林的太空會合概念有興趣，因此艾德林在1963年成為第三梯太空人，也是第一位擁有博士學位的太空人。艾德林為地球和月球軌道太空船發展出對接與會合的技術，在雙子星和阿波羅計畫中發揮了關鍵性的作用，這個技術目前仍在使用。艾德林的這項專長，讓他的太空人同儕稱他為「會合博士」。

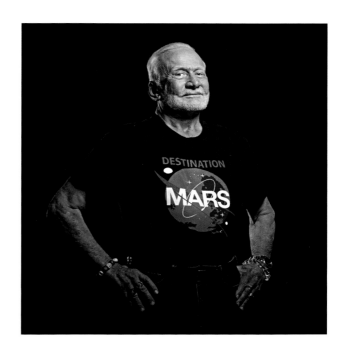

艾德林首創水下訓練技術，以模擬太空漫步。在1966年的雙子星12號地球軌道任務中，艾德林進行了開創性的太空漫步，創下五個半小時艙外活動的紀錄，當時他還在太空中拍下太空史上的第一張自拍照。

1969年7月20日，阿姆斯壯和艾德林完成阿波羅11號的歷史性登陸，成為最早踏上另一個星球的人類，估計有6億人見證了這場英勇的事蹟，這是當時史上最多人收看的電視轉播。

艾德林從月球返回之後，隨即獲頒美國總統自由勳章，還有世界各地的眾多獎章。艾德林和另外兩位阿波羅11號組員阿姆斯壯和麥可‧柯林斯，在2011年獲頒美國國會金質獎章。

艾德林寫過九本書，除了2013年出版、與資深太空記者李奧納德‧大衛合著的《前進火星：尋找人類文明的下一個棲息地》之外，最近與肯‧亞伯拉罕（Ken Abraham）合著的《夢想永遠不會太高》（No Dream Is Too High），以及和瑪麗安‧戴森（Marianne Dyson）合著的童書《來去月球：我的阿波羅11號經驗》，都登上了《紐約時報》和《華盛頓郵報》的暢銷書榜，上述著作都由國家地理出版。

導 論

宙曾是一個如此單純的地方。畢竟，在人類歷史中大部分的時間，宇宙都被想像成由地球坐鎮萬物中心，而恆星和行星等天體則繞著地球運行。在古代神話中，地球通常都是平的，太陽橫越天空是天神或女神的作為。不過，大約從公元前 5 世紀開始，地中海東部發展出一種新思維，不再凡事歸因於任性的諸神，將人性從卡爾・薩根（Carl Sagan）所謂的「魔鬼盤踞的世界（demon-haunted world）」中移除。古希臘哲學家建立的宇宙模型，在我們看來可能顯得原始，但已經具有只靠自然律運作、沒有超自然力量介入的新特徵。許多學者將這個發展視為科學的開端。

當時的模型都有兩個不可動搖的基本假設。第一個假設，是地球穩坐宇宙中心，而太陽、月亮和行星等天體繞著地球運行。第二個假設，是在純淨永恆的天空中，所有物體都有圓形的運行軌跡。（圓形被認為是最完美的幾何形狀，因此最適合純淨無瑕的天空。）在這些模型中，恆星與行星都鑲嵌在固體晶球上，由晶球的旋轉主宰星星橫越天空的方式。（正好解釋了為什麼早期彗星很令天文學家頭疼，因為彗星的運行方式違反晶球的動作，這也部分說明了為什麼亞里斯多德認為彗星是地球大氣中燃燒的氣體。）演變到最後，這些模型愈來愈複雜，變成行星鑲嵌在較小的晶球上，小晶球又在較大的晶球內旋轉。

這種宇宙觀安定和諧，但令人意外的是，古人曾有過一場激烈的爭辯，探討宇宙的大小是有限還是無限。來自塔蘭托的古希臘哲學家阿基塔斯（Archytas of Tarentum，公元前 428-327 年）提出了一個有趣的論證，說明宇宙肯定無邊無界：先假設宇宙的確有邊際，然後有人可以走到宇宙邊界，朝外擲出長矛，長矛必然會落在邊界外的某個地方，無論邊界設得多遠，長矛都會落到更遠的地方。因此他主張宇宙必定沒有邊際、無窮無盡。

借用阿基塔斯的比喻，歷史上幾次拓展人類宇宙觀的重大事件，就像往外擲出的長矛。接下來介紹的三位長矛手，每一位都使我們居住的宇宙變得更加寬廣。

第一位長矛手

首先是波蘭教士尼古拉・哥白尼（Nicolaus Copernicus，1473-1543）。他建立了第一個正式的太陽系模型，將太陽放在中心，地球與其他行星則繞著太陽運行。在《天體運行論》（On the Revolutions of the Celestial Spheres）一書中，他寫到：「大家終究會明白位居宇宙中心的是太陽。無論是掌管行星運行的原則，或是整個宇宙的和諧，只要我們願意睜大雙眼觀察，所有事實都告訴我們：宇宙的中心是太陽。」多虧了哥白尼，以人為中心的宇宙觀產生劇變，地球

> 這張渾天儀圖像中，有一個以地球為中心的天體模型，黃道帶上的星座圍繞在邊緣。這是哥白尼之前的標準宇宙模型，環形球儀兩側的圖示分別說明天文學家托勒米（Ptolemy）和第谷・布拉赫（Tycho Brahe）的理論。

波蘭天文學家哥白尼以太陽為中心的嶄新宇宙觀，顛覆了整個天文世界。他撰寫的《天體運行論》這部里程碑著作於1543年出版。

和人類不再是萬物的中心，我們居住的地球，只是其中一個繞日運行的天體。本書貫徹了所謂的「哥白尼原則」，說明人類與人類誕生的行星在宇宙中並不具特殊地位。

多虧了哥白尼，宇宙變得更大。人類居住的世界，不再侷限於頭頂的天空和腳下的大地。哥白尼之後的天文學家瞭解到，和地球相比，太陽系大得多了。假設地球是紐約市內和一個街區一樣大的球體，那太陽就是坐落在密西西比河一帶的巨大球體，外行星則位在亞洲。對於終生只待在一個街區的人來說，這樣的尺度大大改變了人類看待世界的方式。

第二位長矛手

19 世紀初，德國天文學家弗里德里希·白塞耳（Friedrich Bessel）擲出了第二支長矛。他借助於當時最先進的望遠鏡，成為計算出鄰近恆星距離的第一人，讓宇宙再度大幅拓展。如果我們把太陽系縮小到一個足球場的大小，那麼恆星就位於數百公里遠的城市內。

隨著時間的推進，天文學家了解到，在許多恆星構成的雄偉銀河中，太陽不過是一顆普通的恆星。在我們最初的想像中，太陽與太陽系非常遼闊，但現在不過就是數十億個恆星系統的其中一個。天文學家也了解到，恆星之間具有差異，

於是他們開始加以分類觀察到的天體。他們還注意到天空中黯淡的光斑，並稱它為「星雲」，但當時的望遠鏡還看不清楚星雲是由什麼組成的。此時，這個世界已經準備好迎接第三位長矛手了。

第三位長矛手

他的名字是艾德溫·哈伯（Edwin Hubble）。1920 年代，這位美國人在加州的威爾遜山（Mount Wilson）上工作。透過那裡嶄新的望遠鏡，哈伯可以仔細觀察星雲，一一辨認出裡面的恆星，並藉此判斷這些星雲距離我們多遠，再一次往外擲出長矛。他發現許多星雲其實和銀河一樣，是由眾多恆星聚集而成。哈伯還確立了，宇宙是由現在稱為「星系」的天體所組合的。從某方面看來，這個理論和哥白尼在數百年前告訴我們的並無不同，只是加以延伸。地球不過是太陽系眾多行星之一，太陽不過是銀河系眾多恆星之一，而銀河系也只是宇宙中數十億個星系之一。

但哈伯的發現不僅止於此，他還發現其他星系正在遠離我們，換句話說，宇宙正在膨脹。這項發現帶出了目前最可信的宇宙起源說，也就是所謂的「大霹靂」（big bang）。在這個理論中，宇宙一開始處於溫度與密度都高到難以想像的狀態，從大約 140 億年前就開始膨脹與冷卻至今。奇妙的是，科學家已經建立了能夠回溯這個過程的可靠模型，回到最初這場事件剛發生不久的狀態。

如今或許也有一位長矛手正在前往目前已知宇宙的邊界，但這個人的身份還無從得知。不過，如果有些現代理論獲得證實，我們的宇宙就可能

這五個星系被稱為「史蒂芬五重星系」（Stephan's Quintet），它其實是四個互擾星系加上一個更年輕也離我們更近的星系（左上角的藍色螺旋）。中間兩個星系相互碰撞，藉此產生許多新的恆星，也就是邊緣的藍色星團。受到鄰近星系的引力影響，右上方的棒旋星系的旋臂形狀扭曲。

只是眾多宇宙的其中一個，也就是科學家所說的「多重宇宙」（multiverse）。儘管哥白尼或許無法想像會有這樣的結果，但這項發展對哥白尼來說是一個終極平反。

四層宇宙

本書的編排遵循阿基塔斯的長矛手比喻。我們可以把世界想像成一層層的「宇宙」，每一層看起來都像一個完整的世界，直到長矛手把我們帶到下一個層次。

第一層當然是我們的太陽系。望遠鏡發明以前，太陽系由六個內側行星組成，科學研究的重心放在了解行星如何運行——基本上，當時天文學家關心的是行星的位置。到了 19 世紀，這樣

的情形開始改變，直到今天我們關心的，是行星如何構成。相對於「在哪裡」，我們更想知道行星「是什麼」。此外，我們還發現太陽系比早期科學家想像的複雜許多。伽利略（Galileo）發現木星的衛星後，我們就知道太陽系內不可能只有幾顆行星，每一顆衛星其實都是一個新世界，有自己的歷史、特性與謎團。我們在冥王星外又冷又暗的區域，也發現了超乎想像的結構與複雜性。本書的第一部分，就是在介紹這個嶄新的太陽系。

銀河系

第二層「宇宙」是我們的銀河系。與太陽系的情況相同，科學家先著手解決簡單的疑問：像是恆星位在何處、它們有多亮等問題。與太陽系的研究相同，進入 19 世紀後，逐漸冒出了新的問題：恆星是什麼組成的？它們如何運作？但是直到 1930 年代，核子物理學這個新領域崛起，我們才知道恆星的能量來自核反應。我們也逐漸明白恆星並非恆久不變，和萬物一樣，它也有生命周期，有出生、中年與死亡。事實上，我們了解到銀河系（與其他星系）就像一座巨型工廠，把宇宙的原始氫轉換成較重的元素，再形成行星和人類等受造物。在這個過程中，我們發現了各種新奇古怪的東西，包括黑洞與繞行其他恆星的行星系統。我們也發現，銀河系與其他星系中大部分的物質，並不是構成你我的熟悉物質，而是某種叫「暗物質」的新物質。而本書的第二部分，正是要探索這一層宇宙。

宇宙

第三層「宇宙」由眾多星系集合而成，我們平常就稱它為宇宙（universe）。過去數十年間，科學家致力於研究宇宙的誕生與死亡。利用基本粒子物理學，我們便能回溯宇宙的誕生；運用觀測天文學（observational astronomy），我們便能推測宇宙的死亡。1990 年代的發現違反了所有預測，天文學家發現宇宙的擴張不但沒有減緩，反而在加速。這又帶出一個新發現：宇宙中大部分的物質都是一種稱為暗能量的未知形式。暗能量究竟是什麼？它有什麼樣的性質？這些問題的答案決定了宇宙的命運。在本書的第三部分，我們將就目前的了解，進行宇宙探索。

在第四層也是最後一個宇宙，我們將撇開數據，進入理論物理學家推測出的世界。有些現代理論說，我們的宇宙只是多重宇宙的其中一個。踏上這趟宇宙之旅，我們將遊遍這個構成我們生活環境的宇宙。

「潘朵拉星系團」（Pandora's Cluster，Abell 2744）由許多星系集合而成，經過研究，我們發現了神祕的暗物質存在的線索。星系團中相撞的星系大約只占總質量的5%，氣體（圖中以紅色表示）占了20%，其他質量（以藍色表示）都是暗物質。我們看不見暗物質，但可以藉由它的重力影響加以偵測。

宇宙旅程

自從第一次月球登陸後，大批太空船從地球出發前往太陽系探索。
圖中的每條線代表其中一項任務。

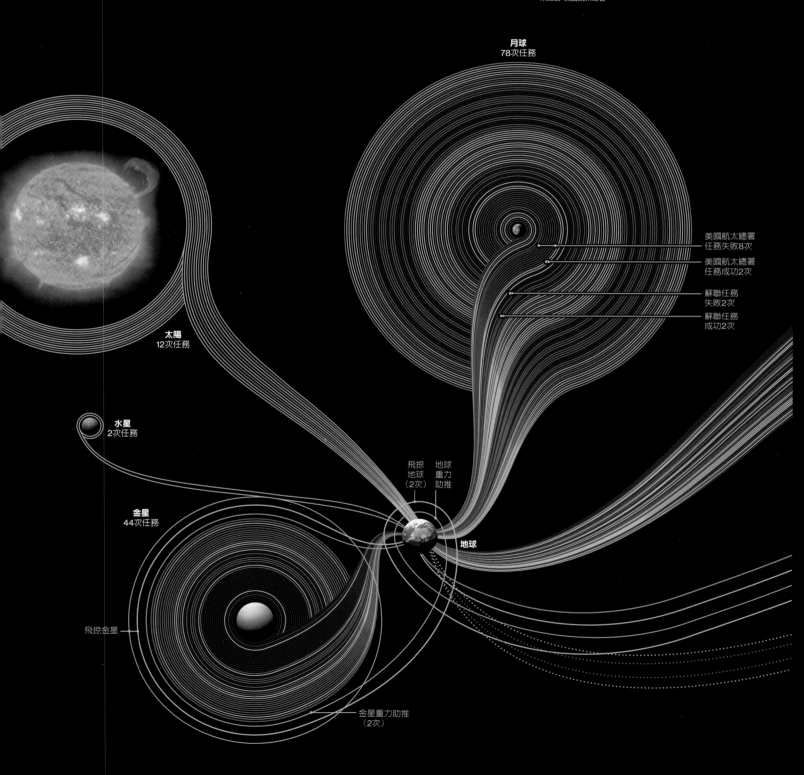

月球
78次任務

美國航太總署
任務失敗8次

美國航太總署
任務成功2次

蘇聯任務
失敗2次

蘇聯任務
成功2次

太陽
12次任務

水星
2次任務

飛掠
地球
（2次）

地球
重力
助推

金星
44次任務

地球

飛掠金星

金星重力助推
（2次）

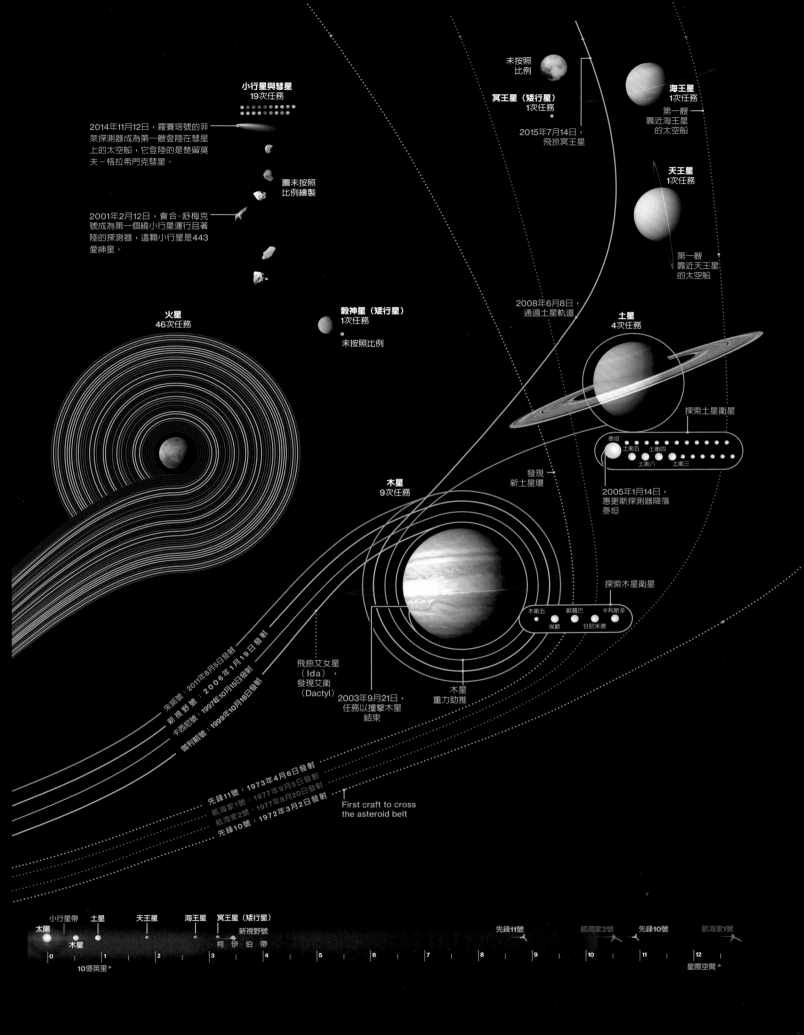

小行星與彗星
19次任務

2014年11月12日，羅賽塔號的菲萊探測器成為第一艘登陸在彗星上的太空船，它登陸的是楚留莫夫－格拉希門克彗星。

圖未按照比例繪製

2001年2月12日，會合-舒梅克號成為第一個繞小行星運行且著陸的探測器，這顆小行星是443愛神星。

未按照比例

冥王星（矮行星）
1次任務

2015年7月14日，飛掠冥王星

海王星
1次任務

第一艘靠近海王星的太空船

天王星
1次任務

第一艘靠近天王星的太空船

火星
46次任務

穀神星（矮行星）
1次任務

未按照比例

2008年6月8日，通過土星軌道

土星
4次任務

探索土星衛星

泰坦
土衛五　土衛四
土衛八　土衛三

2005年1月14日，惠更斯探測器降落泰坦

木星
9次任務

發現新土星環

探索木星衛星

木衛五　歐羅巴　卡利斯多
埃歐　甘尼米德

飛掠艾女星（Ida），發現艾衛（Dactyl）

2003年9月21日，任務以撞擊木星結束

木星重力助推

朱諾號：2011年8月5日發射
新視野號：2006年1月19日發射
卡西尼號：1997年10月15日發射
伽利略號：1999年10月18日發射

先鋒11號：1973年4月6日發射
航海家1號：1977年9月5日發射
航海家2號：1977年8月20日發射
先鋒10號：1972年3月2日發射

First craft to cross the asteroid belt

太陽　小行星帶　土星　天王星　海王星　冥王星（矮行星）
木星　　　　　　　　　　　　　　　　　　新視野號
　　　　　　　　　　　　　　　　　　柯伊伯帶
先鋒11號　航海家2號　先鋒10號　航海家1號

0　　1　　2　　3　　4　　5　　6　　7　　8　　9　　10　　11　　12

10億英里 ▶

星際空間 ▶

夜空

你 是否曾在遠離都市燈火的地方，欣賞過星光璀璨的夜空？如果有，那你一定記得那些襯在黑絲絨夜空上的耀眼星光。

在智人歷史大部分的時間，每天晚上的星空看起來都是這樣。難怪古人會把星星連成星座，融入神話中，怪不得初代天文學家誤以為恆星與行星對人類的生活有深遠的影響。

人類對夜空的興趣持續發展，留下連現代天文學家都認可的努力結晶。從中國的竹簡和巴比倫的泥板上，我們會找到以肉眼觀察夜空的記錄。希臘人繼承了這些成果，再加上自己的觀察，建立出一套夜空圖，展現恆星與行星鑲嵌在晶球上，繞著地球旋轉。

1500 年後，波蘭教士哥白尼推翻了這一切，引進地球繞太陽運轉的概念。而當伽利略將望遠鏡指向天空，我們對夜空的看法也從此改變。地球不再是宇宙的中心，我們的地球只不過是太陽系裡行星中的一員，我們的月球是個充滿隕石坑和山脈的世界，其他行星也有衛星在周圍環繞，像是一個個迷你太陽系。

如今，我們知道夜空中的數千顆星星，不過是銀河系數十億顆星星的一小部分，而我們的銀河系，也只是宇宙中數十億個星系中的一個。即使如此，現在觀星者使用的星圖，依然和很久以前的星圖類似：圓頂狀的夜空上標出了恆星的位置，以及 88 個正式的星座區。你可以和人類祖先在數千年前一樣，利用下面 8 頁的星圖，尋找並觀賞夜空中最明亮的恆星與天體。

這張18世紀的北半球星座圖，描繪自古就被指派到夜空的角色。雖然光看星空其實很難聯想到這些形象，這些星座卻對夜空導引很有幫助。時至今日，天文學家依然會用星座來繪製星圖。

如何使用星圖

描繪陸地的地圖是從上方視角呈現陸地，星圖則從下方視角呈現天空。以下四張星圖繪製出從地球北半球與南半球觀察到的天空，且北天極或南天極都位在中央頂端。而位於地圖邊緣的天體，從南北半球都可能看到。

為了明確指出星體在天空中的位置，天文學家採用天球座標（celestial coordinate）：赤經（right ascension）類似地球經度，在星圖邊緣，以羅馬數字表示經度的時、分與秒單位；赤緯（declination）則與地球緯度相對應，以度和分來標示天球赤道以北或以南的位置。相互平行的赤緯在星圖上，以藍色的同心圓表示。

天文學家把天空劃分為88個星座區域，圖中以黃線表示每個區之間的界線。星座中主要的恆星會以希臘字母標示，大致上以星等排序，α最亮、β次之（見圖例）。

赤緯

星座邊界

星座圖

赤經

黃道帶

黃道(太陽橫越天空的路徑)

新總目錄天體

梅西耳天體

北半球的天空 夏－秋

7月到12月，圖中的恆星與星座在北半球天空位置最高。

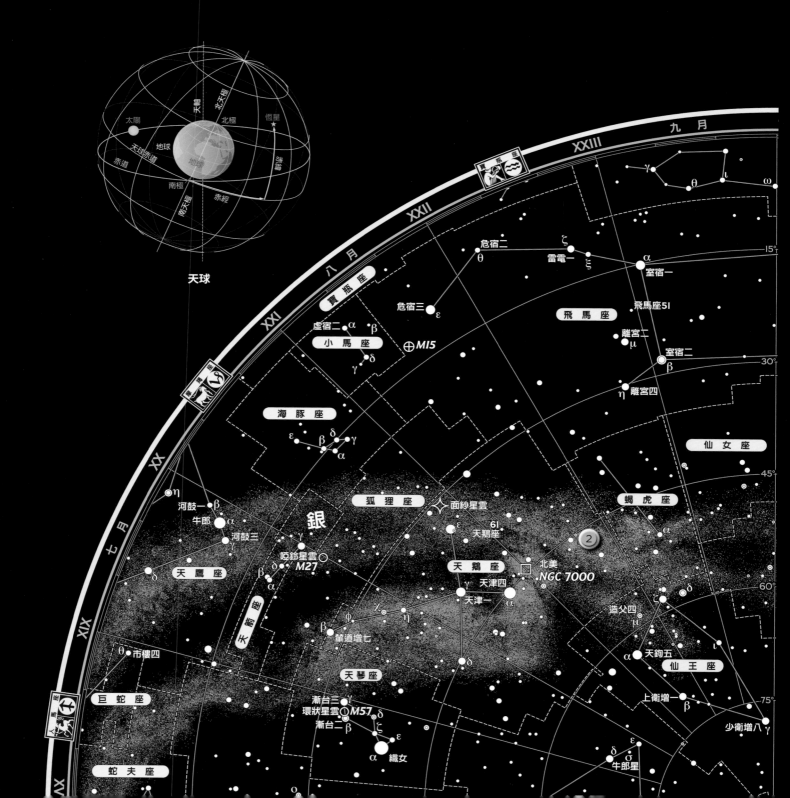

天球

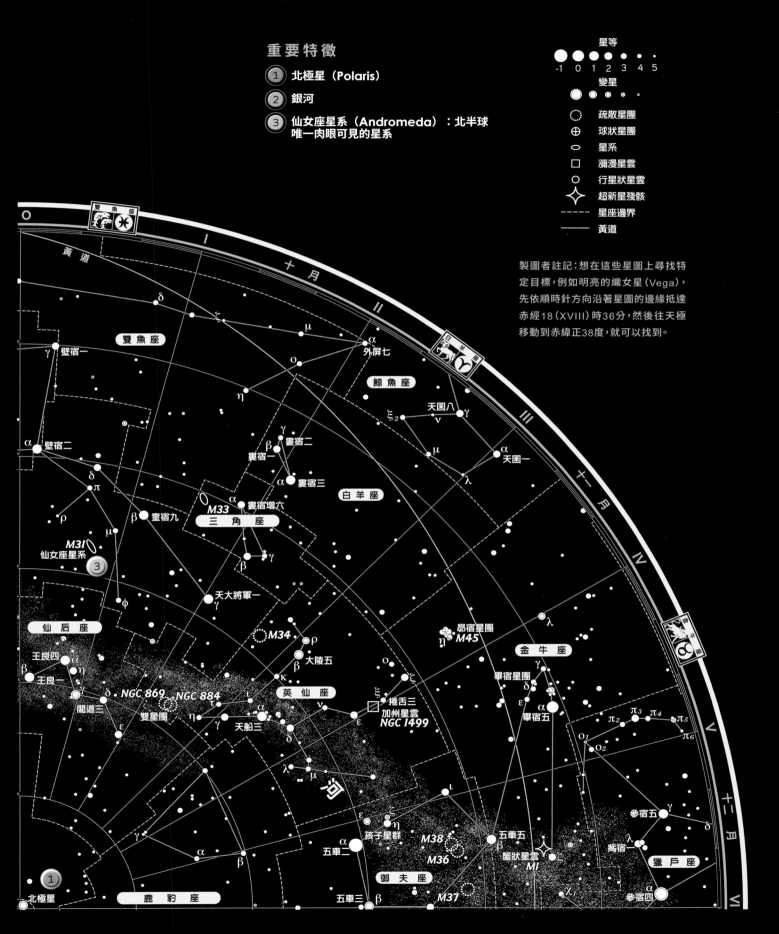

北半球的天空 冬－春

1月到6月，圖中的恆星與星座在北半球天空位置最高。

製圖者註記：找到目標最簡單的方法，是先找出像北斗七星的大杓子
這種熟悉的形狀，以它作為出發點。但是要注意，由於地球的自轉，
星星就像月亮一樣，會由東向西橫越天空。

重要特徵

1. 北斗七星（Big Dipper）：這組星群是大熊座（Ursa Major）的一部分
2. 大角星（Arcturus）：位於牧夫座（Boötes）頂端，也是夜空中第四亮的恆星。
3. M13：北半球夜空最明亮的球狀星團

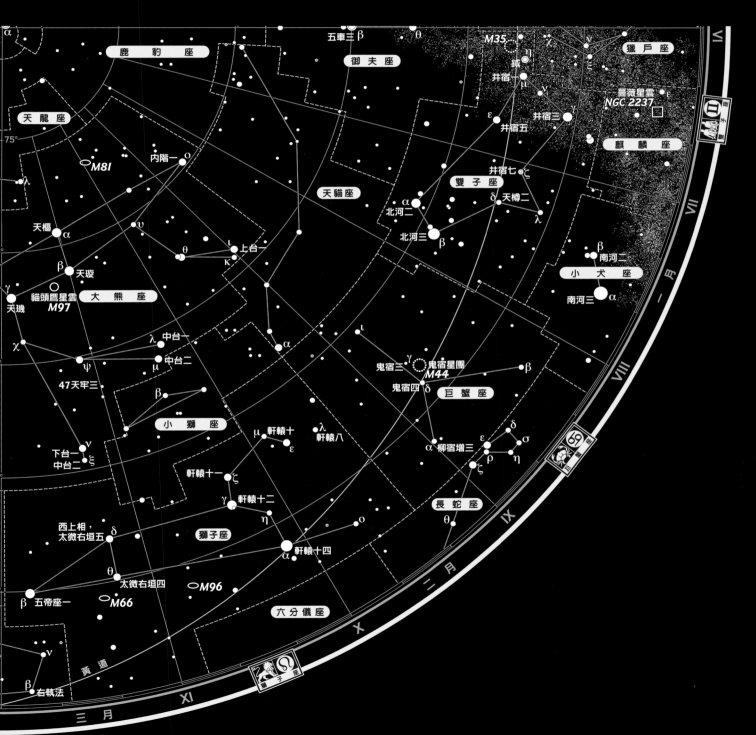

南半球的天空 夏－秋

7月到12月，圖中的恆星與星座在南半球天空位置最高。

製圖者註記：靠近星圖邊緣的恆星與星座，在北半球大部分地區也看得到。雖然沒有亮到可以當作南極星的恆星，但南半球的天空有幾顆非常亮的恆星，以及一些十分壯觀的天體。

南半球的天空 冬－春

1月到6月，圖中的恆星與星座在南半球天空位置最高。

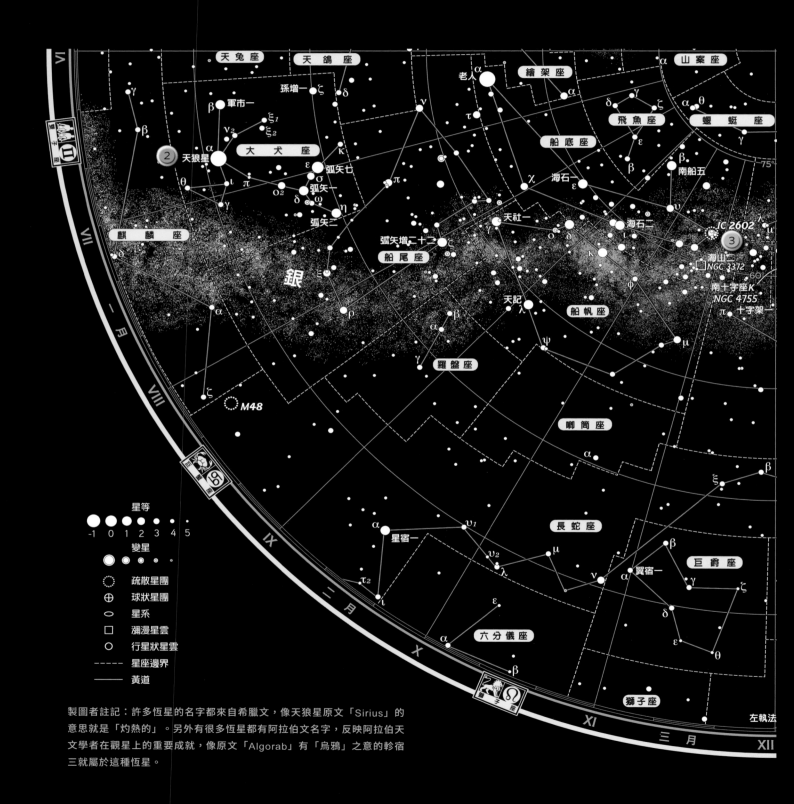

製圖者註記：許多恆星的名字都來自希臘文，像天狼星原文「Sirius」的意思就是「灼熱的」。另外有很多恆星都有阿拉伯文名字，反映阿拉伯天文學者在觀星上的重要成就，像原文「Algorab」有「烏鴉」之意的軫宿三就屬於這種恆星。

重要特徵

① 南十字座（Southern Cross）：從南半球才看得到的顯著星座

② 天狼星（Sirius）：全天空最亮星（僅次於太陽）

③ 海山二（Eta Carinae）：一顆不穩定的大質量恆星，很可能會以超新星爆炸結束生命

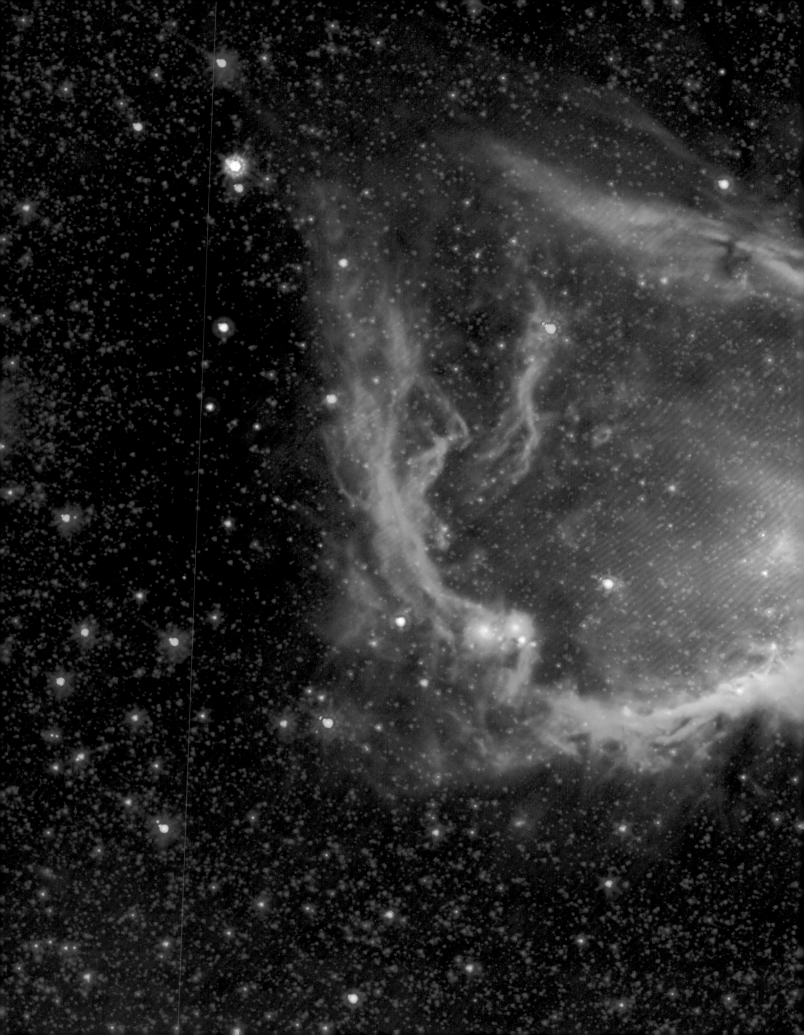

太空

中央兩顆超大質量恆星（本圖中未顯示）的輻射，讓RCW120星雲在紅外光影像下變得明亮。這兩顆恆星的光與太陽風會讓星雲中的塵埃（紅色），以及邊緣的微小塵埃顆粒（綠色）升溫。

中國人說「千里之行，始於足下」，我們這趟宇宙探索也要從自家的太陽系開始。本章收錄了諸多鄰近星球的地圖，其細緻程度是上一代的人所無法想像的，這可要歸功於新的探測方法：太空探測器。太陽系中每個行星至少已經被一艘太空船造訪過，有些太空船在火星和金星等行星上登陸過，但有些只回傳了木星和土星等行星的影像。我們不只探索行星，也探索行星的衛星。我們了解到，太陽系內每個星球都有它獨一無二的故事。過去認為火星和金星

太陽系
THE SOLA

可能曾發展出生命，而且仍有生物存在，但現在我們的焦點已經轉移到木星和土星的衛星上。那些衛星的氣候雖然嚴寒，卻可能有生命存在，因此本章節花了許多篇幅介紹這些衛星。

　　最後，透過近代的研究，太陽系的邊界已經往外延伸，超越了冥王星的軌道，來到柯伊伯帶和歐特雲（Oort cloud）。在那裡發現了多個行星大小的世界，因此我們現在知道，內圈這些行星只佔太陽系的一小部分。這個新的觀點，也引起了眾所皆知的冥王星「除名」事件。

AR SYSTEM

太陽系

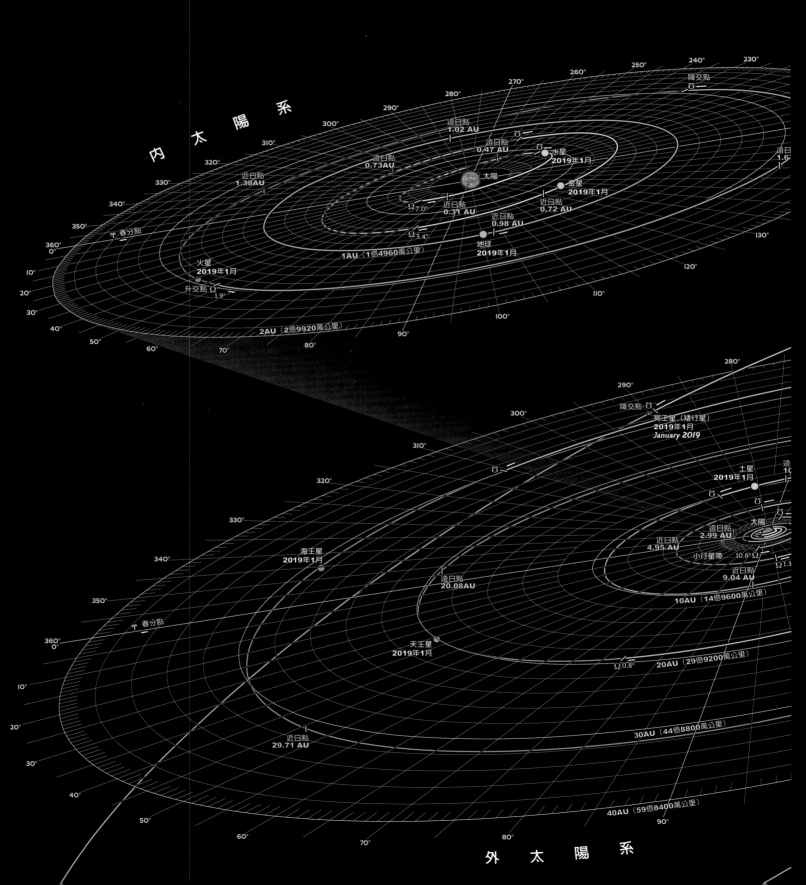

八大行星、五個矮行星、超過100個衛星，以及無數的小行星和彗星，都繞著龐大的太陽運行。四顆類地行星形成了較為緊密的內太陽系家族，越過小行星帶，則是離太陽的溫暖愈來愈遠的氣態巨行星。

所有行星繞行太陽的平面都與地球大致相同，這個平面稱為黃道面（ecliptic），但現已歸類為矮行星的冥王星則例外。

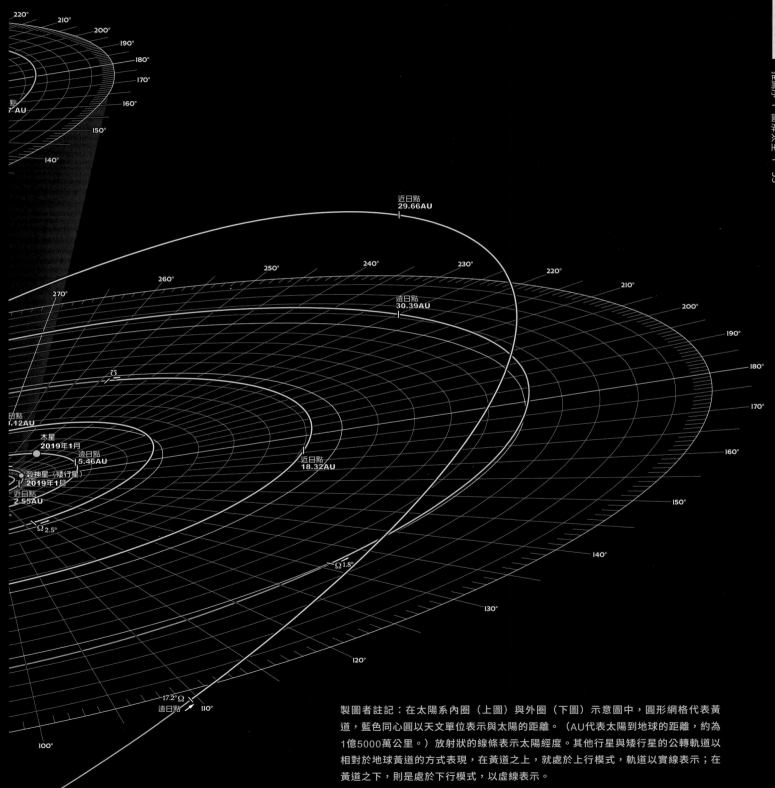

220°
210°
200°
190°
180°
170°
160°
點
7 AU
150°
140°

近日點
29.66AU

250°
240°
230°
220°
260°
210°
270°
遠日點
30.39AU
200°
190°
180°
170°

℧

160°
田點
.12AU

木星
2019年1月
遠日點
5.46AU
近日點
18.32AU
殼神星（矮行星）
2019年1月
近日點
2.55AU
Ω 2.5°
150°

Ω 1.8°
140°

130°

120°

17.2° Ω
遠日點
110°

100°

製圖者註記：在太陽系內圈（上圖）與外圈（下圖）示意圖中，圓形網格代表黃道，藍色同心圓以天文單位表示與太陽的距離。（AU代表太陽到地球的距離，約為1億5000萬公里。）放射狀的線條表示太陽經度。其他行星與矮行星的公轉軌道以相對於地球黃道的方式表現，在黃道之上，就處於上行模式，軌道以實線表示；在黃道之下，則是處於下行模式，以虛線表示。

切都從大約45億年前、飄在太空中的一大片星際雲開始。我們現在看到幾顆行星有秩序地繞著一個相當普通的恆星運行，但問題是，當初那團星際雲是怎麼變成如今這個樣子的？ 觀察我們熟悉的太陽系，可以找到一些規律，其中隱藏著這個問題的答案：首先，所有行星都在同一個平面上運行；其次，所有行星都以同方向繞行太陽；第三點，靠近太陽的是比較小顆的岩石行星，外圍則是氣態巨行星。為了找出這些規則（和許多其他規則）背後的解釋，科學家從18世紀就開始進行研究，其中特別值得注意的是法國物理學家皮耶爾－西蒙‧拉普拉斯（Pierre-Simon Laplace，1749-1827）。

形成

| 太陽系的誕生 |

年齡：**45 – 46 億年**
與銀河系中心的距離：**2 萬 8000 光年**
恆星類型：**主序星，G2-V**
主要元素：**氫、氦、氧、碳、氮**

行星數量：**8**
類地行星：**水星、金星、地球、火星**
氣態與冰巨行星：**木星、土星、天王星、海王星**
矮行星數量：**5 以上**
衛星數量：**169**
太陽到海王星軌道距離：**30 AU**
太陽到歐特雲距離：**約 10 萬 AU**

行星系統在恆星天苑四（Epsilon Eridani）周圍形成的想像圖。
（嵌入圖）年輕太陽系的想像圖。

拉普拉斯解釋說，瀰漫星際分子（當時的天文學家稱這種天體為「nebula」，即拉丁文的「雲」）在引力的作用下，會產生類似太陽系的東西。夜空中到處都有這些雲狀光斑，用望遠鏡就能輕易觀察到，而拉普拉斯提出太陽系從中演化而來的理論，就順理成章地稱為星雲假說。只要加上許多細節，它基本上和近代的理論一樣。

要了解太陽系的形成，就得先檢驗星際雲。星際雲與其他同類型的天體一樣，主要由大霹靂產生的原始氫和氦氣，加上一點在恆星中產生的較重元素混合而成（見 304-311 頁）。近代研究指出，這團星際雲中，有一個或多個大型恆星爆炸，產生了質量較為集中的區域。這些區域發揮強大的引力，將周遭物質都吸過去。原本橫跨數十光年範圍的星際雲開始分裂，往質量集中的起點塌縮。這些物質吸積處現在稱為原始太陽星雲（presolar nebula），其中一個後來成為了太陽

系。氣體塌縮的同時，星雲也開始旋轉。在拉普拉斯的假說中，這個過程井然有序，甚至有點平淡。不過，接下來會介紹，科學家對這個過程多有秩序的看法，在過去幾年有了巨烈的轉變。

太陽與冰霜

當然，從原始太陽星雲形成時，重力就持續作用、不曾消失。氣體向內塌縮的同時，發生了兩件大事：首先，原始太陽星雲大部分的質量都集中到中心，最終變成那顆稱為太陽的恆星；其次，星際雲的轉速隨著收縮而加快，和溜冰選手旋轉時，收回雙臂，轉速會加快的道理是一樣的。重力、壓力、離心力，甚至磁力等各種力量作用在這些旋轉、收縮的雲上，使那些沒有成為新生太陽的一小部分物質變成盤狀，繞著中心球體旋轉。這個盤狀物形成後，太陽系也逐漸開始定形。

形成盤狀物的同時，太陽也發揮火力，讓鄰近物質升溫。從太陽到今天的火星和木星軌道之

| 地球形成的線索

科學家經常被問到，他們怎麼知道像地球的形成這種發生在數十億年前的事件。我們來看看這個故事的其中一部分：地球分異出地核、地函和地殼的過程（見88頁）。揭開這個過程的謎底，是一個精采的科學推理故事。

這個故事要從孕育太陽系的塵雲開始說起。這片塵雲內存在著一些鉿182（鉿是一種相對稀有的物質，常以銀灰色金屬的狀態出現），它們的原子核很不穩定，經過約900萬年的半衰期後，變成穩定的鎢182。（鎢常被拿來用作白熾燈泡裡的金屬燈絲。）有趣的是，由於鎢的化學性質，鉿會受到地函物質的化學吸引，而鎢會被地核中的鐵和鎳吸引。這表示如果鐵沉

入地核的速度夠快，讓鉿來不及衰變，大部分的鎢182就會出現在地函裡；反之，如果分異發生在鉿全部衰變之後，鎢182就會在地核裡。

由於隕石不曾經歷分異過程，藉由比較地函岩石和隕石中的鎢182含量，科學家可以得到一個結論：大約在太陽系的氣體雲開始聚集的3000萬年後，地球的核才形成。

這樣一來，一小片拼圖就歸位了。

間的範圍內溫度極高，使得水和甲烷等揮發性物質無法以固態存在。天文學家姑且稱這條界線為「霜線」，在這條線之外，這些物質就能以固態冰的形式存在。因此，內行星的組成物和越過霜線的外行星不同，也難怪鄰近太陽的類地行星與外圍的類木行星會有所不同。

我們主要透過大量的電腦模擬，來了解早期太陽系之後的發展。接下來的描述基本上就來自這些模擬運算的結果。

類地行星

讓我們先從類地行星開始。在盤狀物的內圈，由於大部分重量輕、具揮發性的物質都不見了，這一帶的行星主要由鐵、鎳與以矽化合物為主的岩石等高熔點物質構成。繞行太陽時，這些物質會相互碰撞、聚集，形成大石塊般的物體，然後再聚集成像山一樣大的微行星（planetesimal）。這些微行星會互相結合，最後形成行星。

在 1990 年代以前，一般認為行星形成時，它的軌道與狀態和現在差不多。不過，電腦模擬得到的結果不只否定了這個假說，還令人相當震驚。前面描述的過程最後，有數十個月球大小的行星胚胎（planetary embryos）在內太陽系橫衝直撞，就像一場不可思議的行星撞球賽，它們相撞、合併、碎裂，偶爾還會整個被撞出太陽系。行星撞球賽結束時，內太陽系剩下如今的四顆行星：水星、金星、地球與火星。

巨行星

同時，霜線外的情景又完全不同。由於外圈有許多未受干擾的物質，那裡的微行星成長得比類地行星更快又更大。巨大的質量讓它們開始吸引周遭豐富的氫和氦，因此稱為氣態巨行星，其中木星和土星更是太陽系中最大的行星。

這些外行星接下來的發展，比類地行星要複雜得多。如上面所描述，木星和土星這兩顆氣態

年輕恆星四周的塵埃正在形成行星

太陽系在

5000

萬年間發展而成

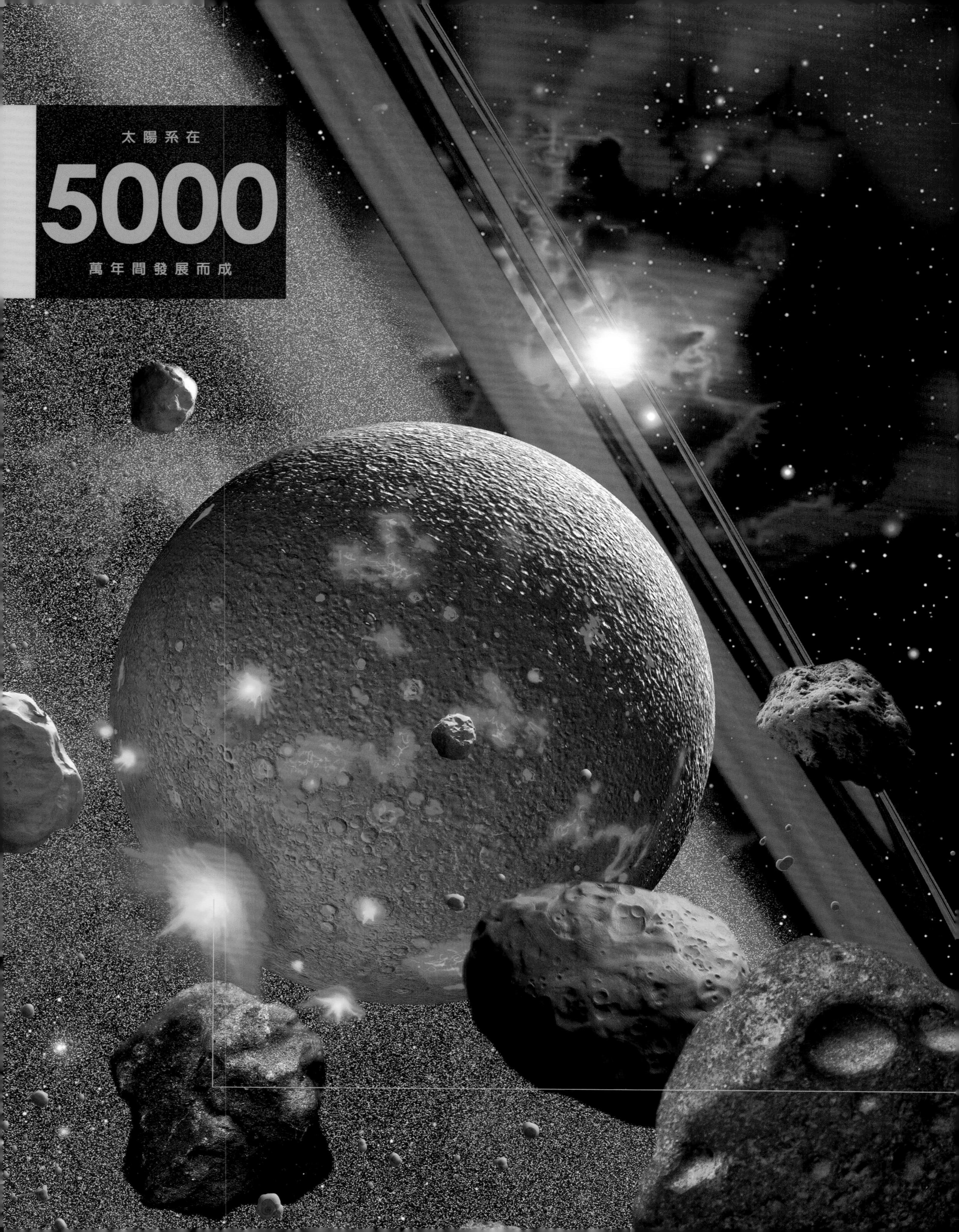

巨行星迅速形成，再往外的天王星和海王星較晚形成，而且它們原本比現在更靠近太陽。這兩個行星形成時，太陽正朝太空放出大量粒子，順帶將許多原始的氫和氦氣推到太陽系外。因此這兩個行星的體積較小，構成物也和木星與土星不同。事實上，這兩個行星常稱為冰巨行星，以和氣態巨行星區分。

四個巨行星、剩餘的微行星與其他物質繼續繞著太陽轉，靠著重力相互作用。我們的模型顯示，木星原本形成於小行星帶外側，木星、土星和行星盤剩餘物質間一連串複雜的重力交互作用，造成天文學家稱為大遷徙（Grand Tack）的事件（這個詞原指帆船在逆風時改變前進方向）。

大遷徙由木星移動開始，木星往內移動到現在的火星和地球軌道之間。木星移動時，初生的木星把恆星盤上的物質往外丟，有些往太陽系外扔，有些則扔向太陽。這時木星和土星（它的軌道也往內移）之間的重力交互作用，讓巨行星往外移動到它們現在的位置。

這也造成海王星的軌道往外推，朝原行星盤的殘餘物飛去，就像衝向球瓶的保齡球一樣。那時，原行星盤往外擴張至現在的天王星軌道，但等到行星遷移結束時，冥王星軌道外側的部分都已清空。

大遷徙可以解釋內太陽系的好幾種現象。例如，因為恆星盤上有太多物質被移除，導致原本會形成火星的物質來源消失，所以現在火星才會比地球和金星小了很多。這也可以解釋為什麼現在小行星帶上的物質這麼少。

由於上述種種變動，有數億年的期間，內太陽系的每個天體都受到猛烈的撞擊，科學家把這段期間稱為「晚期大撞擊事件」（Late Heavy Bombardment）。在缺乏大氣層的水星和月球表面，當時的撞擊仍以隕石坑的形式存在。

過去數十年間天文學家逐漸了解到，太陽系的早期發展一點都不像 18 世紀拉普拉斯所想的那樣平穩而有秩序地塌縮。不過，初期的煙火大會一結束，太陽系就成為一個更有秩序而容易預測的地方，也正是我們開始探索「第一重宇宙」的起點。

這張圖描繪早期太陽系形成地球時的劇烈過程，當時內行星在無數微行星撞擊下升溫。

內行星

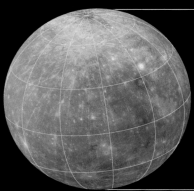

水星

與太陽的平均距離：	57,900,000公里
近日點：	46,000,000公里
遠日點：	69,820,000公里
公轉週期：	88個地球日
平均軌道速率：	每秒47.9公里
平均溫度：	攝氏167度
自轉週期：	58.7個地球日
赤道直徑：	4,879公里
質量：	地球的0.055倍
密度：	每立方公分5.43公克
表面重力：	地球的0.38倍
已知衛星數目：	無

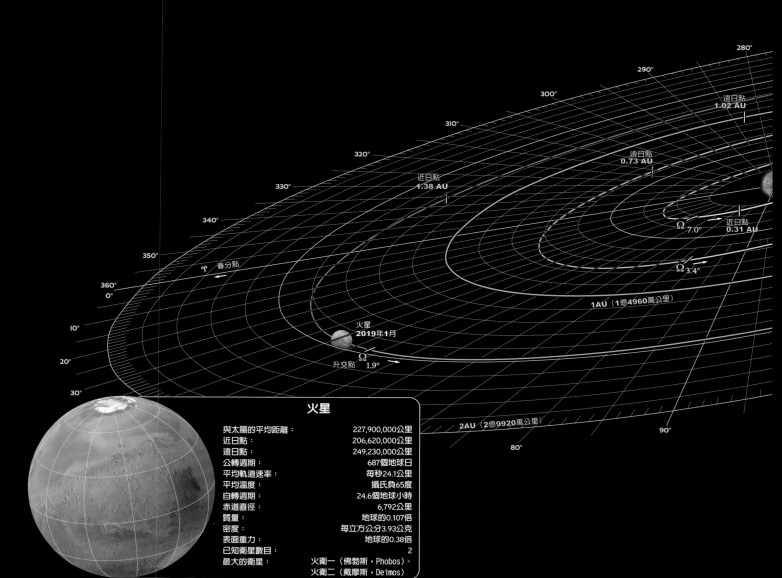

火星

與太陽的平均距離：	227,900,000公里
近日點：	206,620,000公里
遠日點：	249,230,000公里
公轉週期：	687個地球日
平均軌道速率：	每秒24.1公里
平均溫度：	攝氏負65度
自轉週期：	24.6個地球小時
赤道直徑：	6,792公里
質量：	地球的0.107倍
密度：	每立方公分3.93公克
表面重力：	地球的0.38倍
已知衛星數目：	2
最大的衛星：	火衛一（佛勃斯，Phobos）、火衛二（戴摩斯，Deimos）

四顆體積較小、主要以岩石構成的類地行星位於太陽系的核心區域。每個行星上，都有行星形成後才出現的次生大氣，不過，水星表面幾乎偵測不到大氣。水星和月球上，有早期撞出的隕石坑；但是在大氣的風化作用、火山或板塊運動下，金星和地球表面許多早期的隕石坑已經完全失去蹤影。

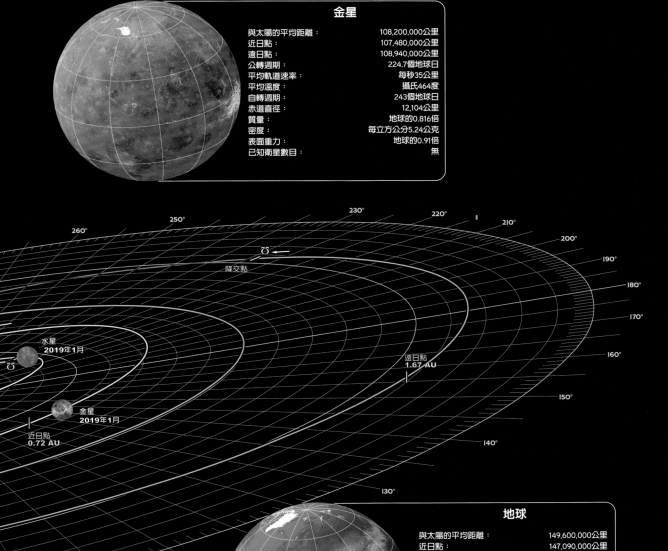

金星

與太陽的平均距離：	108,200,000公里
近日點：	107,480,000公里
遠日點：	108,940,000公里
公轉週期：	224.7個地球日
平均軌道速率：	每秒35公里
平均溫度：	攝氏464度
自轉週期：	243個地球日
赤道直徑：	12,104公里
質量：	地球的0.816倍
密度：	每立方公分5.24公克
表面重力：	地球的0.91倍
已知衛星數目：	無

降交點

遠日點
0.47 AU

水星
2019年1月

遠日點
1.67 AU

太陽

金星
2019年1月

近日點
0.72 AU

近日點
0.98 AU

地球
2019年1月

地球

與太陽的平均距離：	149,600,000公里
近日點：	147,090,000公里
遠日點：	152,100,000公里
公轉週期：	365.26個地球日
平均軌道速率：	每秒29.8公里
平均溫度：	攝氏15度
自轉週期：	23.9個地球小時
赤道直徑：	12,756公里
質量：	5,973,600,000,000,000,000,000公噸
密度：	每立方公分5.52公克
表面重力：	每平方秒9.78公尺
已知衛星數目：	1
最大的衛星：	月球

製圖者註記：內行星運行的範圍從炙熱的水星到宛如嚴冬般寒冷的火星。能快速繞太陽一周的水星，日夜溫差從酷熱到冰凍。金星上的溫度非常高，因為大氣將大部分太陽熱能都留在表面，形成了強大的溫室效應。地球的位置得天獨厚，水能以液態存在，適合生存。證據顯示，火星過去不像現在這麼寒冷，甚至一度有液態水的存在。在太空時代，每一個類地行星都經過仔細研究，也都有太空船造訪，並繪製出詳細的地圖。

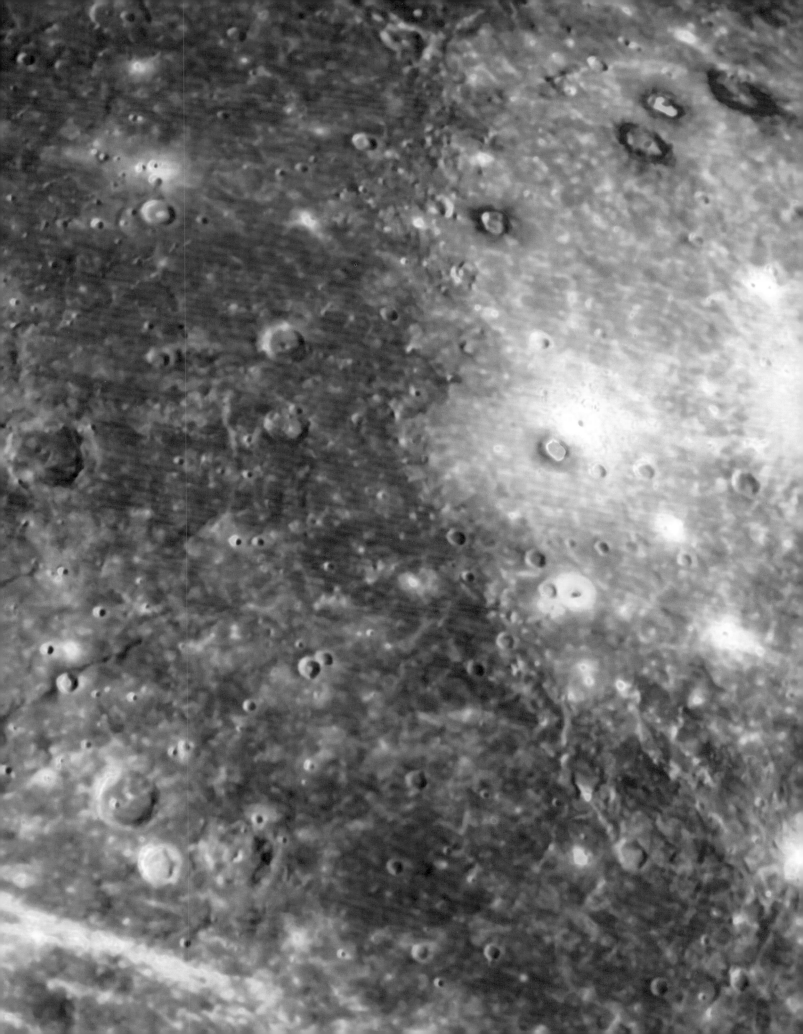

水星是最接近太陽的行星，這表示從地球上觀察，會看到天空中的水星總是很靠近太陽。白天太陽光太強，所以只有在黎明或黃昏，太陽在地平線之下，我們才看得到水星。水星不可能會高掛夜空，因為夜間它一定都在觀察者看不到的地球另一面，和金星一樣只有在早晨和黃昏才看得見。肉眼觀察到水星的紀錄，可以追溯至公元前14世紀的亞述天文學家；而公元前4世紀的希臘人則發現，他們看到的晨星和昏星其實是同一顆星。

水星

| 運行快速、被太陽灼燒的世界 |

發現者：**未知**

發現時間：**史前**

名稱由來：**羅馬神話的信使之神**

· ·

質量：**地球的 0.06 倍**

體積：**地球的 0.06 倍**

平均半徑：**2440 公里**

最低／最高溫度：**攝氏負 173 度／正 427 度**

一日長度：**58.65 個地球日**

一年長度：**87.97 個地球日**

衛星數量：**0**

行星環系統：**無**

水星表面卡洛里盆地（Caloris Basin）的假色影像。（嵌入圖）水星。

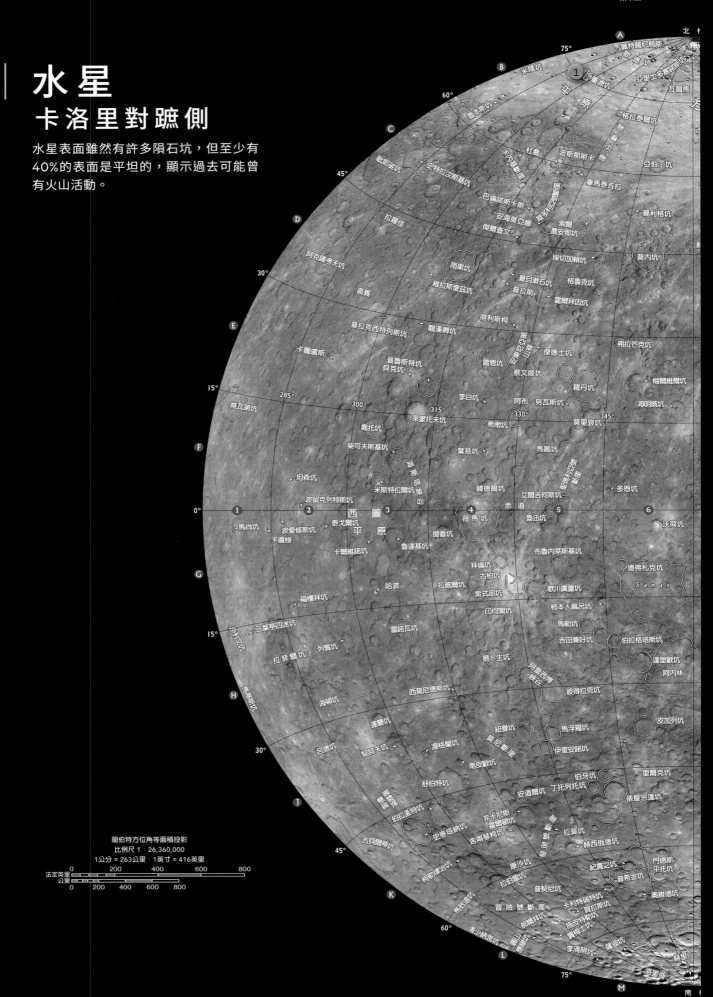

水星
卡洛里對蹠側

水星表面雖然有許多隕石坑，但至少有
40%的表面是平坦的，顯示過去可能曾
有火山活動。

斯卡斯

蘭伯特方位角等面積投影
比例尺 1：26,360,000
1公分 = 263公里：1英寸 = 416英里

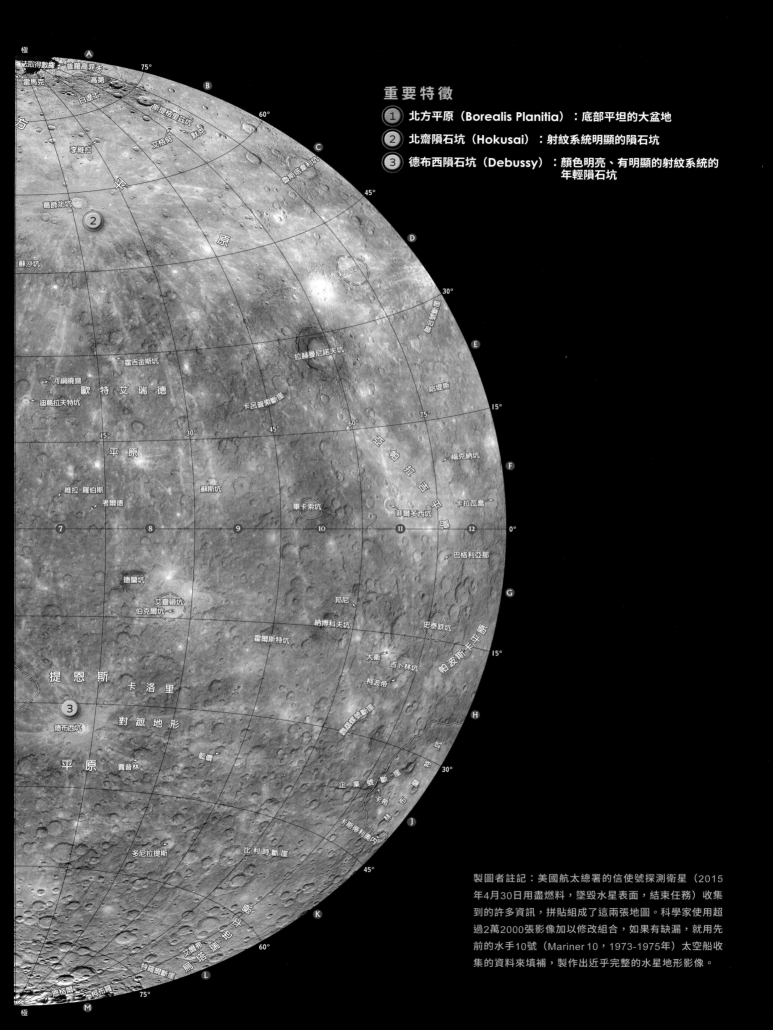

重要特徵

① 北方平原（Borealis Planitia）：底部平坦的大盆地

② 北齋隕石坑（Hokusai）：射紋系統明顯的隕石坑

③ 德布西隕石坑（Debussy）：顏色明亮、有明顯的射紋系統的年輕隕石坑

製圖者註記：美國航太總署的信使號探測衛星（2015年4月30日用盡燃料，墜毀水星表面，結束任務）收集到的許多資訊，拼貼組成了這兩張地圖。科學家使用超過2萬2000張影像加以修改組合，如果有缺漏，就用先前的水手10號（Mariner 10，1973-1975年）太空船收集的資料來填補，製作出近乎完整的水星地形影像。

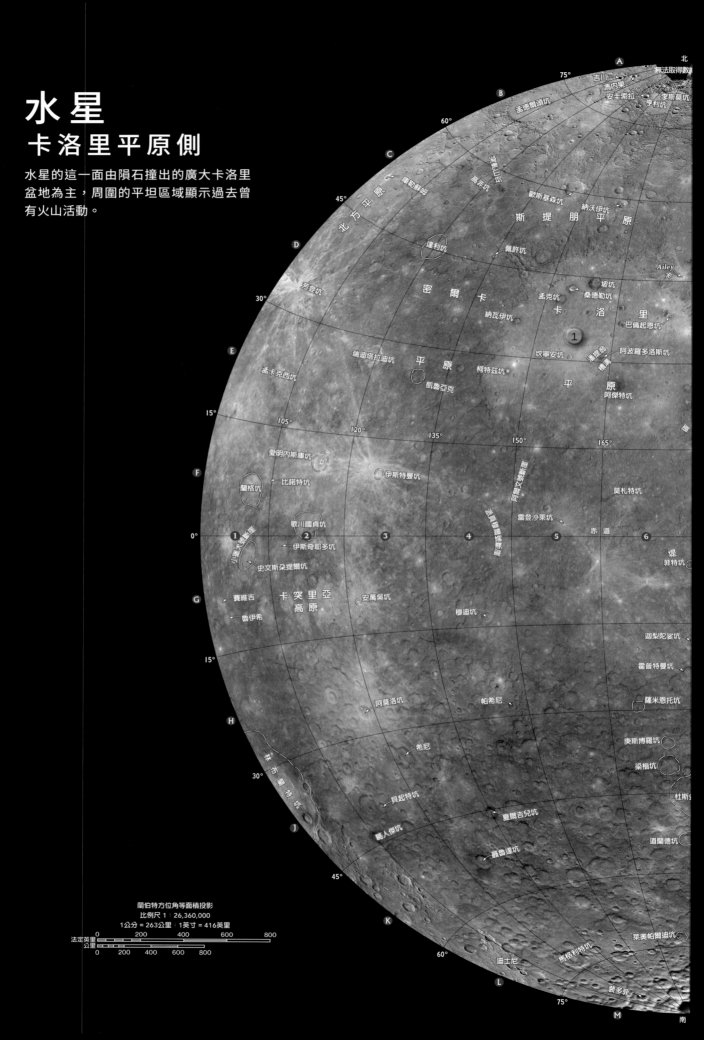

水星
卡洛里平原側

水星的這一面由隕石撞出的廣大卡洛里
盆地為主，周圍的平坦區域顯示過去曾
有火山活動。

蘭伯特方位角等面積投影
比例尺 1：26,360,000
1公分 = 263公里；1英寸 = 416英里

法定英里 0 200 400 600 800
公里 0 200 400 600 800

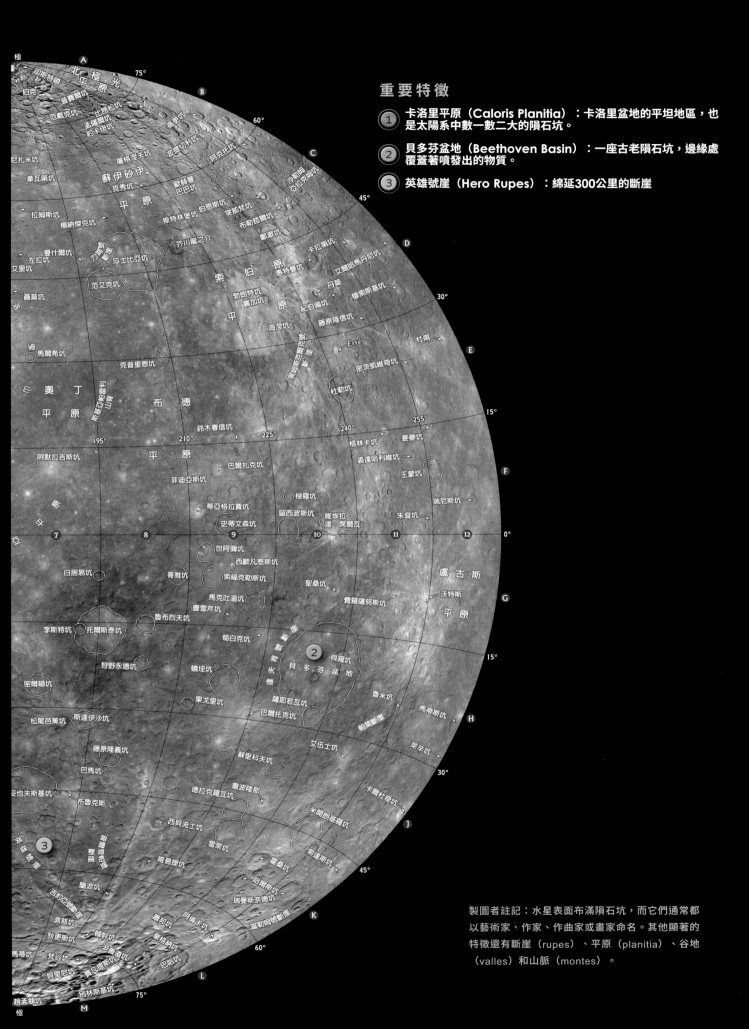

重要特徵

① 卡洛里平原（Caloris Planitia）：卡洛里盆地的平坦地區，也是太陽系中數一數二大的隕石坑。

② 貝多芬盆地（Beethoven Basin）：一座古老隕石坑，邊緣處覆蓋著噴發出的物質。

③ 英雄號崖（Hero Rupes）：綿延300公里的斷崖

製圖者註記：水星表面布滿隕石坑，而它們通常都以藝術家、作家、作曲家或畫家命名。其他顯著的特徵還有斷崖（rupes）、平原（planitia）、谷地（valles）和山脈（montes）。

羅馬人以敏捷的諸神信使墨丘利（Mercury）之名作為水星的名字，之後一直沿用至今。（可能是因為水星在天空中的移動就像這個天神一樣快速。）有趣的是，巴比倫人或許也是基於同樣的理由，用他們神話中諸神信使的名字納布（Nabu）為水星命名。

既熱又冷

水星很小，只有地球質量的 5% 左右，就算曾有過大氣，也很早就散逸於太空中，或是在太陽熾熱的輻射下消失殆盡。水星與我們的月球一樣，是一個荒蕪的世界，缺乏造山的地質運動和風化表面的大氣。水星也共享了月球的特徵，表面布滿隕石坑，默默地應證了久遠以前這裡曾頻繁遭受撞擊。水星的自轉周期為 176 個地球日，公轉周期約是 88 個地球日，因此，水星的每一面都暴露在太陽光的直射（白天）與太空的嚴寒（黑夜）下。

水星很靠近太陽，因此你會覺得它的表面可能很高溫：赤道一帶在正午時分高達攝氏 427 度，比鉛的熔點還高。但你或許想不到，水星也可以非常寒冷：午夜溫度達攝氏負 173 度。水星一進入夜晚，由於缺乏像毯子一般保持表面溫暖的大氣，白天累積的能量很快就會輻射到太空中，讓溫度急遽下降。（準確來說，水星表面有一層薄霧般的原子，科學家稱為外氣層。外氣層是由水星表面蒸騰出來的原子所形成，最終會散逸到太空。）

撞擊下的世界

由於缺乏大氣，水星上的隕石坑和月球一樣，能保存很長一段時間。其中最大的一個是卡洛里盆地（Caloris Basin），直徑將近 1600 公里，可見是非常強大的撞擊所造成的傷疤。卡洛里盆地在水星的另一面，正好是一片錯綜複雜的山丘帶，淺白地稱為「古怪地形」（Weird Terrain）。有些科學家認為製造出這種地形的衝擊波，是由創造出卡洛里盆地的撞擊所產生的。水星上許多大型隕石坑就像月海一樣，表面看起來很平坦。這些平坦地區可能是遭受撞擊後，流出的熔岩所形成的。隕石坑之間還有綿延的山丘，

水星的局部剖面圖顯示出內部結構。水星有一顆巨大的熔融核，被500到700公里厚的固態地函包住，最外層則由100到300公里厚的地殼覆蓋。

核　　　　　　　　　地函

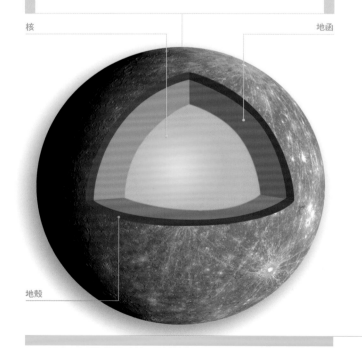

地殼

水星的南極有一半暴露在陽光下，呈現遍地的隕石坑。水星與月球一樣幾乎沒有大氣存在，隕石坑不會被侵蝕，因此還保留著數十億年前形成的地形。

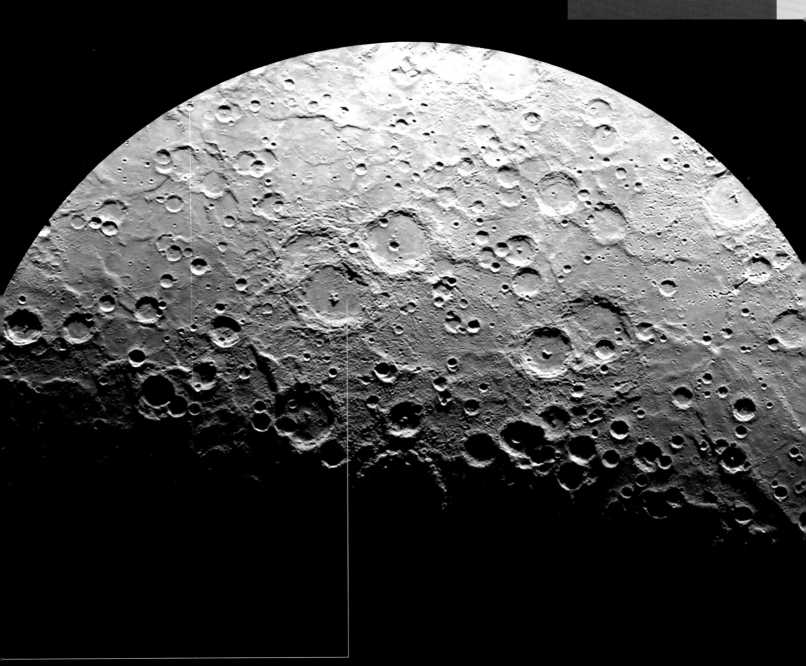

它們是水星上年代最久遠的地形。平原上交錯的狹長山脊，可能是水星冷卻時表面形成的皺摺（想像一顆蘋果逐漸乾掉時，表皮皺縮的樣子）。科學家相信這個收縮過程還在持續，2016 年，信使號太空船（見第 71 頁）在水星表面發現不一個尋常的峽谷，這個峽谷深 3 公里，寬 400 公里，長 966 公里，峽谷的地形進一步支持蘋果收縮的理論。

水星和其他類地行星一樣，是個布滿岩石的世界。水星有一個很小的磁場，強度大約是地球磁場的 1%，這也支持了水星核主要由鐵組成的想法。因此，你可以把水星想像成一個巨大的永久磁鐵。

事實上，根據太空探測器收集到的資料，科學家相信水星有個異常龐大的鐵核，占總體積 42% 以上。有幾個理論試圖解釋這個不尋常的結構，其中最廣為接受的解釋提出，水星的分異過程（見第 88 頁）結束後，在大約 40

水星的古怪地形

雖然用肉眼就可以看見水星，但一直到信使號發射，我們才得以詳加探索。水星上沒有大氣，所以地形一旦形成就不會受到侵蝕。這表示從它未曾改變的地表，就可以解讀水星的歷史。

水星表面最驚人的景觀，是橫跨將近1600公里的卡洛里盆地，它還是太陽系中最大的隕石坑之一。據信大約38億年前的一次撞擊，創造了卡洛里盆地，而月球上的月海差不多也是在同一時間形成。

隕石坑邊緣堆起了大約1.6公里高的坑壁，可見那次撞擊有多猛烈。但更有趣的是，水星的另一面有一片崎嶇雜亂的隆起區，科學家稱之為「古怪地形」（Weird Terrain）。這個地區的成因顯然和造成卡洛里盆地的撞擊是同一個，有兩個理論可以解釋這個過程。根據第一個理論，撞擊造成的震波繞過整顆水星，在對蹠點匯合，破壞了原本平滑的表面。另一個理論則認為，在撞擊中被拋出的物質沿著表面移動，在對蹠點落下，形成如今看到的不規則地形。

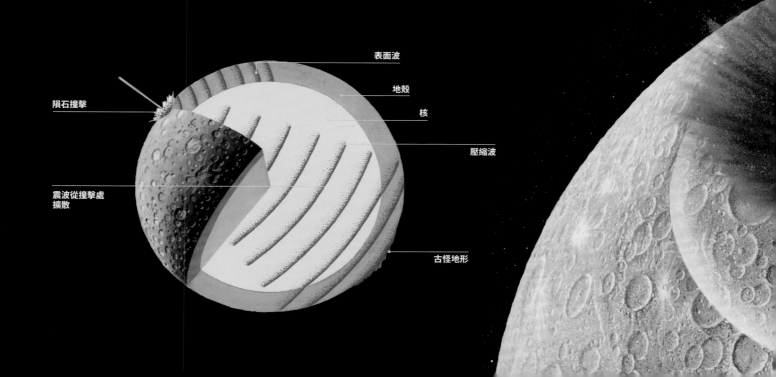

隕石撞擊

震波從撞擊處擴散

表面波

地殼

核

壓縮波

古怪地形

億年前的「晚期大撞擊事件」（Late Heavy Bombardment）中，遭到一顆巨大的微行星撞擊，水星較輕的外層大量脫落，留下鐵核。

前往水星的太空船

　　由於水星很靠近太陽，用地表上的望遠鏡觀察並不容易。事實上，我們得到的這些詳細的水星結構資訊，大多都來自兩個太空探測器。率先出發的是水手 10 號（Mariner 10），它於 1974 年抵達水星，並在燃料用盡前靠近水星三次，把一半左右的水星表面拍了下來。這個太空探測器目前可能還在繞太陽運行，你在讀這一頁時它或許正朝著水星靠近。

　　信使號（MESSENGER，是 MErcury Surface, Space ENvironment, GEochemistry, and Ranging 的略縮）於 2004 年從卡拉維爾角（Cape Canaveral）發射升空，造訪金星與地球後，於 2008 年 1 月 14 日首次飛越水星。2011 年 3 月 18 日，它開始繞行水星，並送回水星表面、地形與磁場的詳細資料，而且確認在極區隕石坑的陰影處有冰存在。2015 年 4 月 30 日，也就是繞水星 4105 圈以後，信使號墜落在水星表面。歐洲太空總署（European Space Agency）發射的太空探測器「貝皮可倫坡號」（Bepi Columbo）預計將在 2024 年抵達水星，展開下一波的水星探勘。

　　提到水星，就不能不提它對科學進展最大的貢獻。水星和其他行星一樣，以橢圓形軌道繞行太陽，軌道上最靠近太陽的位置稱為「近日點」。根據科學家的預期，在其他行星的引力拉扯下，水星每次繞行近日點都會稍微位移。可以想像成這個橢圓形軌道每次繞行太陽時，都會稍微旋轉。19 世紀後期的計算結果顯示，如果這單純只是受到引力的牽引，就不會有這麼大幅的位移，近日點每個世紀其實都會移動大約 43 秒的弧度。1915 年，愛因斯坦發表了廣義相對論，解釋水星近日點如何產生這樣的位移。因此，我們也利用水星初步測試了目前最佳的重力理論。

強大的撞擊創造出卡洛里盆地。

金星是從太陽算起的第二顆行星，常被稱為地球的姐妹行星。它的質量確實與地球最相近，大約是地球的85%。金星和水星一樣，在清晨或黃昏才看得到，也是以一位羅馬天神命名：愛神維納斯（Venus），另外有幾個古文明也以同樣的觀點看待金星，像巴比倫人就以慾望女神「伊師塔」（Ishtar）為它取名。 如果不算月球，金星是夜空中最明亮的天體，即使在現代都市的光害影響下也看得到。或許正因為這樣的特性，金星是最常被誤報為幽浮的天體。

金星

| 美麗的煉獄 |

發現者：**未知**

發現時間：**史前**

名稱由來：**羅馬神話的愛神**

- -

質量：地球的 **0.82** 倍

體積：地球的 **0.86** 倍

平均半徑：**6052** 公里

表面溫度：**攝氏 462** 度

一日長度：**243** 個地球日（逆行）

一年長度：**224.7** 個地球日

衛星數量：**0**

行星環系統：**無**

金星上的牛拉山（Gula Mons）火山電腦合成影像。

（嵌入圖）金星的東半球。

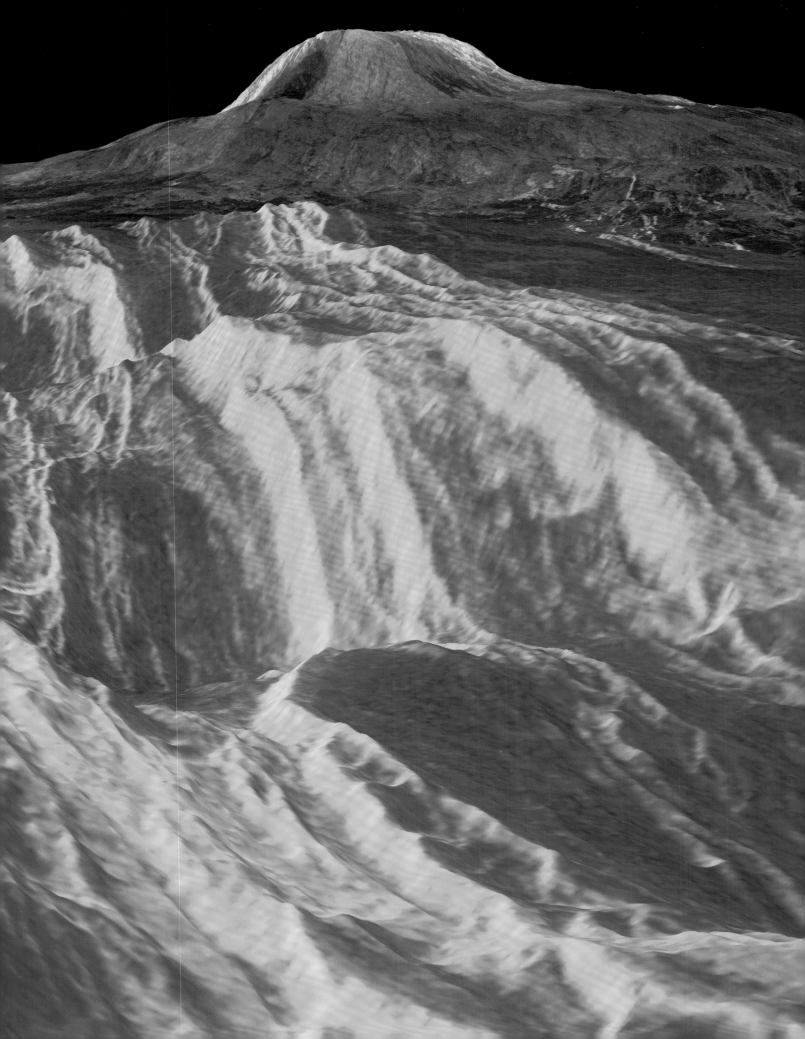

金星
西半球

金星表面籠罩在令人窒息的大氣下，擁有布滿火山的多變地景。

北

75°

A

B

60°

C

雪

瑪瑪帕查熔岩流

拉 烏 瑪

山 脊

塞墨薩勒

芭楚埃
冠狀地形

墨提斯山

烏普努羅火山

伊爾賽貝特

巴斯克爾瑪鑲嵌地形

潘德羅薩斯山脊

巴索瓦坑

拉納伊伊達
冠狀地形

45°

空布洛奇金娜坑

夺

瑪

拉

提科伊爾蒂山脊

維里莉斯
鑲嵌地形

莫科什火山

阿赫帕努努特利山脊

平

原

巴

D

加

30°

克奇安奧第山

貝羅納槽溝

阿斯塔耳特火山

塞赫麥特山

雪女鑲嵌地形

尼

克 維 勒 平 原

基

薩奇馬那山

勞爾克斯恩吞

平

蘇

嵌

原

賽塔芝·瑪哈坑

凡尼立亞山

傑

尼

波立克馬那山

E

15°

塔布曼坑

諾科米斯山脈

博林坑

歐姬芙坑

那茲特山

阿斯特里

克諾山

惠特蕾坑

尤爾卡伊
尼斯特珊山

派尼
冠狀地形

珀齊塔
冠狀地形

塔蘭加
冠狀地形

納哈斯·賢女山瑪 210°

貝登坑

225°

240°

255°

帕奧羅火山

F

1

2

3

4

5

6

博卡伊·瑪烏山日月

阿

帕

麥姆·羅伊彌斯山

阿普冠狀地形

漢 薇

尼帕火山

阿魯魯
冠狀地形

赫 那 莫 阿

奧薩山

拉瑪火山

0°

魯薩爾卡

馬特山

地姥
冠狀地形

1

2

3

4

5

赤 道

6

晶格伍第山

基切達峽谷

伊托基
洛奇谷

雅維涅
冠狀地形

平原

入絲姬娜皇谷

瑪拉姆
冠狀地形

加

格列丘哈火山

烏蕾扎提山

G

維珈星鑲嵌地形

姆博古姆山

亞維卡峽谷

阿提特
冠狀地形

斯殷達麥特山

貢 達 平 原

賭敏娜亮

3

珀蒂峽谷

達林坑

拉羅霍努那
冠狀地形

傑可瓦線狀地形

15°

史坦頓坑

阿莉耶特山脊

楚吉納達克山

沃斯通克拉夫特坑

萊爾
冠狀地

伊莎貝爾坑

阿莫胥坑

斯托坑

佐維納爾山脊

30°

海

倫

艾姆德爾
圓

伊杜恩山脈

艾丹山脊

平

爾尼亞納維特山脊

恩萊墨卡平原

努瓦克維山脊

羅卡皮山脊

杜蘭特坑

伊什庫斯區

普塔維桑
蒂

斯特拉坦娜谷

巴里摩爾坑

招來斯坑谷

45°

伊芙琳坑

塞耶斯坑

努

普

塔

蒂

平

朗伯特方位角等面積投影
赤道的比例尺 1：58,994,000

1公分 = 590公里；1英寸 = 931英里

60°

法定英里
0   500   1000   1500   2000

公里
0   500   1000   1500   2000

赫姆比山脊

里奧那多坑

L

75°

M

南

✵ 太空船著陸或撞擊點

◦ 隕石坑

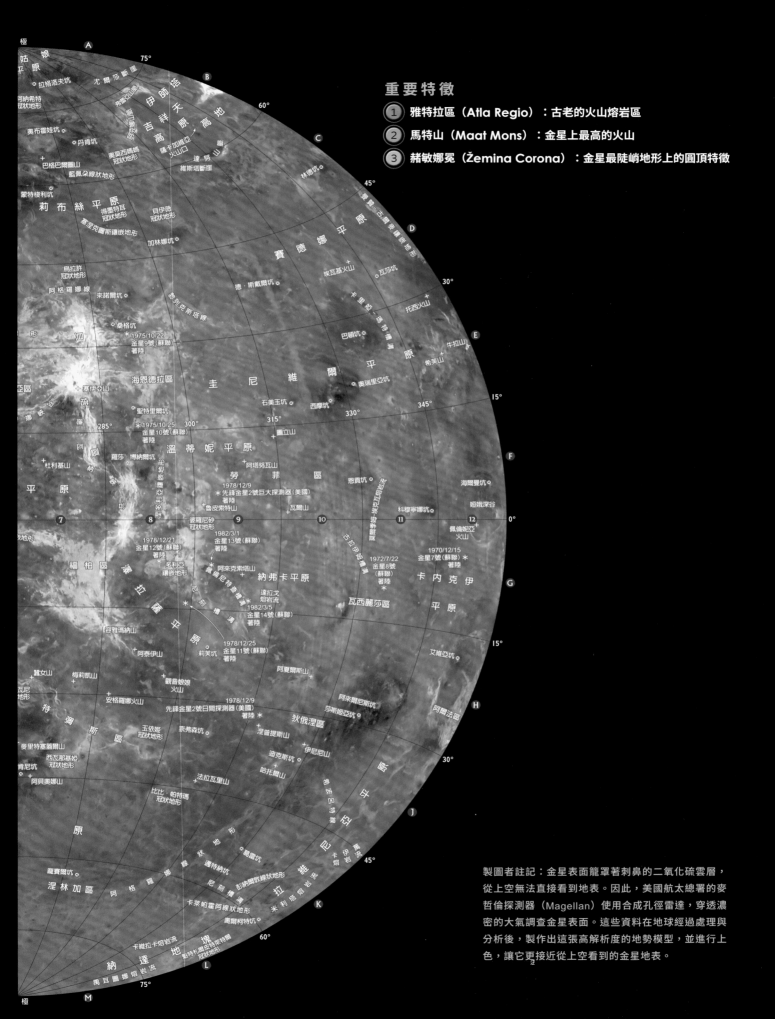

重要特徵

① 雅特拉區（Atla Regio）：古老的火山熔岩區

② 馬特山（Maat Mons）：金星上最高的火山

③ 赭敏娜冕（Žemina Corona）：金星最陡峭地形上的圓頂特徵

製圖者註記：金星表面籠罩著刺鼻的二氧化硫雲層，從上空無法直接看到地表。因此，美國航太總署的麥哲倫探測器（Magellan）使用合成孔徑雷達，穿透濃密的大氣調查金星表面。這些資料在地球經過處理與分析後，製作出這張高解析度的地勢模型，並進行上色，讓它更接近從上空看到的金星地表。

金星
東半球

阿芙蘿黛緹高地（Aphrodite Terra）的面積大
約是非洲的一半，占據了大部分的赤道地區。

北

75°

A

B

60°

威麗山
克麗奧佩脫拉坑
奧克麗爾娜鑲嵌地形
伊　絲　塔　地　塊
福耳圖娜鑲嵌地形
②
1978/12/9
先鋒金星2號北探測器（美國）
著陸
貝克坑
奧地亞平原

C

45°

艾蓮諾坑
奧斯拉山脈
康威坑
菲柔里茲坑
傑克拉鑲嵌地形
華頓坑

D

30°

塔爾維克基坑
克魯奇娜鑲嵌地形
勒達平原
娜芙蒂蒂鑲嵌地形
伏尼契坑
特路斯鑲嵌地形

E

15°

白朗寧坑
貝伊拉冠狀地形
莫娜坑
瓦朗-緒納鑲嵌地形
倪克斯山
波塔尼娜坑
提佩芙山
高提耶坑
阿克特馬
科里坑
埃列什基伽勒冠狀地形
畢爾甘尼茲平原
15°
30°
1967/10/18
金星4號（蘇聯）
在大氣墜毀
寧瑪赫冠狀地形
阿曼尼爾迪斯坑
平原
萊姆克坑

F

0°
娥尼尼山
薩福火山口
阿納拉山
迦梨山
米德坑
尤提喜塔山
艾斯特拉區
桑爾塔冠狀地形
克拉科瑪納冠狀地形
法麗達坑
奧希茲坑

1
提娜廷
1969/5/16
金星5號（蘇聯）
在大氣墜毀
卡拉絲坑
那雨努敦山
赫米凱斯峽谷
琵雅芙坑
2
3
赤道
4
5
瑪納圖姆
卡勒塔什冠狀地形
6
巨蛇拉克叟
阿
瓦

G

拉拉坑
1969/5/17
金星6號（蘇聯）
在大氣墜毀
艾維卡坑
瓦賓提坑
約里奧居禮坑
奧
薇兒丹蒂冠狀地形
安吉亞諾瓦坑
可瑞諾坑
庫柏勒冠狀地形
娜布扎娜冠狀地形
法蘭克坑
凱倫坑
穆克勒欽冠狀地形

15°

埃爾基耳冠狀地形
米努-安妮鑲嵌地形
穆特坑
吉里安坑
巴希坑
艾蓮娜坑
塔赫米娜平原
瑪冠狀地形
羅斯娜火山

H

阿爾法區
布雷弗羅德蘿薇
斯麗亞特坑
1978/12/9
先鋒金星2號晚探測器（美國）
著陸
福蘭切斯卡坑
凱斯塔晝坑
帕索-瑪納鑲嵌地形
西瓦巴尼鑲嵌地形
武特-阿米熔岩流
阿格里皮娜坑
艾諾

30°

吳爾天坑
克西坑
科皮亞冠狀地形
戴博拉坑
瓦伊蒂魯特斷崖
豐努哈平原
瑞奇坑
塞麥拉坑
諾曼達坑

J

阿斯特希克高原
埃赫-布爾汗
杜拉瑪特奧特莉冠狀地形
索梅坑
拉羅克冠狀地形
莎拉旦加峽谷
坐格赫皮維峽谷
杜涅·姆桑冠狀地形

45°

天蘆斯塔坑
奧提根冠狀地形
吉赫伯特坑
諾西克坑
丹扭特坑
阿姆巴爾-奧納冠狀地形
利塔阿岩流
埃西諾諾峽谷
納　逢　地　塊
穆加佐平原

60°

納甯立山
埃巴爾歐平原

L

75°

M
南

蘭伯特方位角等面積投影
赤道的比例尺 1：58,994,000
1公分 = 590公里：1英寸 = 931英里

法定英里
0　　500　　1000　　1500　　2000

公里
0　　500　　1000　　1500　　2000

❈ 太空船著陸或撞擊點
◎ 隕石坑

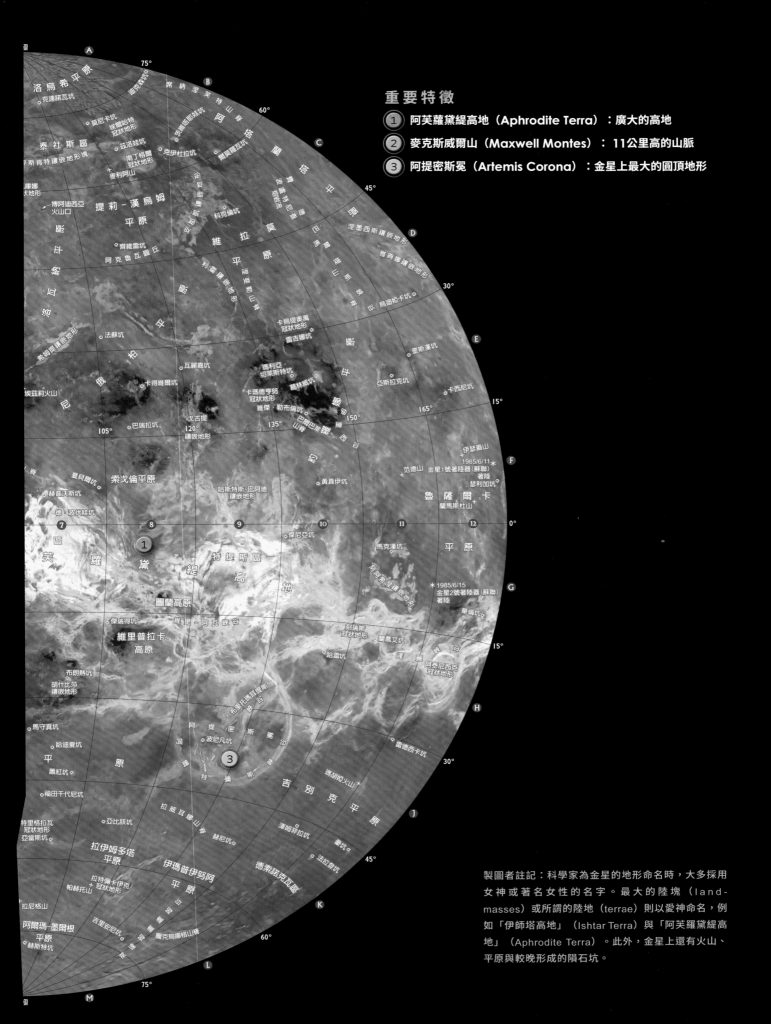

重要特徵

1. 阿芙蘿黛緹高地（Aphrodite Terra）：廣大的高地
2. 麥克斯威爾山（Maxwell Montes）：11公里高的山脈
3. 阿提密斯冕（Artemis Corona）：金星上最大的圓頂地形

製圖者註記：科學家為金星的地形命名時，大多採用女神或著名女性的名字。最大的陸塊（land-masses）或所謂的陸地（terrae）則以愛神命名，例如「伊師塔高地」（Ishtar Terra）與「阿芙蘿黛緹高地」（Aphrodite Terra）。此外，金星上還有火山、平原與較晚形成的隕石坑。

金星繞行太陽一周大約需要 225 個地球日，但旋轉方式卻不太尋常。從上方俯視，太陽系的行星全都以逆時鐘方向繞日旋轉，它們大多也以逆時針方向繞自轉軸旋轉。這種現象其實是保留了當初形成行星的盤狀物旋轉的方式。然而，金星的自轉方向卻與其他行星反向，而且金星上的「一天」相當於 243 個地球日，自轉速度是所有行星中最緩慢的。科學家認為，這些異常現象的成因，來自行星形成初期（見 55-58 頁）某次強大的碰撞。

儘管金星離地球很近，在 20 世紀晚期之前，天文學家幾乎完全不了解金星。這是因為金星表面總是覆蓋著厚厚一層白雲，阻礙了觀察。到了1960 年代，美國與蘇聯開始進行有系統的太空計畫，將太空探測器送往金星。一開始先進行軌道上或飛掠觀察，後來利用探測器登陸。1962 年，水手 2 號（Mariner 2）飛越金星，並以微波和紅外線感測器進行探測，我們才知道金星表面非常熾熱，大約是攝氏 462 度。金星離太陽的距離比水星更遠，但表面溫度卻比水星還熱。

金星任務

1966 年，蘇聯探測器金星 3 號（Venera 3）墜毀在金星表面。這趟任務原本的目標是要讓探測器登陸金星表面，同時回傳資料，但降落時，太空艙被大氣中的高壓給破壞。1967 年，經過強化的金星 4 號（Venera 4）成功進入金星大氣並回傳資訊，但降落傘的減速效果太好，讓太空船降落時間過長，還沒抵達目的地就耗盡了電力。1970 年，能抗高壓並配有較小降落傘的金星 7 號

（Venera 7）終於在金星表面著陸並回傳影像。此後也有些太空船成功降落並傳回資料，但它們通常在一小時內，就會敵不過金星表面嚴酷的條件。

1978 年，美國的探測器先鋒金星號（Pioneer Venus）以雷達訊號穿透雲層，製作出第一幅詳細的金星地圖。接下來美國和蘇聯的太空任務又繼續探索，1989 年，麥哲倫探測器（Magellan）更是利用雷達，製作出前所未見的立體地圖。2005 年，歐洲太空總署發射了金星特快車號（Venus Express），在 2006 年進入金星的極軌

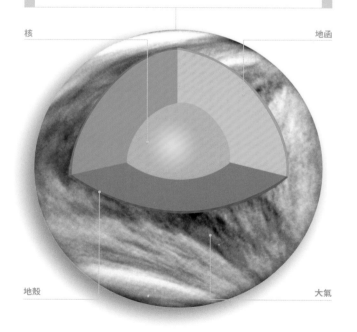

金星的局部剖面圖顯示出內部結構。它的核主要由固態鐵構成，地函很厚，地殼很薄，厚度大約只有地球地殼的一半。金星濃厚的大氣帶來溫室效應，使金星成為太陽系中最熱的行星。

核　　　　　　　　　　　　　　　地函

地殼　　　　　　　　　　　　　　大氣

歐洲太空總署的金星特快車號（Venus Express）拍下的這兩張影像，拍攝時間相隔24小時，顯示金星南極（由黃點標示）一個快速成形的暴風或渦旋。

金星的風速是自轉速度的

60

倍

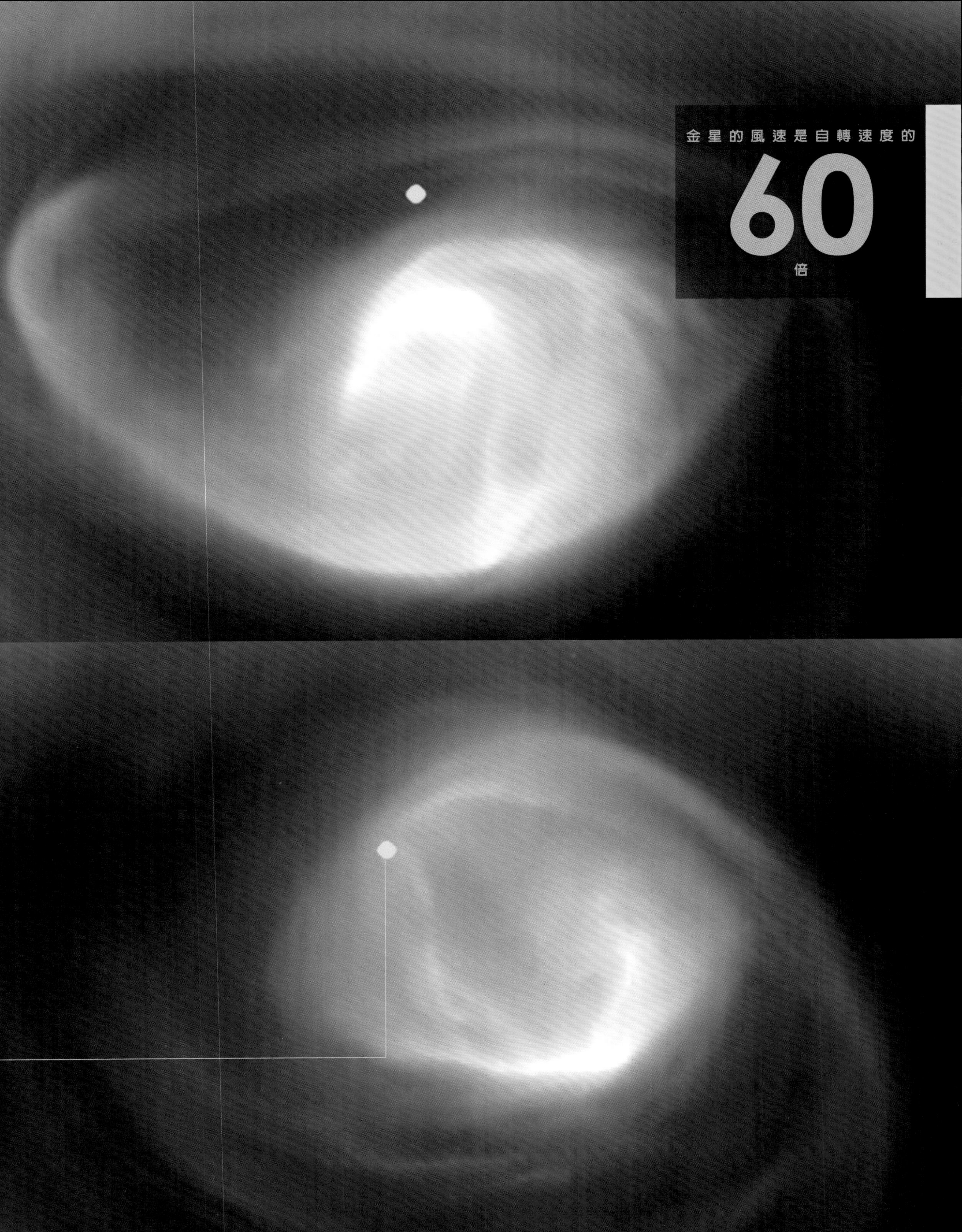

金星表面大氣的重量是地球的
90
倍

道繞行，回傳金星劇烈變動的大氣的資料。（金星特快車號最後在 2014 年結束任務。）

高溫、毒氣與火山

金星的大氣幾乎完全由二氧化碳組成，含量超過 95%，剩下的主要是氮。金星表面的氣壓是地球海平面的 92 倍，差不多是地球海面下 1 公里處的壓力。怪不得最初幾臺探測器會被壓壞！科學家認為金星形成初期可能有海洋存在，但是在太陽強烈的輻射下蒸發光了。少了海洋，大氣中的二氧化碳就不會被吸收掉，火山只要噴出這種氣體，大氣中的二氧化碳濃度就會增加。金星上的溫室效應已經失控了，造成我們今天看到的極度高溫。

由於金星大氣密度極高，表面各處溫度基本上都不會變。金星上的風速很慢（時速不過幾公里），但因為大氣密度高，要迎風而立很不容易。你可以把金星上徐徐吹拂的風想像成海裡的浪潮，而不是溫和的微風。

金星上的雲的主要由二氧化硫和硫酸構成。高處的風以時速數百公里的強勁力道吹拂，但我們尚未了解這個現象的成因。金星上真的有可能下硫酸雨，但是雨滴穿越濃密的大氣層時就蒸發掉了，並不會落到地面。這些雲層還會與太陽發出的粒子進行複雜的交互作用，產生小型磁場。金星的自轉速度緩慢，所以不可能產生像地球一樣的磁場，因為地球磁場來自液態鐵核的旋轉。

透過雷達繪製的地圖，我們知道金星的地形主要由火山活動所形成。金星表面大約有 80% 是平原，剩下就是兩塊「大陸」高原。地球上最大的火山是形成夏威夷島（Big Island of Hawaii）的火山，但金星上有 167 座火山比它還巨大。

金星的平原上布滿隕石坑，多數都未經風化。科學家認為，這表示金星大約在 5 億年前經歷過「地表翻修」，流出的熔岩覆蓋了過去的表面與隕石坑，形成我們如今看到的平原，為之後撞上來的隕石提供全新的降落點。模型顯示，隨著時間經過，地函會升溫，地殼會變脆弱，大約每隔 1 億年，就會形成新的表面。

美國航太總署有兩個在計畫階段的金星探測器，預計在 2020 年代發射升空。真理號（VERITAS, Venus Emissivity, Radio Science, InSAR, Topography, and Spectroscopy）任務將進入金星軌道繪製它的表面地圖，並搜尋其他訊息，包括水曾經在金星表面流動的證據，及是否有活火山存在，如果有活火山，表示金星依舊是一個地質活躍的世界。

第二個任務是達文西號（DAVINCI, Deep Atmosphere Venus Investigation of Noble gases, Chemistry, and Imaging）。這艘太空船抵達金星之後，會立刻進入金星大氣層，在它被金星地獄般的壓力壓毀之前，預計將傳回將近一小時的資料。

畫家筆下的金星上的閃電景觀。由於金星大氣的主要成分是二氧化碳，加上巨大的表面壓力和硫酸雲，它並非早期科幻小說中幻想的那樣適於居住。

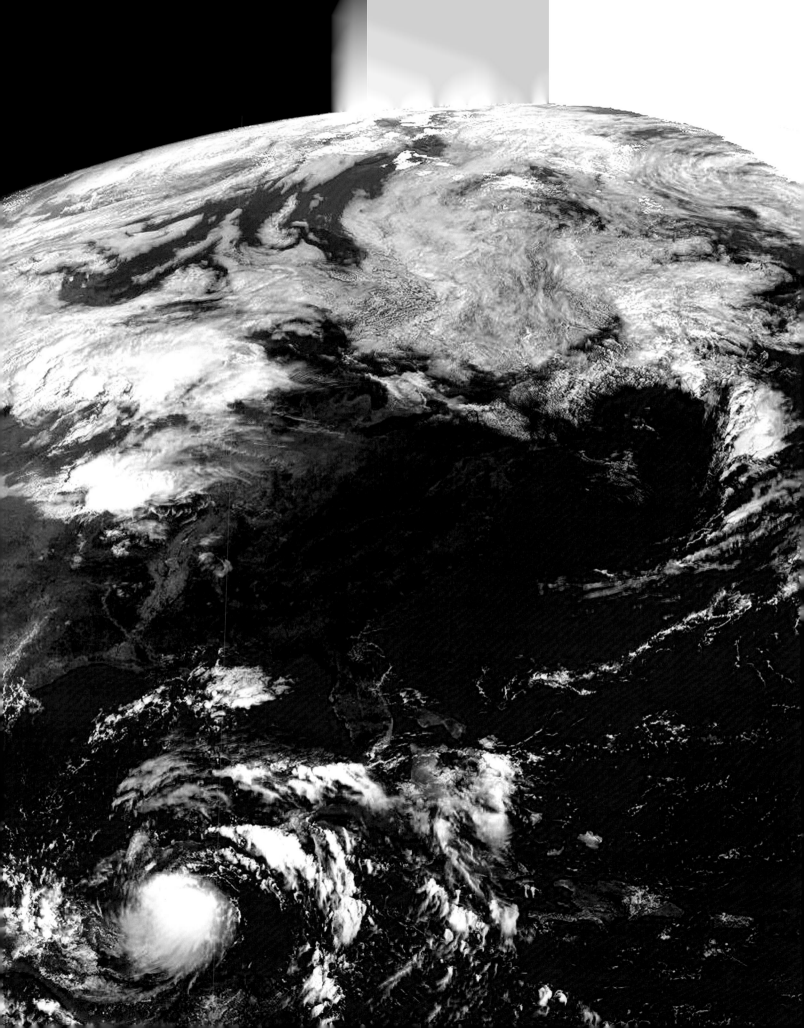

們對地球的了解，自然比太陽系其他天體遠多。不過，把地球視為太陽系眾多行星與衛星中的一員，也會有許多新發現。　地球不同於其他世界的獨特之處是什麼？地球有兩個特點：首先，它是體積最大的類地行星。我們後面會看到，地球的大小跟不停在改變和位移的地表有關。其次，地球繞日運行的軌道落在狹窄的適居帶上，也就是能讓液態水長期存在於行星表面的區域。基於這個原因，地球是太陽系中已知有生命存在的唯一星體。我們將分別針對這兩個特點加以探討。

地 球

｜ 有海洋的行星 ｜

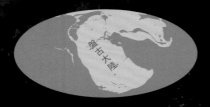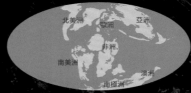

發現者：**未知**
發現時間：**史前**
名稱由來：**古英文「ertha」，意思是地面**

- -

質量：**5,972,190,000,000,000,000,000,000 公斤**
體積：**1,083,206,916,846 立方公里**
平均半徑：**6,371 公里**
最低／最高溫度：**攝氏負 88 度到正 58 度**
一日長度：**23.93 小時**
一年長度：**365.26 日**
衛星數量：**1**
行星環系統：**無**

橫越大西洋的氣旋。（嵌入圖）地球 2 億年前（左）與 1 億年前（右）的大陸。

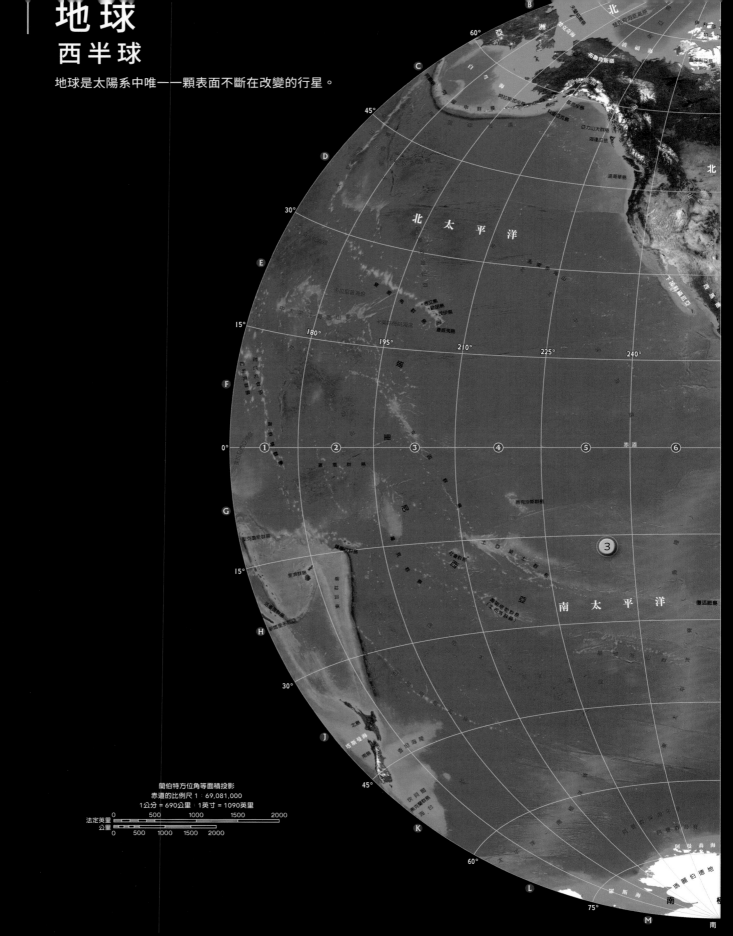

地球
西半球

地球是太陽系中唯一一顆表面不斷在改變的行星。

蘭伯特方位角等面積投影
赤道的比例尺 1：69,081,000
1公分 ≒ 690公里：1英寸 ≒ 1090英里

法定英里
公里

0 500 1000 1500 2000
0 500 1000 1500 2000

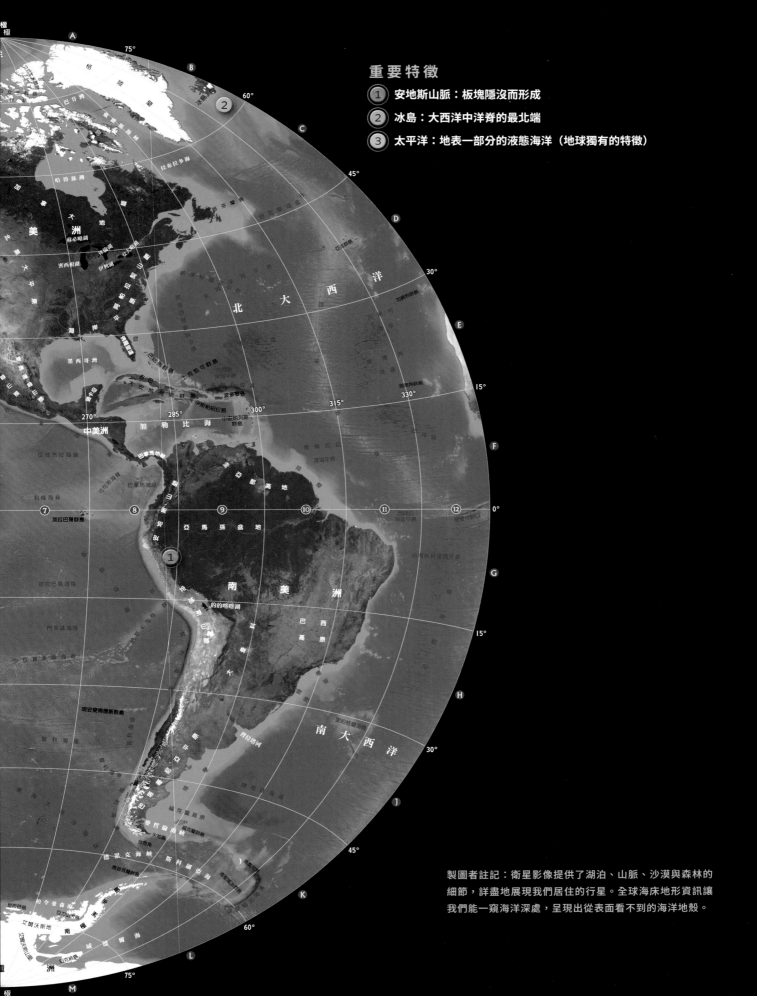

重要特徵

① 安地斯山脈：板塊隱沒而形成

② 冰島：大西洋中洋脊的最北端

③ 太平洋：地表一部分的液態海洋（地球獨有的特徵）

製圖者註記：衛星影像提供了湖泊、山脈、沙漠與森林的細節，詳盡地展現我們居住的行星。全球海床地形資訊讓我們能一窺海洋深處，呈現出從表面看不到的海洋地殼。

地球
東半球

在地球的東半球，乾燥地區與森林綠地及河谷形成鮮明對比。

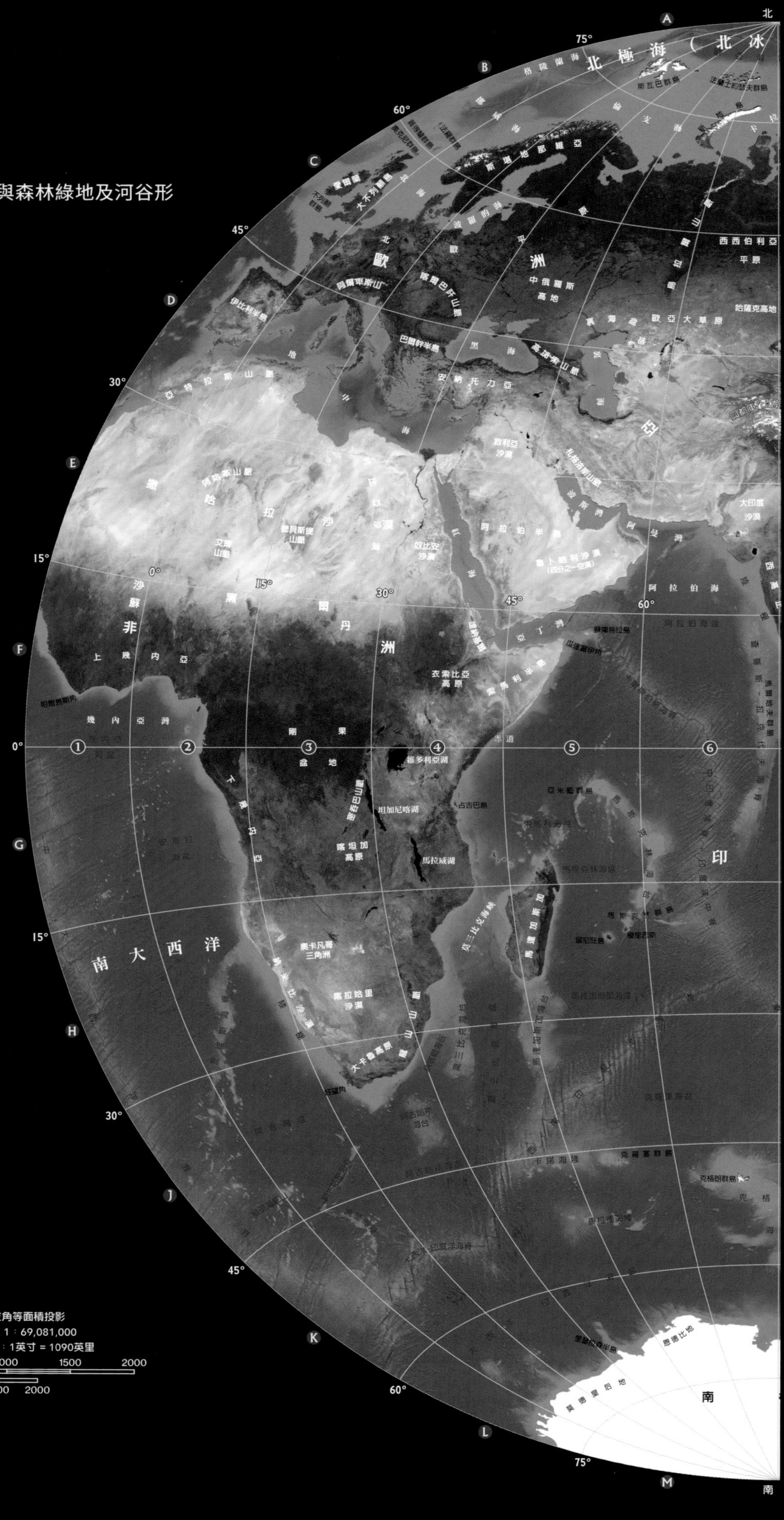

北

北極海（北冰

歐 洲
亞 洲
非 洲
印
南大西洋

北歐
東歐
西西伯利亞平原
中俄羅斯高地
哈薩克高地
歐亞大草原
安納托力亞
敘利亞沙漠
阿拉伯半島
大印度沙漠
阿拉伯海
阿爾卑斯山
伊比利半島
巴爾幹半島
黑海
地中海
亞特拉斯山脈
阿哈加
撒哈拉
泰貝斯提山脈
艾爾山區
利比亞沙漠
努比亞沙漠
魯卜哈利沙漠（空曠之空地）
衣索比亞高原
剛果盆地
維多利亞湖
坦加尼喀湖
尚加高原
馬拉威湖
奧卡凡哥三角洲
喀拉哈里沙漠
大卡魯高原
沙蘇非亞
上幾內亞
幾內亞灣
下幾內亞
赤道
占吉巴島
馬達加斯加
克羅塞群島
莫德皇后地
恩德比地

蘭伯特方位角等面積投影
赤道的比例尺 1：69,081,000
1公分 = 690公里：1英寸 = 1090英里

法定英里 0 500 1000 1500 2000
公里 0 500 1000 1500 2000

75°
60°
45°
30°
15°
0°
15°
30°
45°
60°
75°

南

① 查倫恰海淵（Challenger Deep）：位在海平面下10,971公尺，是地表最低點。

② 喜馬拉雅山：地球上最高的山脈

③ 南極洲：最冷的大陸與最大片的荒漠

製圖者註記：雖然人類文化習慣以政治邊界劃分領地、以大陸區分地域，地球本身並沒有這樣的劃分。地表三分之二的面積都被一片海洋所覆蓋，陸地邊緣呈現出目前海平面的位置，但陸塊本身是連續的，在水面下形成谷地與山脊。

在剛誕生的 5 億年間，或許有一、兩億年的誤差，地球在軌道上飛掠，收集行星形成過程中產生的碎屑。如果站在當時的地球表面，我們會看到一顆顆巨大的隕石到處猛烈撞擊。科學家稱這段期間為「大轟炸」（Great Bombardment）。（請注意，大轟炸發生在太陽系形成初期，和太陽系誕生後 5 億年發生的晚期大撞擊事件不同。）每一次撞擊都為這顆剛誕生的行星加入了一些能量，這些能量又被轉變為熱能。到後來，地球不是整個融化就是加熱到變得夠軟，使物質可以輕易流動——對於其中細節科學家還在爭論。然而可以確定的是，初期的加熱讓地球經歷了「分異作用」：最重的物質（主要是鐵）沉入地心形成地核，較輕的物質則形成地函與地殼。就像沙拉醬放久了一樣，在重力影響下，地球內部的物質互相分離。

地球的分異作用也創造出我們生存在其中的磁場。沉重的鐵和鎳下沉，地球中心的壓力很大，足以使那些原子變成固態。固態核周圍的溫度與壓力較低，只能形成液態，正是這層液態金屬核的旋轉，產生出地球的磁場。

滾燙的地球

新生地球的內部有兩個熱能來源，一個是大轟炸的餘熱，另一個是岩石中放射性元素衰變時產生的熱。就像爐火上的一壺水，地球內部的熱能要想辦法抵達表面，經由輻射作用散失，因此地球也像這壺水水一樣會「煮滾」。數億年間，地函中的固態岩石都在流動，熾熱的物質在某處上升，降溫後再沉入其他地方。沸騰過程持續進行，在分異期間上升到地表附近的較輕物質被帶著走，就像溪流上的落葉一樣。此外，最輕的物質（稱為「硬質地面」的陸塊）就像竹筏上的乘客，乘著這股流勢漂動。

要了解地球運作的方式，最好想像一壺煮滾的開水，表面上浮著薄薄一層油。水的運動會使這層油裂成許多塊，像是一塊塊拼圖。同樣地，地函沸騰也使地表裂為許多「板塊」。

地表由板塊所構成，而地函中的岩石運動會影響板塊的概念，正是板塊構造學說（plate tectonics）的基礎。（板塊構造學說的「構造」

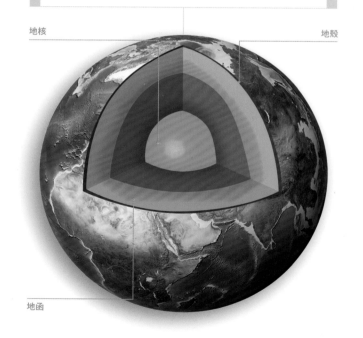

地球的局部剖面圖，顯示中央固態的鐵鎳核，周圍是一層液態鐵鎳。雙層的地核外覆蓋厚厚的地函，以及最外層的地殼。

地核　　　　　　　　　　　　地殼

地函

夏威夷島上的火山噴發把多種物質帶到地表，包括被噴到大氣中的微粒、氣體（此圖中看不見），以及流入海中的火紅岩漿。

（tectonics）與「建築師」（architect）都有同樣的希臘文字根，指的是建造過程。）有些板塊上有大陸，有些則沒有，但由於沸騰持續進行，板塊上所有東西都不停在移動，重塑地表樣貌。曾經有一段時間，所有的大陸都串聯在赤道一帶，好像一條巨大的項鍊；所有大陸也曾經相連成一塊大陸，稱為「盤古大陸」（Pangaea，意思是「全部的陸地」）。但其他行星的運作方式不同，水星和火星（以及月球）體積很小，所以在初期就已經散出熱能，現在處於「凍結」狀態。金星上有火山活動，這是地質活動的跡象，但金星顯然剛好不夠大，無法促成板塊構造。

適居帶

天文學家稱地球為「適居行星」（Goldilocks planet）：不太冷、不太熱，剛剛好。在過去 40 億年，太陽的亮度提高了三分之一（見 223 頁），地球上有些過程也隨之調整，因此氣溫還是維持在冰點與沸點間，這表示地表一直都有液態水存在。如同第 83 頁的敘述，液態水被認為是生命發展的必要條件。如果地球更靠近太陽，可能就會像它的姊妹行星金星一樣，失控的溫室效應會毀掉任何可能發展出的生命形式。但如果地球更遠離太陽，則有可能完全凍結。不管是哪種情況，我們的地球上都不會有生命存在。

每一顆恆星周圍都有一個狹窄的帶狀區域，裡面的行星表面溫度維持在沸點到冰點之間，這個區域稱為恆星的「連續適居帶」（continuously habitable zone，CHZ）。地球位在太陽的連續適居帶上，這正是為什麼這裡有會生命存在。

生命也會為行星帶來劇烈的改變，以地球為例，生命的代謝活動造成大氣中出現氧這種腐蝕

｜ 最早的地球測量值

不管小學是怎麼教的，古時候的人早就知道地球是圓的；直到哥倫布出海以前，這個概念已經存在了千年以上。事實上，大約在公元前240年，希臘地質學家埃拉托斯特尼（Eratosthenes of Cyrene，公元前276-194年）就提出了最早的地球直徑，他後來成為亞歷山大圖書館的館長。他的測量方法如下：他知道在夏至正午，陽光可以直達色耶尼（Syene，即今日埃及的阿斯旺）一口井的底部，這代表太陽位在正上方。同一天的同一時間，他在亞力山卓測量一根已知高度的柱子的影子。利用幾何學，他從這個測量值得出一個結論：亞力山卓與阿斯旺之間的距離是地球圓周的五十分之一。至於他如何得知這兩個城市之間的

距離，則是學術界永遠無解的謎團之一。不過，他得出了地球的圓周是25萬2000視距（stade，古希臘長度單位）。

問題是，古代對視距的定義不只一個，就像今天的英里有「法定里」（statute mile，相當於1.61公里）和「海里」（nautical mile，相當於1.85公里）之分。每一種視距的定義都差不多是180公尺，比一個足球場長兩倍，用埃拉托斯特尼最可能選用的視距換算，他算出地球圓周約4萬7000公里，相較之下，如今算出的數值將近4萬公里。埃拉托斯特尼可能也以這個數值為基礎，估計出地球到月球與到太陽的距離。

板塊邊界
〰 張裂型
▲▲ 聚合型
— 轉型

板塊運動
⬌ 張裂型（前頭長度跟板塊運動速度等比）
➡ 聚合型
○ 熱點

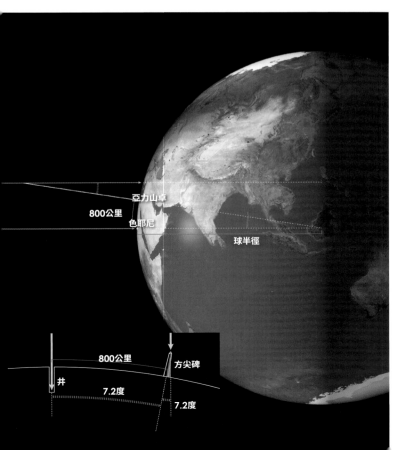

亞力山卓
800公里
色耶尼
球半徑

800公里　方尖碑
井
7.2度
7.2度

上圖為地球板塊的地圖。放射性衰變產生的熱能是引發地函緩慢攪動的部分原因，因此造成板塊移動。太陽系中只有地球這顆行星的表面，會因板塊運動而不停改變。

性元素；另外還有許多生命過程會造成岩石的碎裂與土壤的形成。在其他恆星的連續適居帶中類似地球的行星上，天文學家就是在尋找這種化學跡象來判斷是否有生命存在。

月球是夜空中最明亮的天體，我們每個人從小就認識它。月球繞行地球一周要花27天多一點，自轉所需的時間也完全一樣，這表示我們看到的，永遠都是月球的同一面。天文學家會形容說，月球與地球一連串複雜的引力交互作用，導致了月球的「消旋」。我們將會看到，對太陽系裡的衛星來說，這是很常見的現象。這些引力的相互作用，也讓月球以每年大約4公分的速度逐漸遠離地球。

月球

穩定的鄰居

發現者：**未知**

發現時間：**史前**

名稱由來：**古英文的月亮和月份**

與地球的距離：**384,400 公里**

質量：**地球的 0.012 倍**

體積：**地球的 0.02 倍**

平均半徑：**1,738 公里**

表面重力：**地球的 0.17 倍**

最低／最高溫度：**攝氏負 233 度到正 123 度**

一日長度：**27.32 個地球日**

一年長度：**27.32 個地球日**

月球從非洲吉布地（Djibouti）的岩石地形上方升起。
（嵌入圖）不同的月相。

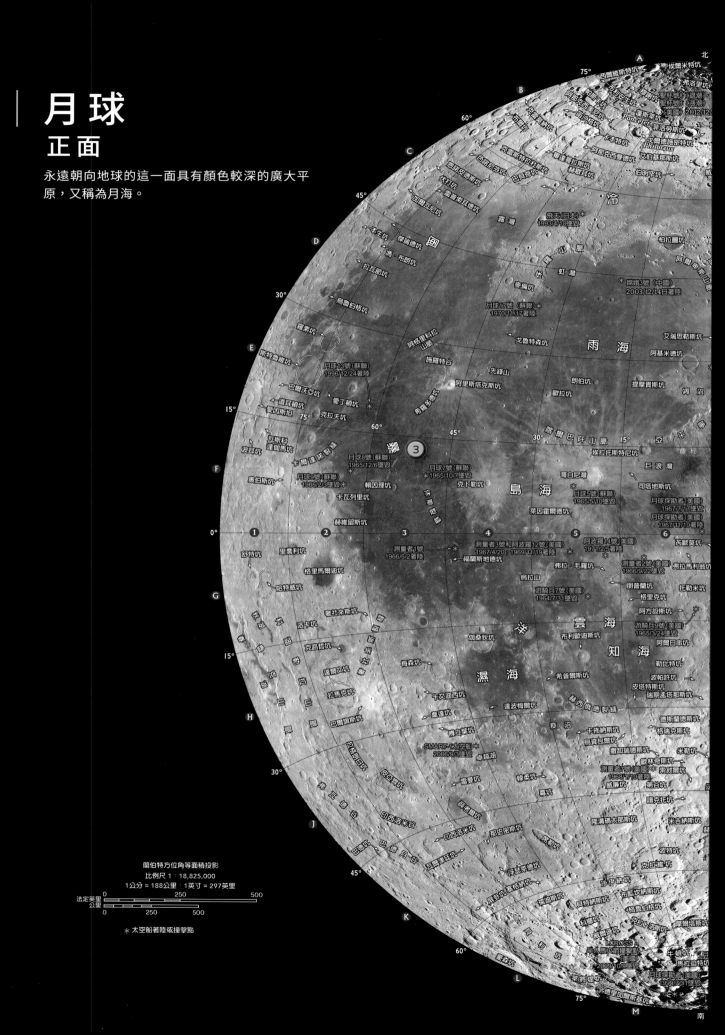

月球
正面

永遠朝向地球的這一面具有顏色較深的廣大平原，又稱為月海。

蘭伯特方位角等面積投影
比例尺 1：18,825,000
1公分 = 188公里；1英寸 = 297英里

法定英里 0 　250　　500
公里 0 　250　　500

＊ 太空船著陸或撞擊點

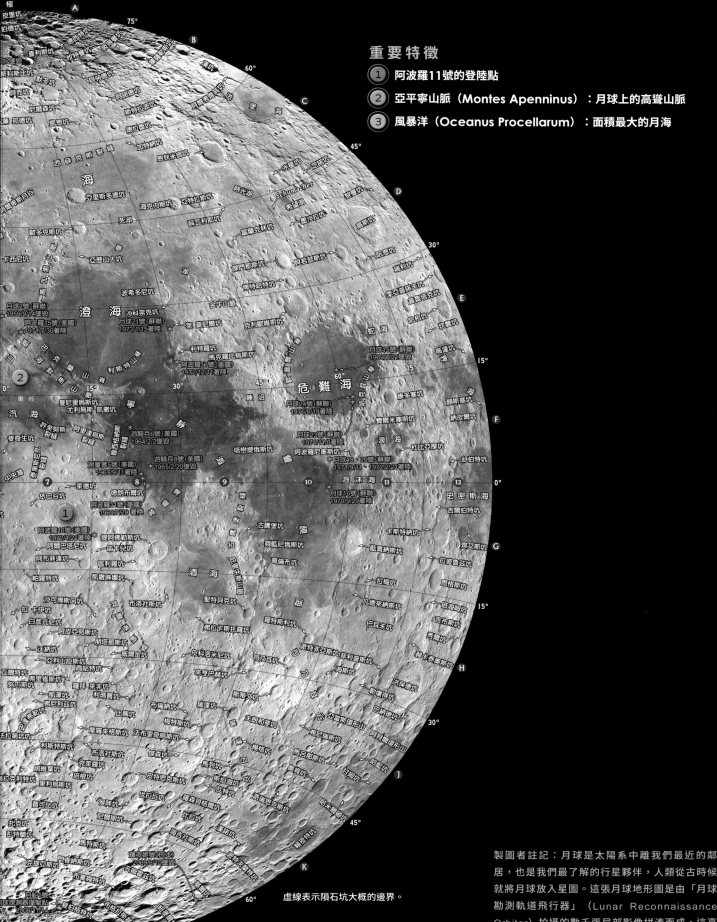

重要特徵

1. 阿波羅11號的登陸點
2. 亞平寧山脈（Montes Apenninus）：月球上的高聳山脈
3. 風暴洋（Oceanus Procellarum）：面積最大的月海

虛線表示隕石坑大概的邊界。

製圖者註記：月球是太陽系中離我們最近的鄰居，也是我們最了解的行星夥伴，人類從古時候就將月球放入星圖。這張月球地形圖是由「月球勘測軌道飛行器」（Lunar Reconnaissance Orbiter）拍攝的數千張局部影像拼湊而成，這臺飛行器目前仍在研究月球。

月球
背面

永遠背對地球的這一面直到太空時代，才揭露在世人眼前。

蘭伯特方位角等面積投影
比例尺 1：18,825,000
1公分 = 188公里；1英寸 = 297英里

法定英里 0　　250　　500
公里 0　　250　　500

✳ 太空船著陸或撞擊點

北
羅

南

75°
60°
45°
30°
15°
0°
15°
30°
45°
60°
75°

羅森坦坑
普伏斯基特坑
米爾科維奇坑
史瓦西坑
卡爾平斯基坑
里科坑
貝爾科諾夫坑
亞佛加厥坑
奧伯特坑
亞里奇坑
山本·清坑

史西西坑
羅蒙諾索夫坑
加夫坑
特拉貝坑
福茉拉斯坑
月內貝爾坑
史瓦西坑
車尼薛夫坑
波西坑
恰里奇曼坑
赫·魯·威爾斯坑
西丹努坑
炊貝貝坑
維納坑
萊伊坑
朗之萬坑
諾伊曼坑
庫爾恰托夫坑
阿卜吾坑
商博良坑

法瑪拉坑
羅西坑
哈里奧特坑
范·馬南坑
羅斯蘭坑
沙因坑
特朗普勒坑
伯丁坑
菲茨傑拉德坑

波波夫坑
約里奧坑
羅西茲蘭坑
愛迪生坑
阿爾塔諾夫坑
弗洛連斯基坑
布來業夫坑
莫斯科海
科馬羅夫坑
白貝羅坑

歐比鬱尼坑
開瓦斯基坑
梅格斯坑
奧爾科坑
霍納斯夫坑
加夫里洛夫坑
西登托普夫坑
康斯坦丁諾夫坑
斯潘塞·瓊斯坑
安德森坑
沙羅諾夫坑

波波夫坑
105°
伊本·尤努斯坑
弗來明坑
梅謝爾斯基坑
科爾酥坑
帕帕列克西坑
蒂希奧馬坑
瓦里德坑

赫茲克坑
科斯京斯基坑
蓋基坑
菲帕青坑
里約爾坑
曼德施塔姆坑
舒斯特坑
月球1號(美國)
1968/10/29撞擊
阿若利斯坑

艾羅坑
莫伊瑟那夫坑
歐花拉子米坑
伊本·弗納斯坑
格林坑
梅列夫坑
舒斯特坑

森格爾坑
菲爾索夫坑
金坑
哈特曼坑
凡尼曼尼茲坑
利普斯基坑

布來業坑
阿布·法法坑
格里馬利坑
哈特曼坑
蓋里曼坑
5
代達勒斯坑

外德坑
薩哈坑
畢松坑
貝克蘭坑
潘涅庫克坑
蘭里曼坑
斯特拉頓坑

支托芬坑
普拉格坑
戴林傑坑
查普來金坑
基勒坑

平山坑
菲沙拉俄斯坑
勒夫坑
馬可尼坑
拜耶林克坑
亥維賽坑

朗格馬克坑
佩列佩爾金坑
萊恩坑
艾梅特坑

巴哈魯德坑
赫沃爾松坑
希拉瑪坑
富文仁坑

北德拉秋克坑
丹容坑
皮關凱坑
伊薩耶夫坑
西拉諾坑
納索坑

希爾伯特坑
賽奧爾科夫斯基坑
加加林坑
帕拉基斯蘇坑
幅特端格坑

斯克羅夫斯卡坑
費米坑
列維·齊維塔
巴比耶坑
謝爾平斯基坑
湯姆森坑

園坑
董特開坑
奧爾登坑
諾伊京坑
巴甫洛夫坑
賽德爾坑
智海
伯克蘭坑

擺丢斯坑
斯卡利傑坑
拉赫蘭坑
德勒凡爾納坑
奧布魯切夫坑
來布尼坑

敦尼坑
米爾恩坑
漢耶坑
拉姆齊坑
科林坑
蓬德馬克坑
奧雷姆坑

哈克斯利特坑
羅蘭坑
克索坑
包温坑
克羅科坑
加拉維托坑
波以耳坑

范·德瓦耳斯坑
蓋伯特坑
30°
羅切坑
林斯坑
阿貝坑

燕特坑
列別金斯基坑
盧米坑
洛布特金坑
普朗克坑
萊曼坑
米奈爾坑

安塔爾坑
45°
蓋伯特坑
希爾科坑
丁格拉
艾丁格坑

羅蒙諾索夫坑

月球2號(美國)
1987/10/11撞擊

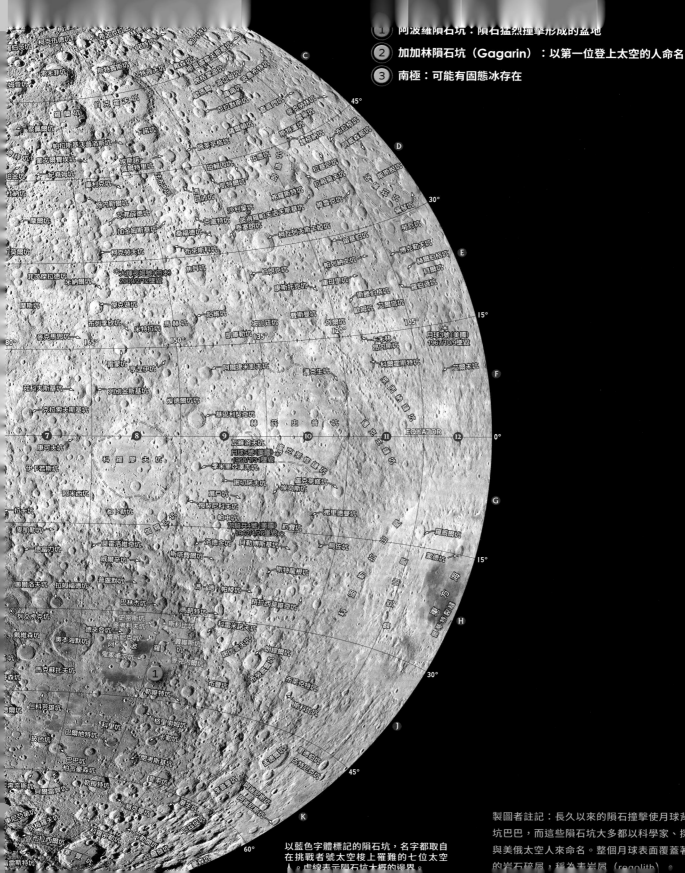

1 阿波維隕石坑：隕石猛烈撞擊形成的盆地

2 加加林隕石坑（Gagarin）：以第一位登上太空的人命名

3 南極：可能有固態冰存在

以藍色字體標記的隕石坑，名字都取自在挑戰者號太空梭上罹難的七位太空人。虛線表示隕石坑大概的邊界。

製圖者註記：長久以來的隕石撞擊使月球背面坑坑巴巴，而這些隕石坑大多都以科學家、探險家與美俄太空人來命名。整個月球表面覆蓋著乾燥的岩石碎屑，稱為表岩屑（regolith）。

月球的科學研究由來已久。希臘、中國和印度的天文學家都知道月球是由反射陽光來發亮，亞里斯多德也教導學生說，月球標示了地球與天球的界線。天文學家克勞狄烏斯・托勒米（生於約公元 100 年）拓展了希臘天文學家的早期研究成果，準確估計出地球到月球的距離和月球的大小，與目前已知數值的誤差只在幾個百分點內。

1609 年，伽利略使用他的新望遠鏡繪製月球表面圖，呈現山脈、平原和隕石坑等景觀。對月球地景與地球相似的發現，改變了宇宙以太陽為中心的理論，因為根據這些理論，月球應該是平滑無特徵的球體。從地球上無法看到月球背面，但蘇聯的月球 3 號（Luna 3）探測器在 1959 年拍下了最早的影像，同一年，美國和蘇聯的無人太空船都降落在月球表面。

人類的一小步

冷戰催生出的美蘇太空競賽，促成了人類於 1969 年首次登月。太空人尼爾・阿姆斯壯踏下阿波羅 11 號的梯子時，說出了那句名言：「這是我的一小步，卻是人類的一大步。」從科學的角度來說更具重要性的，是六次登月任務中，太空人為了提供科學研究而帶回的 380 公斤月球岩石樣本，有些岩石的年代可以追溯到太陽系初期。巴茲・艾德林是 12 位在月球上漫步的太空人之一，他在推薦序中對阿波羅任務有詳細的描述。

自從 1972 年阿波羅計畫結束後，只有無人太空探測器上過月球。除了美國以外，過去數十年間，歐洲太空總署、印度、日本與中國都在進行月球探測。

月球解析

我們現在知道月球和地球一樣，是在大約 45 億年前形成的。長久以來，科學家一直在爭論月球究竟如何形成。基本的問題是，月球的密度遠小於地球，主要是因為月球的鐵核很小。既然地球與月球顯然是從行星雲的同一部分形成的，那為什麼看起來會這麼不一樣？

目前較通行的理論是，在地球形成初期（分異作用發生之後），地球與一個火星大小的物體（也已發生分異作用）相撞，地球一塊密度較低的地函被撞飛，飛出去的物質與另一個物體的物質開始繞著地球運行。此時發生了與類地行星形

月球的局部剖面圖。月球是荒蕪的世界，它有一個小小的固態鐵核、厚厚的地函，以及布滿隕石坑的地殼。月球上沒有大氣，所以隕石坑一旦形成，就永遠不會消失。

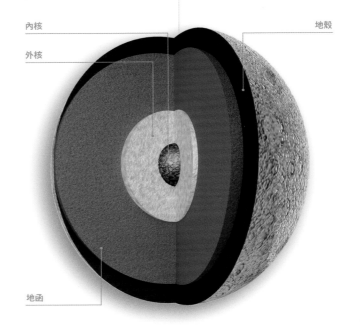

內核
外核
地殼
地函

阿波羅17號的太空人把美國國旗插在月球表面。月球車在降落位置附近行駛，收集地質樣本。我們對月球形成的了解，大多是透過研究這些岩石。圖中的腳印至今仍留在原地。

成時相同的吸積過程，於是這些繞地球運轉的物質便形成了月球。雖然在太陽系的衛星中，月球的大小只有第五名，但如果以衛星與所繞行星的比例來看，月球卻是最大的。它的半徑是地球的四分之一，重量則是地球的 81 分之一。

月球中並沒有地球密度最高的物質（鐵核），這解釋了為什麼兩者密度不同。年輕的月球也經歷了與地球同樣的分異過程（見 76 頁），所以內部有層狀結構，只是由於上述原因，月球的核小多了。月球正面（朝向地球的一面）主要的特徵是深色的大型平原，它們覆蓋了大約三分之一的表面（月球背面的平地不多）。這些平原稱作「月海」（mare），來自拉丁文的「海洋」，因為早期天文學家認為這些區域是海面，但它們其實是遼闊的熔岩流，比較大的月海形成時間可以追溯到 30 到 35 億年前。顏色較淺的區域通常被稱為高地，年代更為古老，可能有 44 億年，呈現出月球剛冷卻時，最早開始從熔融狀態結晶的物質。在晴朗的夜晚，月面上像是人臉一樣的圖案，其實就是月海與高地的深淺色澤。

月球表面

長久以來的隕石撞擊，讓月球表面布滿隕石坑。月球上沒有大氣，而現在又處於凍節狀態，沒有地質活動，因此隕石坑一旦形成就不會消失，於是如今在月球表面可以看到數十萬個隕石坑。

事實上，只有新的隕石撞擊可能會改變月面。小型衝擊會打破表面的岩石，形成玻璃般的小碎片融合成塊（很像潮溼的爆米香），稱為月表岩屑，在月球上除了陡坡以外隨處可見。年代久遠

時間與潮汐

我們都知道潮汐的成因是月球對海水的引力。不過，有兩件事會稍微增加潮汐的複雜性：首先，一天有兩次潮汐，而不是一次；其次，滿潮的時候，月球是在地平線，而不是在頭頂。因此，潮汐並不單純只是月球把海水拉過去，那樣的話，每天只會有一次滿潮，而且應該發生在月球在正上方的時候。

雖然我們常認為月球會繞地球運轉，但其實是月球與地球各自繞著中間一個點在轉，這個點稱為質心。地球繞質心轉時會產生離心力，離心力造成的第二個潮汐位在月球引力造成的潮汐的正對面，這就是為什麼一天會有兩次潮汐。

至於為什麼滿潮發生時，月球位於地平線而不是頭頂上，則與海洋本身的深淺有關。地球的海洋相對來說不深，平均深度為5公里，這表示地球自轉時，潮汐隆起跟不上月球正下方，所以滿潮會延誤。如果海洋有97公里深，滿潮會在12小時後發生，那時月球就會在正上方。

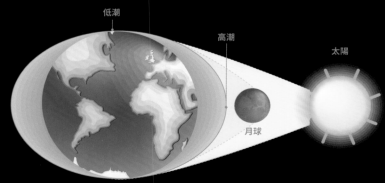

低潮　　高潮　　太陽　　月球

的高地大約有 10 到 20 公尺深的表岩屑，月海地區則有 3 到 5 公尺深。

由於在月球上建立永久基地或殖民地的想法經常被拿出來討論，月球表面究竟有沒有水就成了科學界長期關注的焦點。月球上最有可能找到水的地方是兩極較深的隕石坑，因為這些地方不曾直接照射到陽光。2009 年，印度首次月球任務「月船一號」（Chandrayaan-I）藉由月球表面的反光，發現了水存在的證據。數週後，美國的「月球隕石坑觀測與感測衛星」（LCROSS）把一臺小貨車大小的撞擊器投入一個被陰影籠罩的隕石坑，並從飛濺的碎屑中發現足夠填滿一個小水池的水量。

離開以月球為主題的章節以前，我們得澄清一些常見的誤解：

- 根據統計，滿月期間入院的精神病患人數並沒有比其他時候多。

- 月球背面沒有外星人的幽浮存在的證據。

- 在地平線附近的月球看起來比頭頂上的大，只是一種視錯覺。你可以親自證實這一點：用一根棍子標出月球在地平線上看起來的大小，數小時後月球升到頭頂時再量一次，會發現兩次的結果是一樣的。

芬地灣的低潮

火星是從太陽數起的第四顆行星，它是除了地球以外，人類探索得最徹底的行星，也是科幻作品中最常出現的天體。火星的英文名「Mars」源自羅馬神話的戰神，經常偏紅的色澤來自表面的氧化鐵（鐵鏽）。火星的體積比地球小，半徑約為地球的一半，質量只有地球的0.11倍。火星由於質量小，大部分的大氣很早以前就散失了，現在表面只有一層稀薄的大氣，主要由二氧化碳構成。火星上的平均氣壓，大約相當於地球海平面上方35公里處的氣壓。

火星

│ 紅色沙漠 │

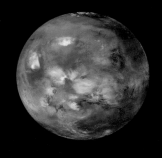

發現者：**未知**
發現時間：**史前**
名稱由來：**羅馬戰神**

質量：**地球的 0.11 倍**
體積：**地球的 0.15 倍**
平均半徑：**3,390 公里**
最低／最高溫度：**攝氏負 87 度／負 5 度**
一日長度：**1.03 個地球日**
一年長度：**1.88 個地球年**
衛星數量：**2**
行星環系統：**無**

好奇號拍攝火星表面的合成影像。（嵌入圖）冰雲飄浮在火星上空。

火星
西半球

火星是一個環境極端的行星，擁有高聳的火山、極深的峽谷、平坦的平原與凹凸不平的隕石坑。

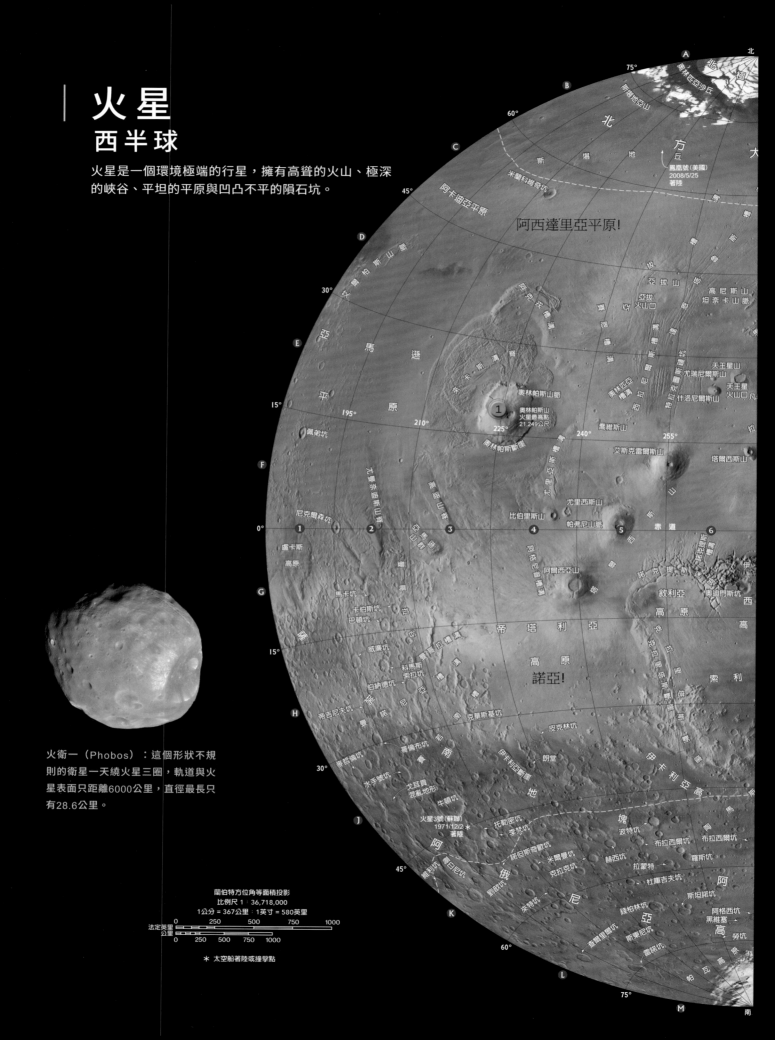

火衛一（Phobos）：這個形狀不規則的衛星一天繞火星三圈，軌道與火星表面只距離6000公里，直徑最長只有28.6公里。

蘭伯特方位角等面積投影
比例尺 1：36,718,000
1公分 = 367公里：1英寸 = 580英里

法定英里
公里

＊ 太空船著陸或撞擊點

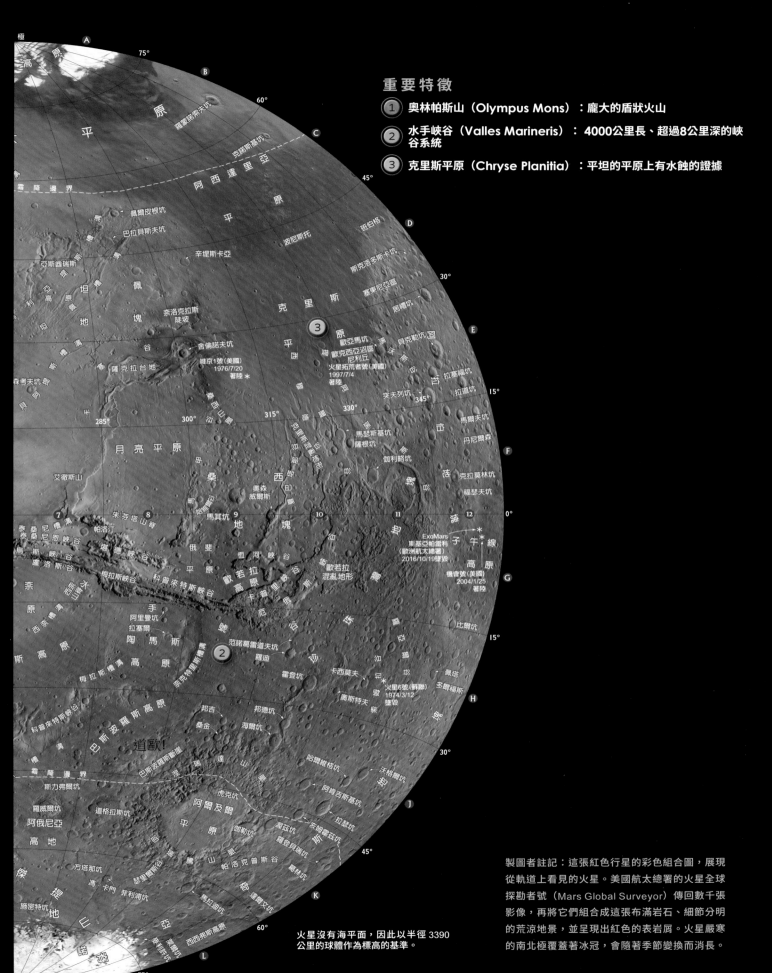

重要特徵

1. 奧林帕斯山（Olympus Mons）：龐大的盾狀火山
2. 水手峽谷（Valles Marineris）：4000公里長、超過8公里深的峽谷系統
3. 克里斯平原（Chryse Planitia）：平坦的平原上有水蝕的證據

製圖者註記：這張紅色行星的彩色組合圖，展現從軌道上看見的火星。美國航太總署的火星全球探勘者號（Mars Global Surveyor）傳回數千張影像，再將它們組合成這張布滿岩石、細節分明的荒涼地景，並呈現出紅色的表岩屑。火星嚴寒的南北極覆蓋著冰冠，會隨著季節變換而消長。

火星沒有海平面，因此以半徑 3390 公里的球體作為標高的基準。

火星
東半球

比起隕石坑遍布的南半球，北半球明顯較為平滑。

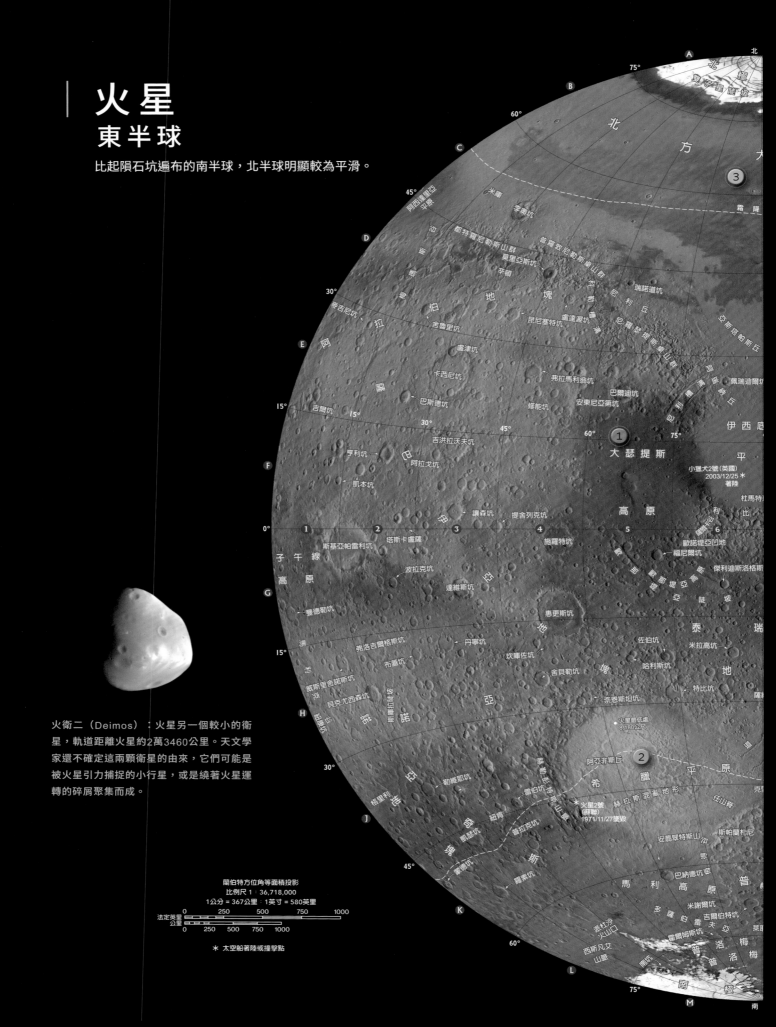

火衛二（Deimos）：火星另一個較小的衛星，軌道距離火星約2萬3460公里。天文學家還不確定這兩顆衛星的由來，它們可能是被火星引力捕捉的小行星，或是繞著火星運轉的碎屑聚集而成。

蘭伯特方位角等面積投影
比例尺 1：36,718,000
1公分 = 367公里；1英寸 = 580英里

法定英里
0　250　500　750　1000
公里
0　250　500　750　1000

＊ 太空船著陸或撞擊點

重要特徵

① 大瑟提斯高原（Syrtis Major Planum）：低矮的玄武岩火山

② 希臘平原（Hellas Planitia）：大而深的撞擊盆地

③ 北方大平原（Vastitas Borealis）：含有水冰的低地區

火星沒有海平面，因此以半徑 3390 公里的球體作為標高的參考基準。

製圖者註記：19世紀後半，兩位著名的天文學家尤金·安東尼亞第（Eugène Antoniadi）和喬凡尼·斯基帕雷利（Giovanni Schiaparelli）根據他們的觀察，繪製了多幅火星表面圖。他們以古典神話中的名字為地形命名，開出先例，後來國際天文聯合會（International Astronomical Union）沿襲同樣的原則，為火星和太陽系中大多數的天體命名。

火星自轉軸的傾斜角度與地球差不多，因此這顆紅色行星也跟我們一樣有季節之分。但它的「一年」大約是我們的兩倍，所以火星上每個季節的長度大約是地球的兩倍。南北半球在冬季時，極地都沒有陽光，這點與地球相同；不過火星大氣中大量的二氧化碳在冬季時，會凍成一層厚厚的冰凍二氧化碳，也就是我們在地球上見過的乾冰。陽光重返時，極地的這層乾冰就會消失。在乾冰之下，是水冰構成的永久性極地冰冠。在火星北極冰冠中的水冰量，比地球格陵蘭冰原的一半再少一點。

火星的北半球由熔岩流構成，相對較平坦；南半球地形較為複雜，布滿年代久遠的隕石坑。目前的理論認為，火星的南北半球早期都曾有海洋，但這些水可能蒸發掉了，而且由於火星體積很小，這些水終會散逸到太空。科學家相信，火星最後一片海洋位於北半球，往南移動會先遇到一段過渡地形（有一位作者稱之為「海景地段」），然後才抵達崎嶇而隕石坑遍布的南半球。

高山低谷

我們大多只能透過太空探測器傳回的資料，看到火星表面驚人的地景，詭異的是，我們看到了與地球上熟悉的景觀，只是規模更加龐大。有兩個地形特別值得一提：一個是死火山奧林帕斯山，目前太陽系中已知最巨大的山，高度約 27 公里，是聖母峰高度的三倍多；第二個是水手谷，這個峽谷系統長 4000 公里，最深處達 7 公里。（對照一下，美國大峽谷大約 450 公里長，最深 2 公里。）

尋找水的蹤跡

1877 年，義大利天文學家喬凡尼·夏帕雷利繪製了第一幅詳盡的火星表面地圖。透過望遠鏡，他看到火星表面一條條線狀結構，並稱之為「渠道」（canali）。翻譯成英文時卻不幸被誤譯為「運河」，暗示火星上有智慧生物存在。美國天文學家帕西瓦爾·羅威爾（Percival Lowell）追隨夏帕雷利的腳步，撰寫《做為生命居所的火星》（Mars as the Abode of Life）一書，使一般大眾開始注意火星上有生命存在的想法。羅威爾不僅聲稱自己看到了運河，還報告它

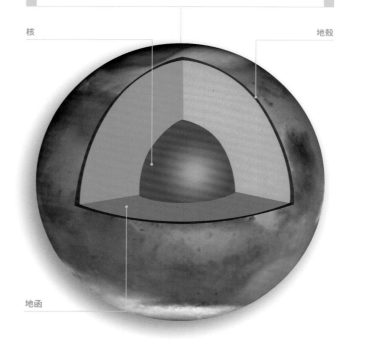

火星的局部剖面圖。火星和月球一樣沒有板塊活動，它有一個主要由鐵構成的固態核與地函，地殼平均厚度是50公里，比地球的稍微厚一點。

核　　　　　　　　　　　　地殼

地函

圖中在南方高地發現的蝕溝，與河川在地球上製造的渠道類似，是第一個顯示可能曾經有水在火星表面流動的線索。

們如何隨著季節而注滿或排乾。

這個當時盛行的假說是天文界其中一個美麗的錯誤，不時會被拿出來談論。火星是一個文明正在衰退的世界，地球則是文明繁盛的世界，而炙熱又布滿沼澤的金星則代表未來世界。我們現在知道羅威爾看到的運河只是視錯覺，我們都知道人類傾向在隨機圖形中看見規則（例如羅夏克墨漬測驗），而他正是根據這個傾向做出了結論。

1964 年，水手 4 號（Mariner 4）飛越火星，為近代火星探測揭開序幕；1971 年，水手 9 號進入火星軌道運轉，得到了詳細的資料。這些太空探測器帶給科學家最大的驚喜，就是火星蝕溝的照片。它們看起來與地球上普通的河川流域一模一樣，這是第一條真正暗示火星表面曾經有水的線索。如今，這個想法已廣為科學社群所接受。

不過，對一般大眾而言，最大的火星事件是維京 1 號和 2 號在 1976 年登陸火星。當時拍下的火星表面照片不僅登上了世界各地的報章雜誌，也是網路時代初期的第一波轟動事件。

下一個重要的探索任務，是 1996 年美國航

太總署發射的火星全球探勘者號，在它繞行火星執行任務的十年間，製作了詳細的火星表面地圖。1997 年，第一部機器人探測車旅居者號（Sojourner）降落在火星上，這是人類第一次成功讓探測車登陸其他行星，也開創了使用氣囊協助登陸的技巧：在探測車四周包裹氣囊，作為著陸時的緩衝，之後再將氣囊放氣，以便探測車移動。原定的任務期間是一個月，但旅居者號持續傳回了三個月的資料，為日後火星探測車任務的壽命創下先例。

近代的探索

21 世紀是名符其實的太空艦隊時代，太空船、登陸載具與軌道衛星紛紛朝這顆紅色行星發射。除了美國航太總署，歐洲太空總署、俄羅斯、中國與芬蘭的太空任務不是正在進行就是在計畫中。其中最精采的任務，要算是 2004 年成功登陸的火星探測車：精神號（Spirit）與機會號（Opportunity）。這兩臺探測車檢驗過火星上的岩石與礦物後，很快就證實火星表面確實曾有液態水存在。

原先預期這兩臺探測車只能運作幾個月，但它們的功能卻驚人地維持了六年之久——對建造探測車的工程來說，這可是最動聽的讚賞。根據科學家的推測，火星表面的風暴和塵捲風清除了太陽能板上的沙塵，讓兩臺探測車能保持充分電

| 火星上的人臉

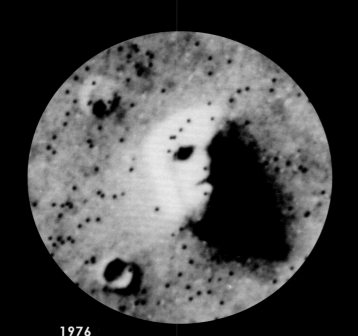

1976

我們不妨來看看火星任務唯一曾經登上八卦小報的報導——所謂「火星上的人臉」。1976年7月25日，維京1號太空船繞著這顆紅色行星運轉，為姊妹太空船維京2號拍攝可能的登陸地點。它在火星北半球一個介於北部平原與南部隕石坑地形的交界區，拍到一張低解析度的照片，顯現一張臉往上凝視太空船，周圍有類似埃及金字塔的東西。控制中心的科學家看到照片紛紛露出微笑，因為這顯然是視錯覺造成的。然而，美國航太總署的某個官員決定公布這張照片，希望藉此引起大眾對火星探索的興趣。

結果或許算成功吧！他做出這個決定之後的數年間，火星上的人臉成為邊緣科學的常客。我還記得一份小報的頭條宣稱這張臉不是別人，正是貓王！

直到1998年，火星全球探勘者號重新造訪同一個地點，在不同光源下拍出高解析度的照片。臉果然消失了！接下來幾趟任務也一樣不見人臉。雖然在當時這的確是個趣聞，火星上的人臉最後還是和羅威爾的運河一樣，成為想像力豐富的人對火星的妄想。

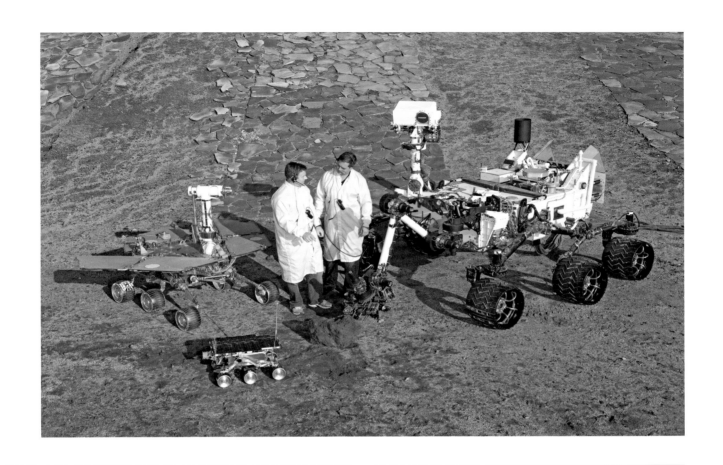

美國航太總署的科學家站在探索火星的漫遊車旁，左下是旅居者號小漫遊車，右邊是好奇號。這張圖可以看見火星漫遊車在幾年中逐漸增大尺寸和功能。

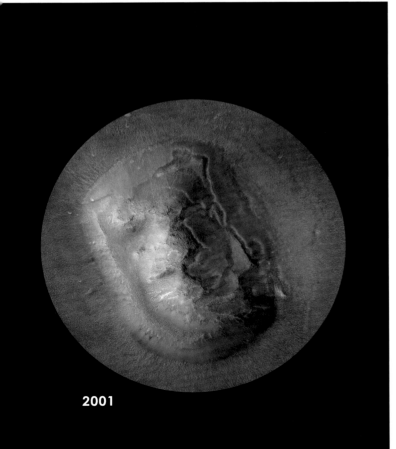

2001

力，因此才會運作這麼久。2010 年，精神號陷入沙坑，經過長期拯救無效，最後決定讓精神號成為定點觀察站。到了這個時候，機會號已經在火星表面移動超過 20 公里了。

2011 年，火星科學實驗室（Mars Science Laboratory）的發射，開啟了下一階段的火星探測。一臺福斯金龜車大小的載具被命名為好奇號（Curiosity），上面載著來自六個國家的科學儀器。好奇號 2012 年在火星登陸，登陸的地點稱為布萊伯利登陸點（Bradbury），以科幻小說家雷‧布萊伯利（Ray Bradbury）名字命名。這個地點位在巨大隕石坑的中央，它的地質可能有

關於火星歷史的重要訊息。2013 年，好奇號開始在一年間緩慢地往 8 公里外的夏普山地層前進，採集沿途和山上的岩石樣本，並在過程中發現了火星表面曾經有水的證據。

差不多同一時間，火星偵察軌道衛星（Mars Reconnaissance Orbiter）發現液態水周期性出現在火星表面的證據，火星偵察軌道衛星是許多火星軌道上的探測器之一。這個軌道衛星觀察到斜坡上的線條隨著季節更替而有明暗的變化。有一個理論認為這些線條是表面湧出的鹽水，就像灑鹽在人行道上讓雪融化，因為鹽會降低水的冰點。如果這理論是對的，這表示目前火星表面下有液態水存在。最近的研究顯示，這些線條也有可能是流動的沙和土造成的，而不是水。

美國航太總署的火星 2020 任務預定在 2020 年發射，它是好奇號的進階版，其中一項任務是尋找生命在火星上的證據。

殖民及地球化

即使火星是太陽系中最像地球的行星，它的表面環境並不適合人類生活。原因之一是大氣太稀薄，而且沒有氧氣。另外火星大氣壓力太低，暴露在外的液體（例如你肺裡的液體）在體溫下就會沸騰。任何在火星表面探險的人都需要穿壓力衣和氧氣供給，就像高空飛行員穿戴的一樣。

另外，跟地球不一樣的是，火星沒有磁場，所以無法抵擋宇宙射線的輻射。這表示長期住在火星上的人必須待在有遮蔽的防護區內，以免受到過量的輻射。

阿波羅任務太空人巴茲・艾德林在本書的推薦序中詳細描述火星殖民計劃，那裡是我們探索

生物圈2號位在美國亞利桑那州北部，目的是作為火星殖民建築的原型。1994年有八位「生物太空人」在裡面待一年，測試人類在這樣的建築中生活的可行性。

太陽系的下一站。

想要在火星上長期居住的人可以想像一下，可能要住在火星表面（或地下）的防護建築裡。1990年代在美國亞利桑那州就試驗過建造一棟類似的建築，那是一間巨大的溫室型態建築，稱為生物圈2號（Biosphere 2），建造的目的是探索在完全封閉的生物圈中生活的可行性，火星殖民時會需要這樣的建築。1994年八位有「生物太空人」在生物圈2號裡待了一整年，為了證明它可以運作。

附帶一提，這棟建築稱為生物圈2號，是因為設計者認為地球本身是「生物圈1號」。

另一個讓人類長期殖民的方式是改造火星，

蓋爾坑（Gale crater）的合成影像，目前好奇號漫遊車正在那裡探索。中央的凸起稱為夏普山（Mount Sharp），30億年前的撞擊形成隕石坑後，夏普山保留了地質沉積的記錄。

讓火星成為較適合人類居住的地方，這樣的過程稱為地球化。這些計畫包括在火星大氣中加入氨和甲烷等氣體，引發溫室效應提升火星表面溫度。一旦開始這樣做，上升的溫度會讓火星兩極大量冰凍的二氧化碳（乾冰）蒸發，增加更多的熱。其他計畫包括龐大的工程，例如將火星衛星分解，把它們的黑色物質鋪在火星表面，增加太陽光的吸收，或在火星軌道上建造巨大的鏡子，反射太陽光到火星表面。目前，地球化僅僅是理論上的構想，還不到實際的工程計畫。

把太陽系的類地行星和類木行星區隔開的，是一圈由碎屑組成的細環，稱為小行星帶。進一步討論小行星之前，我們必須澄清兩個常見的誤解：首先，電影中的小行星帶擁擠又布滿岩石，但這裡其實幾乎什麼都沒有。曾經有太空探測船穿越小行星帶時，完全沒碰上任何小行星。事實上，穿越小行星帶時遇上小行星的機率，估計只有10億分之一。其次，小行星帶並非某個行星爆炸後的殘骸，其中只有極小部分是行星物質。19世紀普遍以「行星爆炸」理論解釋小行星帶的形成，超人的故鄉氪星（Krypton）的靈感可能就來自這裡。

小行星帶

| 太陽系誕生的殘餘物 |

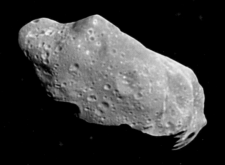

發現者：**朱塞普・皮亞齊（Giuseppe Piazzi）**
發現時間：**1801 年 1 月 1 日**
名稱由來：希臘文意思是「星星般的」

主小行星帶位置：**距太陽 2.1-3.3 天文單位（AU）**
小行星總數：**57 萬以上**
最大小行星的直徑：
穀神星（Ceres）：**950 公里**
灶神星（Vesta）：**580 公里**
智神星（Pallas）：**540 公里**

第一個小行星穀神星發現於 1801 年。透過當時的望遠鏡看到的小行星呈點狀，這些反射光黯淡的小天體與星星類似，因此被稱為 asteroid（出自希臘文，意思是「星星般的」）。穀神星會成為第一個被找到的小行星並非意外，它的直徑大約有 950 公里，是小行星帶中最大的天體。穀神星也是小行星帶中，唯一一個大到可以變成球狀的天體（組成物之間因為引力而匯聚成球體），它還構成了小行星帶大約三分之一的總質量。理論上，穀神星應該稱得上是一顆矮行星（見 202-203 頁）。小行星帶中其他天體都小得多，形狀也不規則。

並不是所有小行星都位於小行星帶上。有些小行星運行的路徑會進入火星和地球的軌道，因此提高了小行星與這兩顆行星相撞的機率。

小行星帶的形成

太陽系形成時，整個內太陽系包含小行星帶都經歷了微行星聚集的過程（見 56-57 頁）。如果不是因為木星的存在，現在小行星帶的位置很可能會有另一顆行星。一個理論提出，巨行星的引力加快了附近微行星的軌道速度，所以它們不是受到木星影響而飛出小行星帶，就是彼此相撞。不論是哪一種情形，木星的影響都足以阻止行星的形成。

電腦模擬也確實顯示，太陽系誕生後最初的 100 萬年間，小行星帶上有許多物質飛出，在晚期大撞擊事件中，又失去了大部分剩下的物質。在初期這段時間，小行星中的礦物會受到各種影響，像是撞擊產生的熱或、原子核的放射性衰變，在某些情況下還會經歷分異過程（建立地球內部

| 目標：地球

6500萬年前的某一天，恐龍一如往常地度日，突然有一顆直徑12公里的巨石從天而降。這顆小行星的威力相當於現代核子武器的數千倍，在今日墨西哥猶卡坦（Yucatán）半島附近墜落，撞出直徑180公里、深數公里的巨大隕石坑。這個衝擊加上撞飛的碎石啟動一連串事件，消滅了地球上包括恐龍在內三分之二的動植物物種，稱為大滅絕事件。但這次恐龍與許多物種的滅絕，不過是地球歷史上眾多滅絕事件之一。

在相對來說沒那麼久遠的1908年，一塊直徑數十公尺的岩石從天而降，在西伯利亞的通古斯加河（Tunguska River）上空爆炸。這次的撞擊威力估計相當於二戰時期原子彈的1000倍，將爆炸中心70公里範圍內的樹林夷為平地。

這兩起事件凸顯出一項很重要的事實：地球是龐大的太陽系的一小部分，小行星偶爾會現身提醒我們這

事實上，恐龍時代發生的那種撞擊估計每1億年左右才發生一次，但較小型的撞擊事件更頻繁：直徑1公里的天體每7萬年會發生一次撞擊；直徑140公尺的每3萬年一次；通古斯加那樣的事件可能每隔幾世紀就會有一次；而大小介於5到10公尺的小行星，大約每年進入地球大氣一次，通常在高空就會爆炸，不至於造成太嚴重的（或任何）損害。

有鑑於這些撞擊的危險性，2005年美國國會要求航太總署在2020年之前，將所有偵測得到的小行星、彗星，以及地球附近有潛在威脅的天體中的90%建檔完成。（但資金問題讓這項任務不太可能在期限內達成。）在尋找潛在威脅天體的行動中，美國航太總署的小行星大挑戰（Asteroid Grand Challenge）是最重要的一環，它的目的是找到所有可能威脅人類的小行星。這是一個巨大的任務，根據現在的估計，我們僅記錄到10%直徑小於300公尺和1%直徑小於100公尺

結構的作用，見 88 頁）。研究小行星能夠讓我們了解這個過程如何發生。

前進小行星

自 1972 年開始，先鋒號（Pioneer）、航海家號（Voyagers）與尤利西斯號（Ulysses）等太空船成功穿越小行星帶，不過，這些任務都沒有試圖拍下經過的小行星。在那之後，朝其他目標前進的太空船途經小行星帶時，都會回傳許多飛掠影像，如前往木星的伽利略號，以及前往土星的卡西尼號。2000 年，「近地小行星會合號」探測器（NEAR，Near Earth Asteroid Rendezvous）開始繞著近地小行星愛神星（Eros）運行。日本的隼鳥號探測器（Hayabusa）為了登陸小行星糸川（Itokawa），歷經長達七年、行經 50 億公里的任務後，於 2010 年歸來。雖然它進入地球大氣時燃燒殆盡了，但裝有少量小行星碎片的樣本平安降落在澳洲。經過分析後，證實這顆小行星的年代確實可追溯至太陽系形成初期。

2007 年，美國航太總署發射曙光號（DAWN）探測船，並於 2011 年繞巨大的灶神星運行，也在 2015 年進入穀神星軌道。

還有一些進行中其他的計畫。2016 年，美國航太總署已發射歐西里斯號（OSIRIS-Rex，全名為 Origins, Spectral Interpretation, Security, Regolith Explorer），另外 ARM 任務（Asteroid Redirect Mission）預計在 2020 年代發射。

穀神星

1801年由義大利神父及天文學家朱塞普‧皮亞齊（Giuseppe Piazzi）發現，穀神星位於火星與木星之間的小行星帶上，是小行星帶最大的天體。2006年穀神星被重新分類為矮行星。

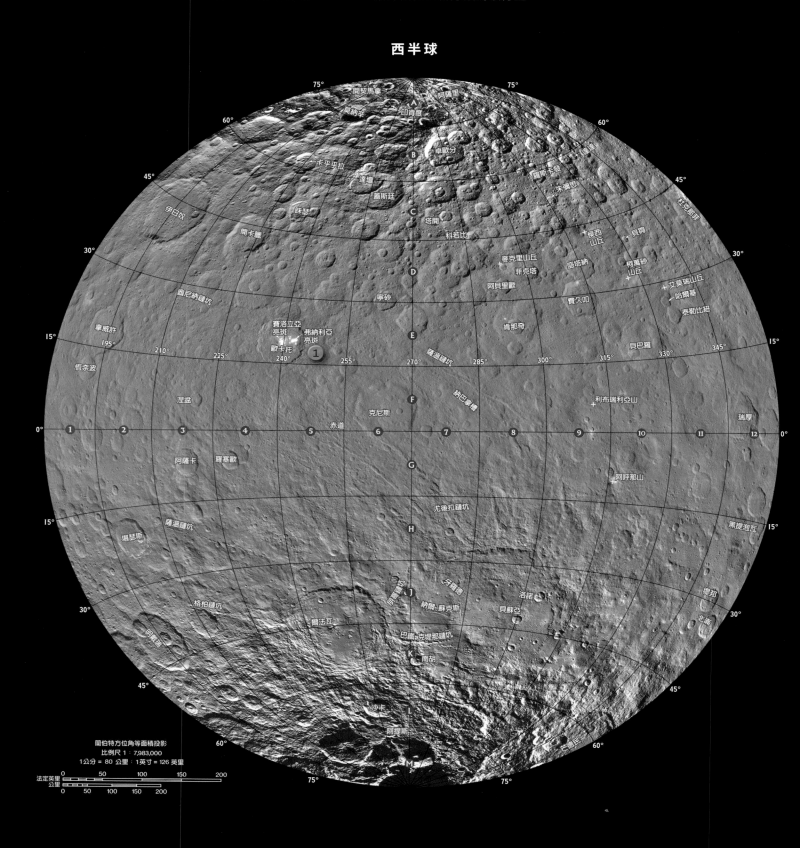

西半球

蘭伯特方位角等面積投影
比例尺 1：7,983,000
1公分 = 80 公里；1英寸 = 126 英里

法定英里 0   50   100   150   200
公里   0   50   100   150   200

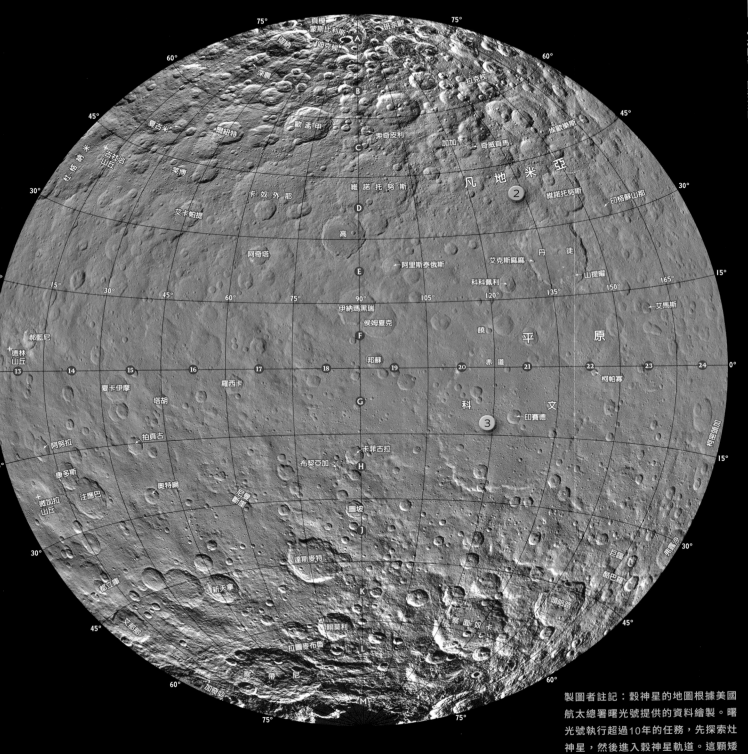

① 歐卡托（Occator）：92公里寬撞擊坑有白色的沉積物。

② 凡地米亞平原（Vendimia Planitia）：高低起伏的平原上有許多撞擊坑。

③ 科文（Kerwan）：巨大隕石坑，它是用北美霍比族幫助穀物發芽的精靈命名。

東半球

製圖者註記：穀神星的地圖根據美國航太總署曙光號提供的資料繪製。曙光號執行超過10年的任務，先探索灶神星，然後進入穀神星軌道。這顆矮行星顯示最近有明顯的地質活動。

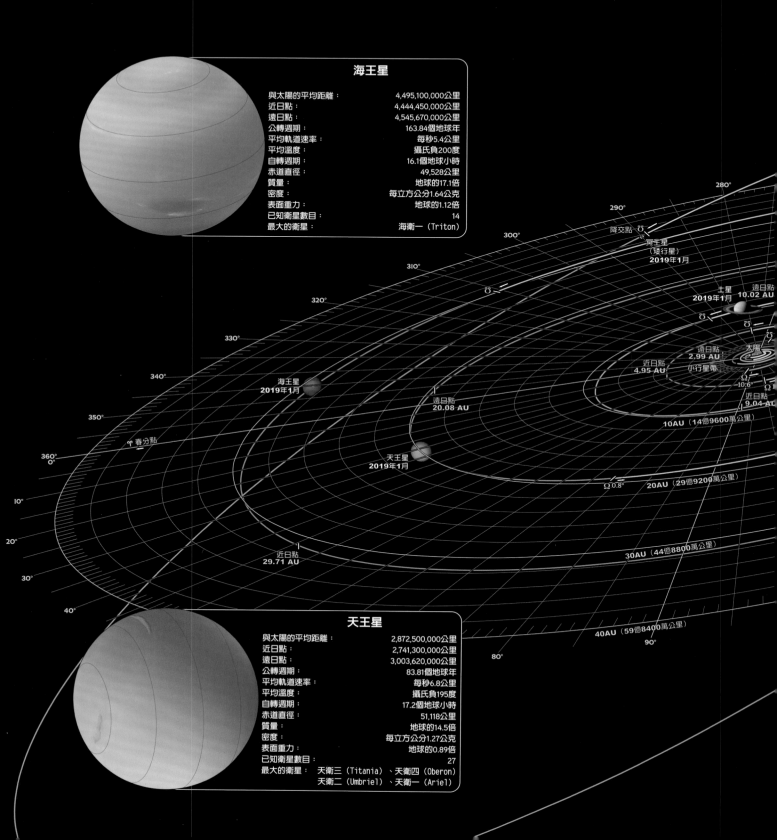

海王星

與太陽的平均距離：	4,495,100,000公里
近日點：	4,444,450,000公里
遠日點：	4,545,670,000公里
公轉週期：	163.84個地球年
平均軌道速率：	每秒5.4公里
平均溫度：	攝氏負200度
自轉週期：	16.1個地球小時
赤道直徑：	49,528公里
質量：	地球的17.1倍
密度：	每立方公分1.64公克
表面重力：	地球的1.12倍
已知衛星數目：	14
最大的衛星：	海衛一（Triton）

天王星

與太陽的平均距離：	2,872,500,000公里
近日點：	2,741,300,000公里
遠日點：	3,003,620,000公里
公轉週期：	83.81個地球年
平均軌道速率：	每秒6.8公里
平均溫度：	攝氏負195度
自轉週期：	17.2個地球小時
赤道直徑：	51,118公里
質量：	地球的14.5倍
密度：	每立方公分1.27公克
表面重力：	地球的0.89倍
已知衛星數目：	27
最大的衛星：	天衛三（Titania）、天衛四（Oberon）
	天衛二（Umbriel）、天衛一（Ariel）

280°
290°
300°
310°
320°
330°
340°
350°
360° 0°
10°
20°
30°
40°
80°
90°

降交點 ♋
冥王星
（矮行星）
2019年1月

土星
2019年1月 遠日點 10.02 AU

遠日點 2.99 AU

近日點 4.95 AU 小行星帶

太陽

-10.6°

近日點 9.04 AU

10AU（14億9600萬公里）

海王星 2019年1月

遠日點 20.08 AU

♋ 0.8° 20AU（29億9200萬公里）

天王星 2019年1月

♈ 春分點

30AU（44億8800萬公里）

近日點 29.71 AU

40AU（59億8400萬公里）

在所有外行星中，木星和土星是我們研究得最仔細的。伽利略號（Galileo）把木星的衛星──呈現在觀察者眼前，讓我們進一步了解這顆最大行星的特性。卡西尼—惠更斯號（Cassini-Huygens）任務在2017年結束，它傳回土星及它的衛星的資料，更把焦點放在泰坦（Titan，泰坦）上。至於其他的外行星，只有太空船航海家號（Voyager）曾造訪它們，還有許多疑問尚未得到解答。

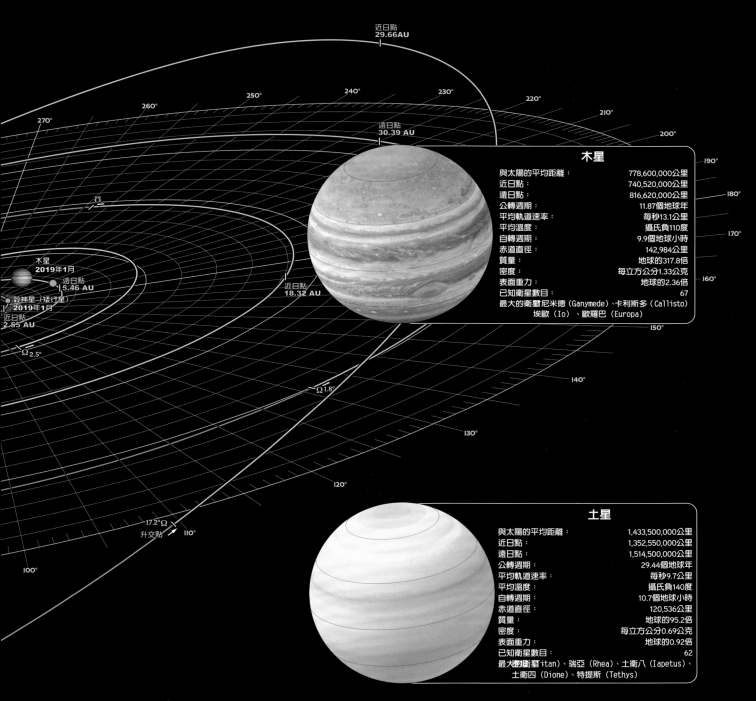

近日點
29.66AU

遠日點
30.39 AU

270° 260° 250° 240° 230° 220° 210° 200° 190° 180° 170° 160° 150° 140° 130° 120° 110° 100°

木星
2019年1月

遠日點
5.46 AU

穀神星（矮行星）
2019年1月
近日點
2.55 AU

Ω 2.5°

Ω 1.8°

17.2° Ω
升交點

近日點
18.32 AU

木星

與太陽的平均距離：	778,600,000公里
近日點：	740,520,000公里
遠日點：	816,620,000公里
公轉週期：	11.87個地球年
平均軌道速率：	每秒13.1公里
平均溫度：	攝氏負110度
自轉週期：	9.9個地球小時
赤道直徑：	142,984公里
質量：	地球的317.8倍
密度：	每立方公分1.33公克
表面重力：	地球的2.36倍
已知衛星數目：	67

最大的衛星蓋尼米德（Ganymede）、卡利斯多（Callisto）
埃歐（Io）、歐羅巴（Europa）

土星

與太陽的平均距離：	1,433,500,000公里
近日點：	1,352,550,000公里
遠日點：	1,514,500,000公里
公轉週期：	29.44個地球年
平均軌道速率：	每秒9.7公里
平均溫度：	攝氏負140度
自轉週期：	10.7個地球小時
赤道直徑：	120,536公里
質量：	地球的95.2倍
密度：	每立方公分0.69公克
表面重力：	地球的0.92倍
已知衛星數目：	62

最大的衛星泰坦（Titan）、瑞亞（Rhea）、土衛八（Iapetus）、
土衛四（Dione）、特提斯（Tethys）

製圖者註記：四個外行星與矮行星冥王星，都距離我們非常遙遠，年周期漫長。第一顆外行星是雄偉的木星，它是最大的巨行星，距太陽5個天文單位（AU）；最遙遠的冥王星軌道則距離太陽48個天文單位。木星的巨大質量牽制住小行星的位置，並吸引彗星靠近。氣態巨行星與內行星不同，它們有許多天然衛星，全部加起來超過160個。

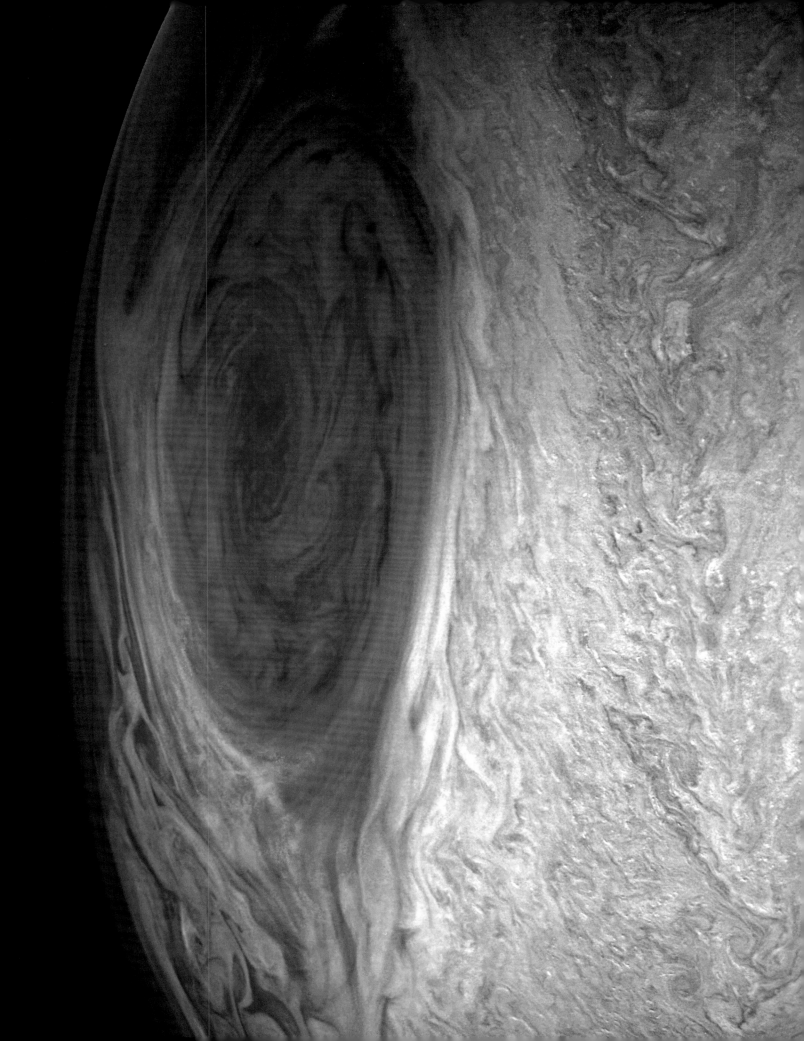

木星是從太陽系中心數起的第五顆行星，也是最大的行星，它的質量是其他行星總和的兩倍半有餘。透過望遠鏡可以觀察到木星是一顆美麗的星球，許多彩色條紋交雜，周圍環繞眾多小衛星。木星是離太陽最近的氣態巨行星，和其他外行星共享不尋常的特徵。首先，木星其實沒有所謂的「表面」。墜入木星的大氣，就像沉入奶昔，周遭的密度逐漸提高，從氣體變成液體，再變成泥狀。或許直到接近最中心，才會遇到堅硬的表面。

木星

│ 氣態巨行星之王 │

發現者：**未知**
發現時間：**史前**
名稱由來：**羅馬諸神之王朱庇特（Jupiter）**

質量：**地球的 317.82 倍**
體積：**地球的 1,321.34 倍**
平均半徑：**69,911 公里**
有效溫度：**攝氏負 148 度**
一日長度：**9.92 個地球小時**
一年長度：**11.86 個地球年**
衛星數量：**65（51 個已命名）**
行星環系統：**有**

圖中的大紅斑是根據美國航太總署朱諾號（Juno）太空船的數據生成的影像。
（嵌入圖）木衛二歐羅巴（Europa）在木星上的影子。

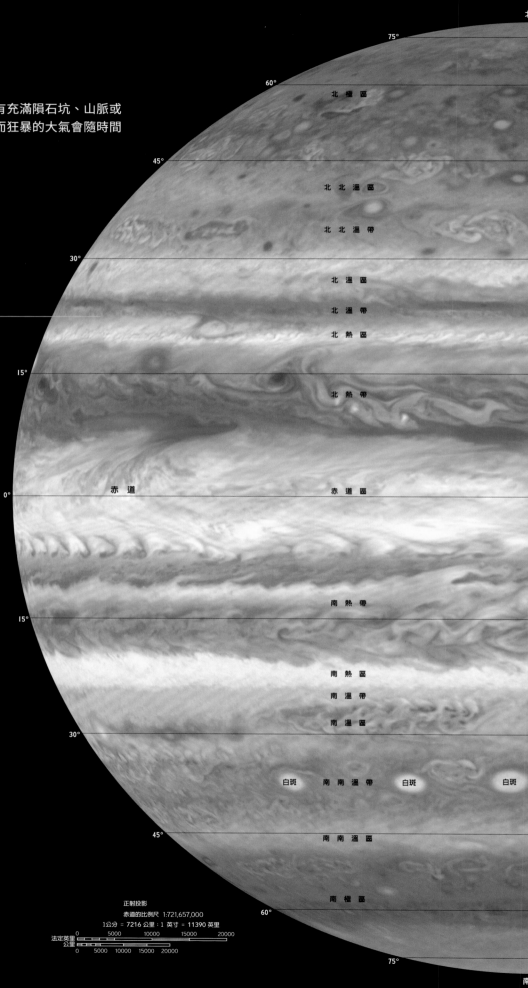

木星

與內行星不同，木星並沒有充滿隕石坑、山脈或山谷的堅硬表面。它複雜而狂暴的大氣會隨時間變化。

比較溫暖的「帶」（belt）為低壓氣體開始沉降的區域，通常呈紅棕色。「帶」和「區」（zone）相會之處會有大規模的擾動，產生許多風暴系統，在木星大氣中飛掃而過。

木星的磁層（magnetosphere，行星周圍的磁場）雖然與地球相似，卻強了2萬倍左右。它的引力捕捉來自太陽風的帶電粒子，形成數個強大的輻射帶。這個效應類似地球的范艾倫帶（Van Allen belts），但是強大得多。對缺乏保護的太空船來說，曝露在這樣的輻射量下很快就會毀滅。

75°
60°
北 極 區
45°
北 北 溫 區
北 北 溫 帶
30°
北 溫 區
北 溫 帶
北 熱 區
15°
北 熱 帶
赤 道　　赤 道 區
0°
南 熱 帶
15°
南 熱 區
南 溫 帶
南 溫 區
30°
白斑　南 南 溫 帶　白斑　　白斑
45°
南 南 溫 區
60°
南 極 區
75°
南

正射投影
赤道的比例尺　1:721,657,000
1公分 = 7216 公里：1 英寸 = 11390 英里
0　　5000　　10000　　15000　　20000
法定英里
公里
0　　5000　10000　15000　20000

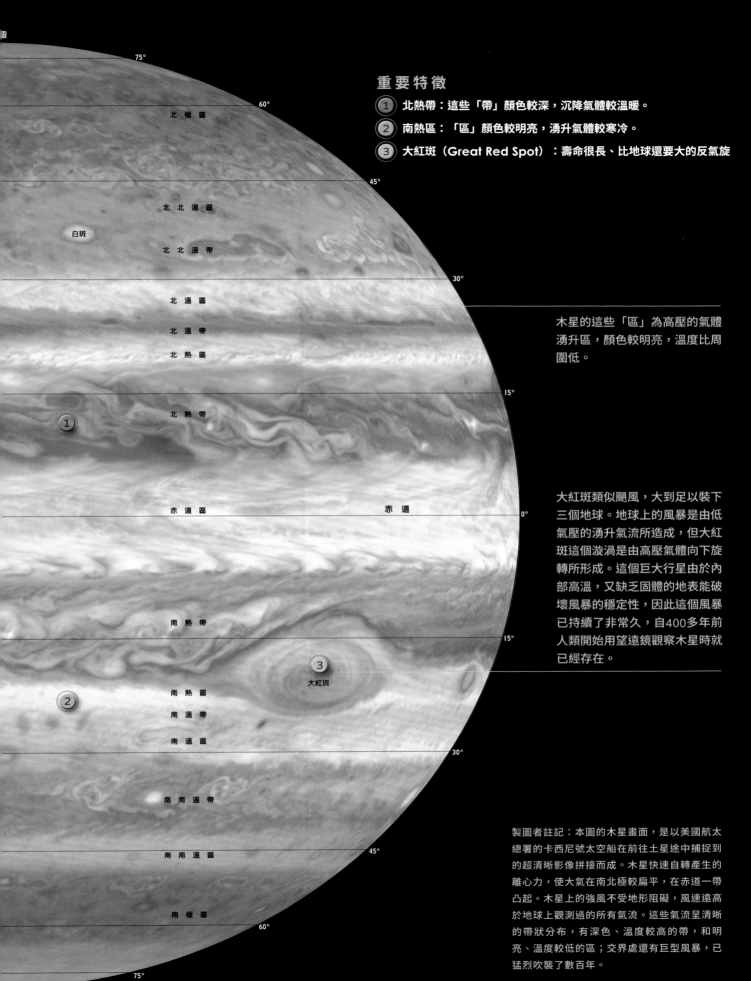

75°
60°
北 極 區
45°
北 北 溫 區
白斑
北 北 溫 帶
30°
北 溫 區
北 溫 帶
北 熱 區
15°
北 熱 帶
（1）
赤 道 區
赤 道
0°
15°
南 熱 帶
（3）
大紅斑
南 熱 區
（2）
南 溫 帶
南 溫 區
30°
南 南 溫 帶
南 南 溫 區
45°
南 極 區
60°
75°

重 要 特 徵

（1）**北熱帶**：這些「帶」顏色較深，沉降氣體較溫暖。

（2）**南熱區**：「區」顏色較明亮，湧升氣體較寒冷。

（3）**大紅斑（Great Red Spot）**：壽命很長、比地球還要大的反氣旋

木星的這些「區」為高壓的氣體湧升區，顏色較明亮，溫度比周圍低。

大紅斑類似颶風，大到足以裝下三個地球。地球上的風暴是由低氣壓的湧升氣流所造成，但大紅斑這個漩渦是由高壓氣體向下旋轉所形成。這個巨大行星由於內部高溫，又缺乏固體的地表能破壞風暴的穩定性，因此這個風暴已持續了非常久，自400多年前人類開始用望遠鏡觀察木星時就已經存在。

製圖者註記：本圖的木星畫面，是以美國航太總署的卡西尼號太空船在前往土星途中捕捉到的超清晰影像拼接而成。木星快速自轉產生的離心力，使大氣在南北極較扁平，在赤道一帶凸起。木星上的強風不受地形阻礙，風速遠高於地球上觀測過的所有氣流。這些氣流呈清晰的帶狀分布，有深色、溫度較高的帶，和明亮、溫度較低的區；交界處還有巨型風暴，已猛烈吹襲了數百年。

態巨行星的第二個特點是，在它龐大的體積內存在著非常強大的壓力，物質在那裡可能會變成某些不尋常的形式。也就是說，氣態巨行星的內部結構和我們看過的東西都不一樣。它的溫度也很不尋常，木星雲層頂端的溫度是攝氏零下 148 度，核心卻達到攝氏 2 萬 4000 度，比太陽表面溫度還要高！

金屬海洋

木星上的重力很大，顯示它可能有一顆小

木星的局部剖面圖，顯示目前已知的木星結構。木星之所以不尋常，是因為它的岩質核心周遭有一層在地球上無法自然產生的物質：金屬氫，但是這種物質在木星內部的極端高壓中得以存在。

型岩質核心，核的質量是地球的 20 到 40 倍，外圍包覆一層稱為金屬氫（metallic hydrogen）的奇特物質。我們習慣把氫想成氣體，或是極低溫下的液態氫。然而，木星內部的巨大壓力會使原子變成一種具有金屬性質的液體狀態。（如果想不出液態金屬是什麼概念，可以想像一下水銀。）金屬氫在地球上十分稀有，但木星的質量有很大一部分是由它組成的。木星內部的強大壓

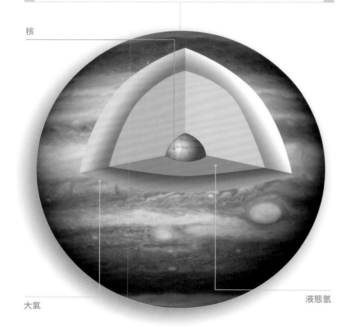

核

大氣

液態氫

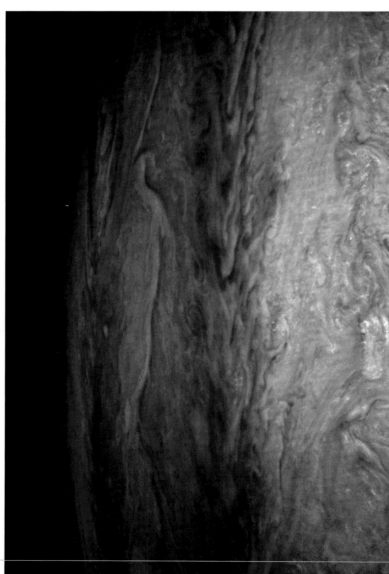

朱諾號拍攝的大紅斑邊緣影像，顯現木星大氣的狂暴。

力擠壓氫原子，在核外這層金屬氫上又包上一層普通的液態氫。在液態和金屬氫之間可能沒有明確的界線，缺乏稱得上「表面」的地方。

帶與區

我們看到的木星其實是它的上層大氣。木星的最外層幾乎完全由氫和氦組成（兩者的重量比分別是 75% 與 24%）。那些彩色條紋來自最上層 50 公里的複雜雲層結構，這些雲主要分成兩層：從木星大氣下方而來並與底層混合的湧升物，接觸到陽光中的紫外線而變色，這就是顏色較深的「帶」（belt）；顏色較明亮的「區」（zone）是被帶到表面的氨的結晶，遮蔽了底下顏色較深的雲層，至於最深那幾層的藍色色澤，只有偶爾才能看到。

我們習慣了地球上不同緯度的盛行風會往不

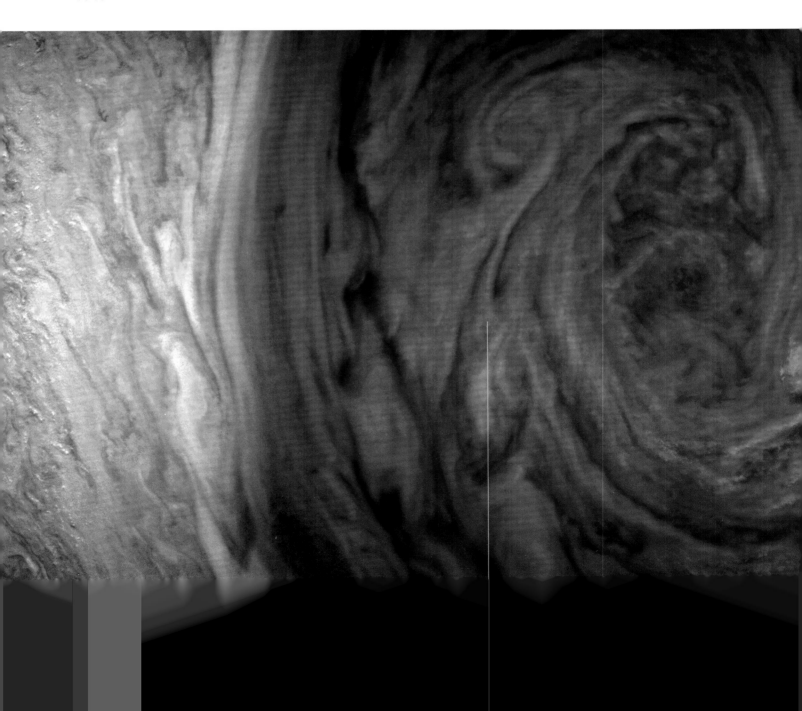

同的方向吹，熱帶信風由東向西吹，緯度較高的風則由西向東吹。木星上的風也是如此，但它很快的自轉速度（一個木星日大約是 10 小時）與龐大的體積，導致木星有比地球更多的反向旋轉帶。再加上前面提到的複雜的雲層活動，造就出我們在木星上看到的彩色條紋。

作為名符其實的行星之王，木星的磁場非常強大，威力大約是地球的 2 萬倍，很可能是它的金屬核旋轉之下的產物。這個強大的磁場將太陽送出的帶電粒子推開的現象，科學家稱為弓形震波（bow shock）。四顆最大的木星衛星的軌道，都位在這個受保護的區域裡。

木星最引人注目的特徵，或許就屬位在南半球的「大紅斑」風暴。可能早在 1665 年，人類就已經觀察到大紅斑了，1831 年天文學家把它描繪下來。這個風暴範圍非常龐大，整顆地球放進去都綽綽有餘。有些理論家認為，木星上可能一直都有大紅斑存在。有趣的是，到了 20 世紀末，天文學家觀察到有一個類似大紅斑、但比較小型的木星風暴可能正在誕生，於是暱稱它為「小紅斑」（Red Spot Junior）。

探訪木星

夜空中的木星非常明亮。伽利略率先在 1610

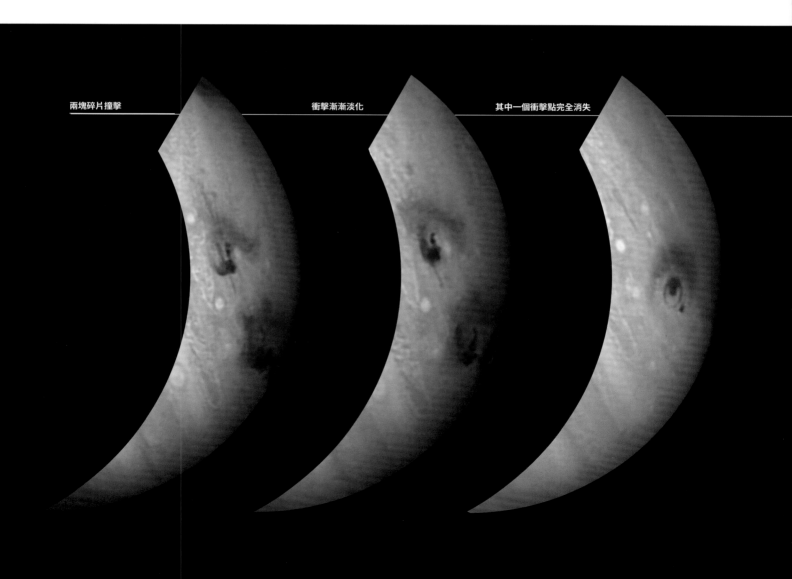

兩塊碎片撞擊　　　　　　　　衝擊漸漸淡化　　　　　　　　其中一個衝擊點完全消失

年用望遠鏡觀察這顆行星，並留下了木星擁有衛星的最早記錄。許多前往其他目的地的太空船會飛越木星，如新視野號（New Horizons）就在飛往冥王星的途中，於 2007 年經過木星。航海家號太空船更是在 1979 年，發現木星與其他類木行星一樣擁有行星環。木星有三個環，這些環似乎是鄰近衛星噴發的塵埃所組成。

不過，和木星有關的主要太空探測器是伽利略號。它在 1989 年發射，1995 年進入環繞木星的軌道，之後在同一年，伽利略號把一個探測器投入木星大氣。探測器在下降的同時傳回資料，過了將近一個鐘頭、行經 153 公里後，被龐大

的壓力摧毀。在繞行的七年間，伽利略號太空船針對木星與它的衛星，收集了大量珍貴的資料。2003 年，為了盡可能避免對歐羅巴造成任何汙染，伽利略號被刻意駛進木星大氣而結束任務，因為我們後面會看到，科學家相信歐羅巴上可能有生命存在。

2011 年 8 月，美國航太總署發射最新的木星任務朱諾號（Juno），在 2016 年 7 月抵達木星。朱諾號將在 20 個月的任務中繞行木星 37 次。任務結束時，它會衝進木星大氣（也就是美國航太總署所稱的「脫軌」），以避免污染木星的衛星。

▎木星受到撞擊

兩塊碎片都被大氣吞噬

1994年7月發生了天文史上最壯觀的事件之一：舒梅可－李維彗星（Shoemaker-Levy，彗星依慣例以發現者命名）撞上木星，讓地球上的觀察者可以在場邊觀賞這場宇宙級的表演。

我們最早在1993年發現這顆彗星繞著木星運行。根據計算，它在前一年被木星的重力場捕捉，碎裂成數塊。這些碎片會撞上木星的態勢愈來愈明朗，於是天文學家把所有可用的（地面上或太空中的）天文儀器都轉向這顆巨行星，希望這場撞擊能攪動木星大氣，讓科學家一窺雲層之間有什麼東西。

從7月16日算起的六天之中，總共觀察到不只21次的撞擊。伽利略太空船（見前文）當時的位置剛好可以目睹位在木星背面的撞擊，哈伯太空望遠鏡（見303頁側欄）也拍下了多張精采影像。一開始的撞擊產生出火球，也攪動了和地球半徑一樣寬廣的大氣。撞擊之後可以觀察到硫等多種元素，但幾乎沒有水。目前科學家仍在研究這次碰撞收集到的資料，讓他們針對太陽系最大行星的結構提出的理論更趨完美。

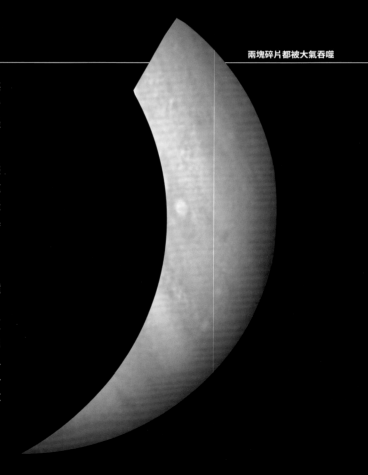

目前已知木星有79個衛星，這個數字還在持續增加中。這些衛星多半是形狀不規則的石塊，有的直徑只有幾公里。一般認為這些衛星是被木星捕捉的小行星，但其實只有其中八個符合衛星的標準形象：以赤道軌道繞著母行星公轉的球體。在這八個衛星中，有四個的軌道非常接近木星，構成木星環的塵埃可能就來自這四個內側衛星。就我們的觀點看來，木星最重要的衛星是另外四顆衛星，也就是所謂的伽利略衛星。

木星的衛星

| 水世界、火山世界與岩石 |

發現者：**伽利略 · 伽利萊最早發現的四顆衛星**
發現時間：**1610 年 1 月**
名稱由來：**羅馬諸神之王朱庇特的愛人與後代**

依半徑排序最大的衛星：
甘尼米德（Ganymede）：**2,631 公里**
卡利斯多（Callisto）：**2,410 公里**
埃歐（Io）：**1,822 公里**
歐羅巴（Europa）：**1,561 公里**
希默利亞（Himalia）：**81 公里**
阿摩笛亞（Amalthea）：**83 公里**
忒拜（Thebe）：**49 公里**

木衛一埃歐火山遍布的表面。
（嵌入圖，左起）木星的衛星埃歐、歐羅巴、甘尼米德與卡利斯多。

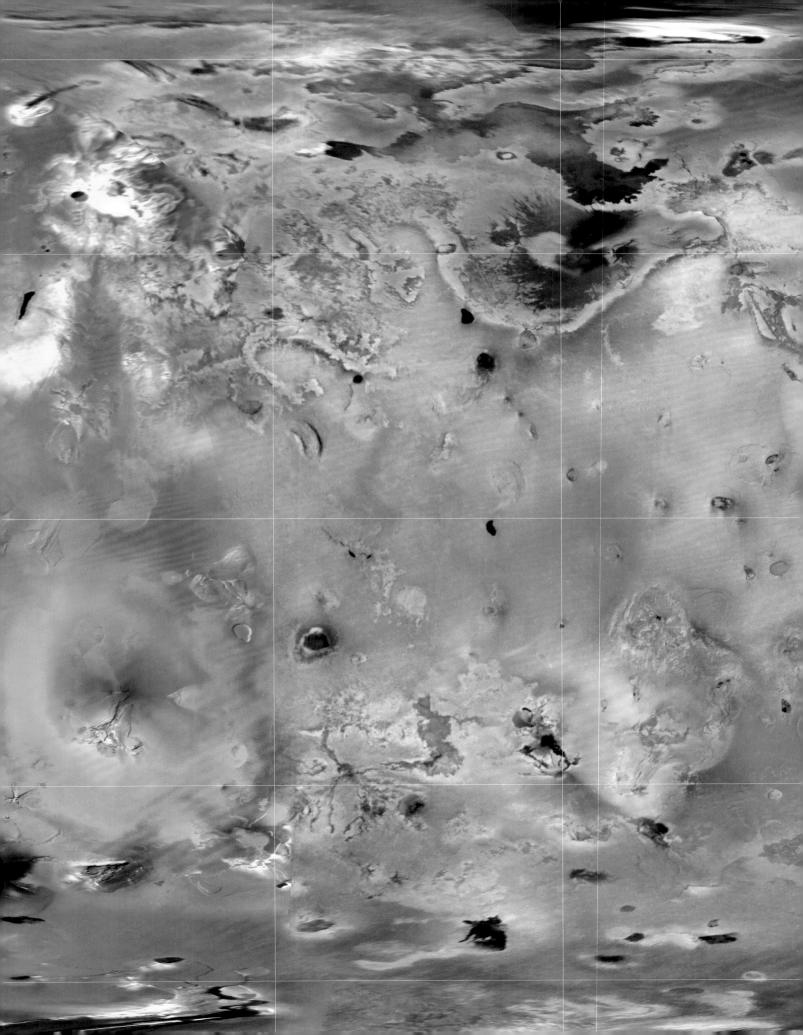

木星的衛星 埃歐

木星強大的引力與其他伽利略衛星的拉扯，加上潮汐加熱作用，讓埃歐成為太陽系中火山活動
最活躍的天體。

西半球

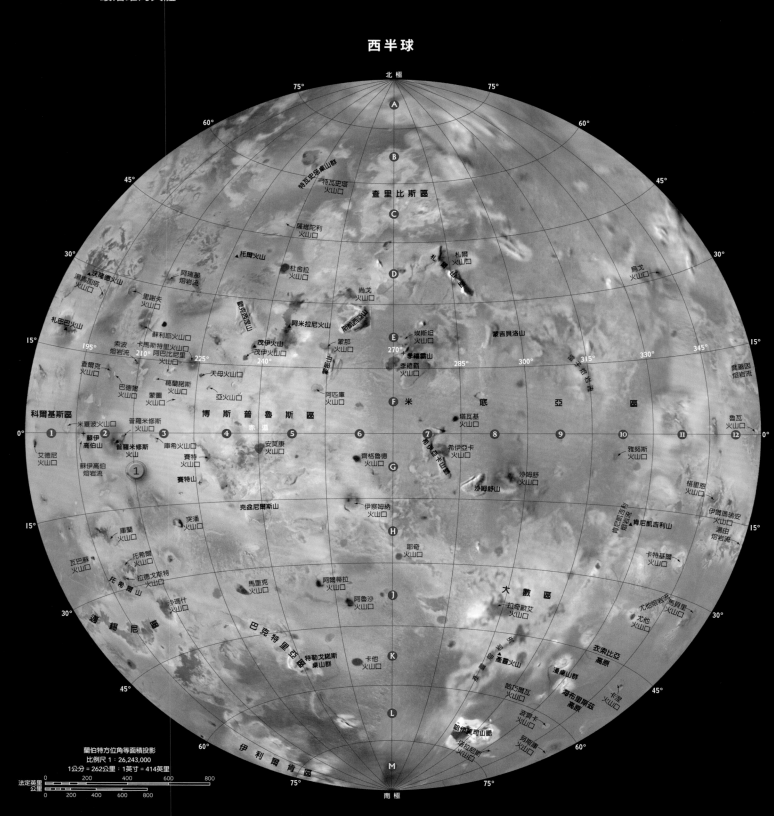

蘭伯特方位角等面積投影
比例尺 1：26,243,000
1公分 = 262公里；1英寸 = 414英里

重要特徵

① 普羅米修斯火山（Prometheus）：大型活火山

② 洛基火山口（Loki Patera）：火山窪地

③ 瑪芙艾克火山口（Mafuike Patera）：被埃歐上的硫化物染成橘色

東半球

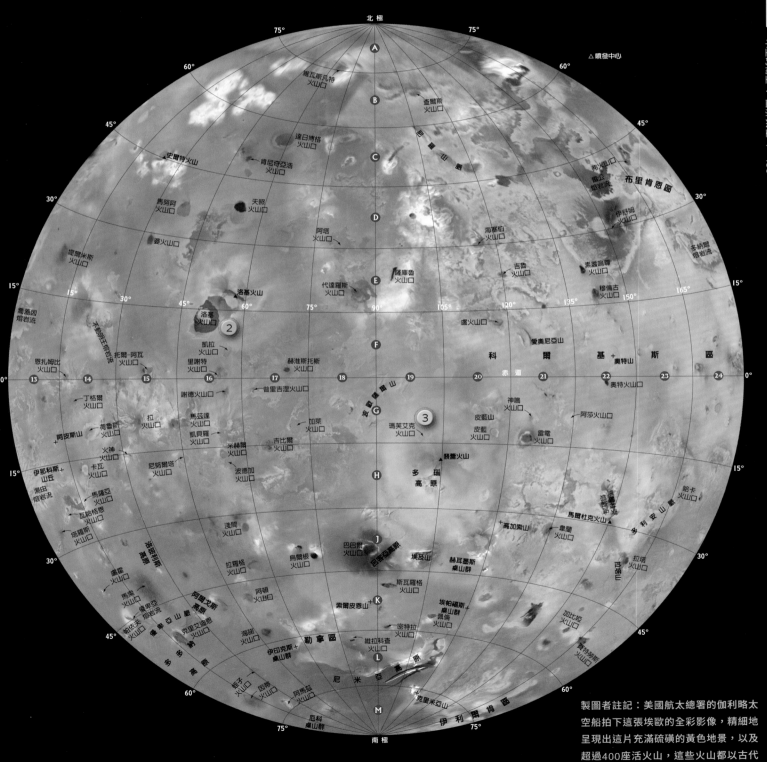

製圖者註記：美國航太總署的伽利略太空船拍下這張埃歐的全彩影像，精細地呈現出這片充滿硫磺的黃色地景，以及超過400座活火山，這些火山都以古代的火神、雷神與太陽神來命名。

木星的衛星　歐羅巴

科學家相信，木星與其他衛星的引力會產生足夠的熱，讓液態水得以在歐羅巴冰凍的表面下存在。

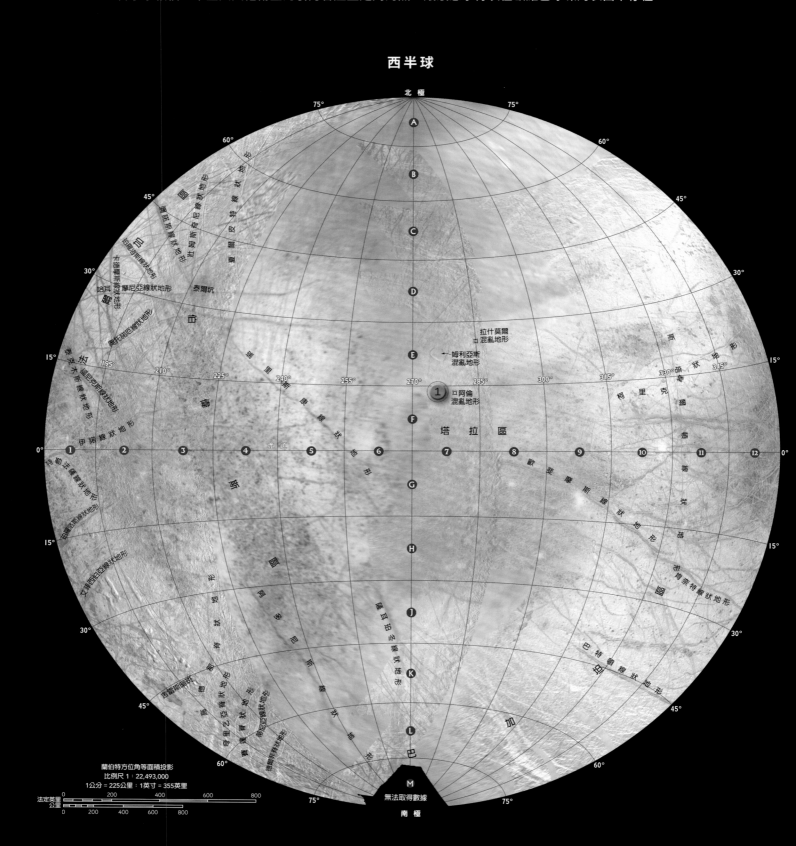

重要特徵

① 阿倫混沌地形（Arran Chaos）：底下可能有液態湖的錯雜地區

② 安德羅吉歐斯線狀地形（Androgeos Linea）：歐羅巴冰層的眾多裂縫之一

③ 皮威爾（Pwyll）：年代較近的隕石撞擊坑，四周環繞白色的水冰。

東半球

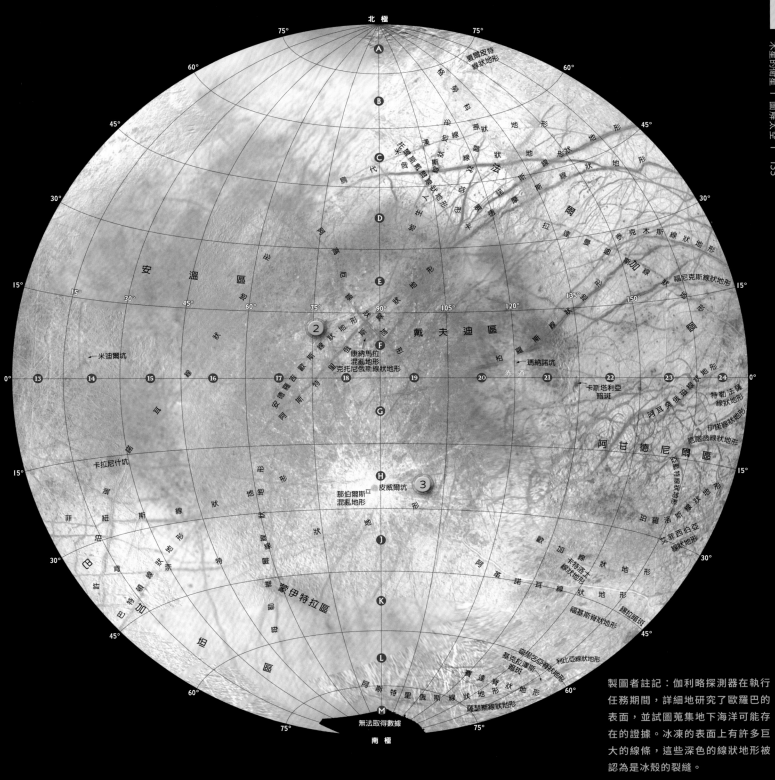

製圖者註記：伽利略探測器在執行任務期間，詳細地研究了歐羅巴的表面，並試圖蒐集地下海洋可能存在的證據。冰凍的表面上有許多巨大的線條，這些深色的線狀地形被認為是冰殼的裂縫。

木星的衛星 甘尼米德

龐大的甘尼米德是木星的第三顆衛星，同時也是太陽系最大的衛星，連身為行星的水星都還比它小。

西半球

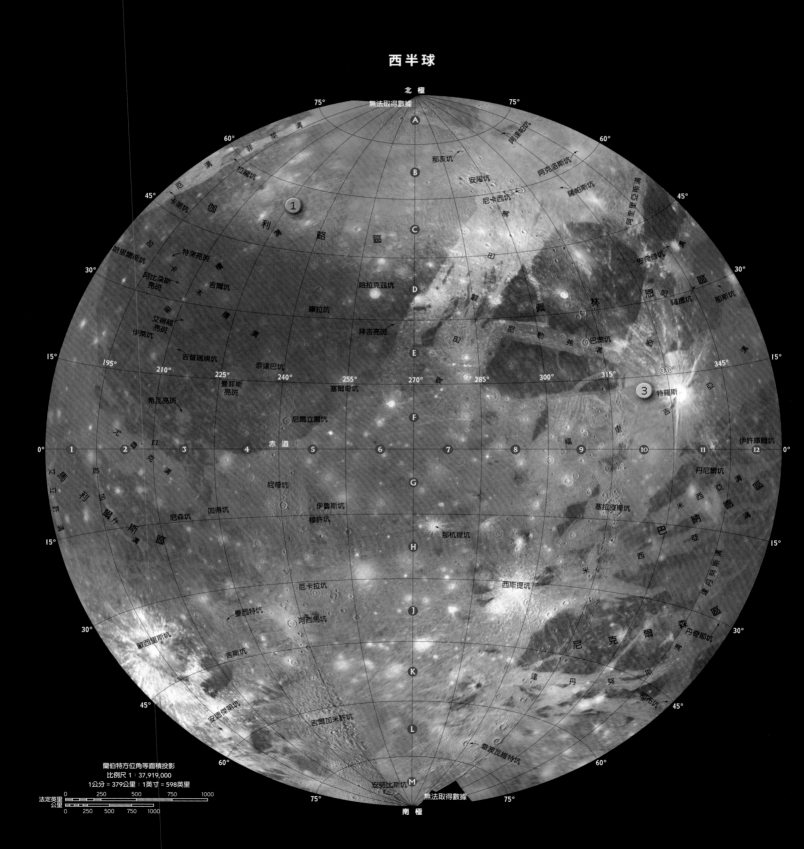

蘭伯特方位角等積投影
比例尺 1：37,919,000

1公分 = 379公里：1英寸 = 598英里

法定英里
公里

重要特徵

① 伽利略區（Galileo Regio）：這些平坦、冰冷的地區占了甘尼米德40%的表面。

② 奴恩溝（Nun Sulci）：這種溝槽狀地區占了甘尼米德60%的表面。

③ 特羅斯（Tros）：隕石坑；甘尼米德上的隕石坑不深，可能是因為表面柔軟而冰冷。

東半球

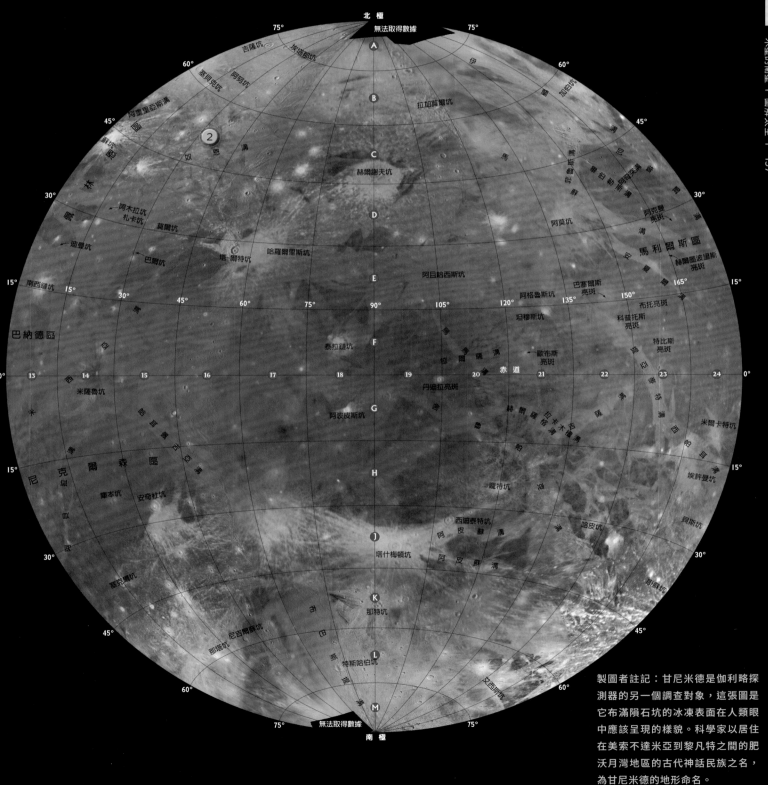

製圖者註記：甘尼米德是伽利略探測器的另一個調查對象，這張圖是它布滿隕石坑的冰凍表面在人類眼中應該呈現的樣貌。科學家以居住在美索不達米亞到黎凡特之間的肥沃月灣地區的古代神話民族之名，為甘尼米德的地形命名。

木星的衛星 卡利斯多

卡利斯多是木星第三大的衛星，也是太陽系中受隕石撞擊最猛烈的衛星。

西半球

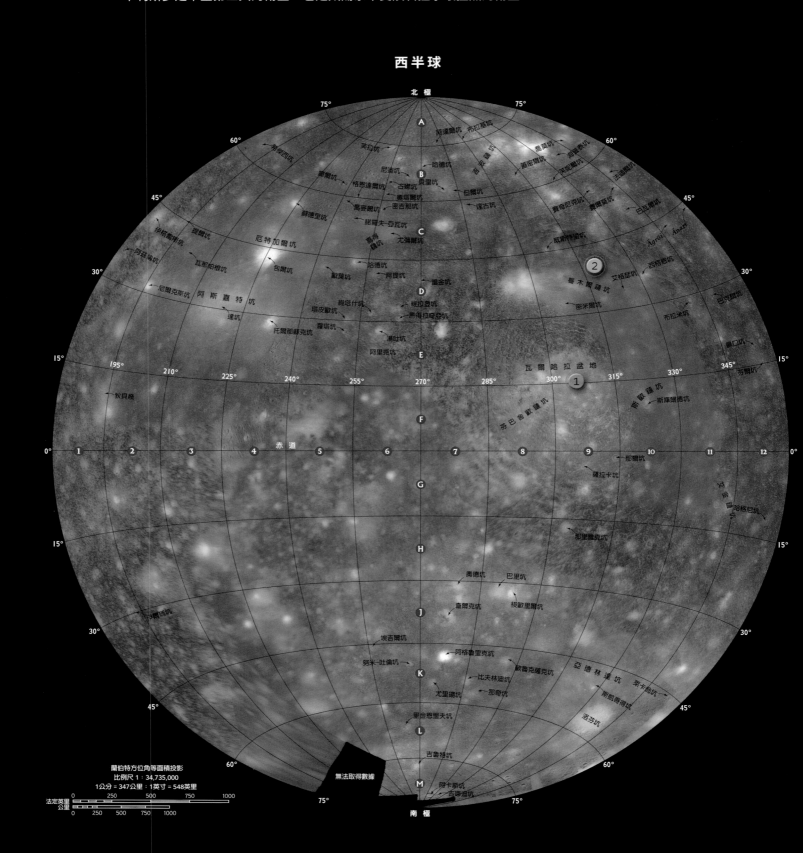

北極

南極

赤道

瓦爾哈拉盆地

蘭伯特方位角等面積投影
比例尺 1：34,735,000
1公分 = 347公里；1英寸 = 548英里

法定英里
公里

無法取得數據

重要特徵

1. 瓦爾哈拉盆地（Valhalla Basin）：擁有多環結構的巨大隕石坑
2. 哥穆爾鏈坑（Gomul Catena）：可能是同一個天體造成的一整排隕石坑
3. 布蘭隕石坑（Bran）：呈放射狀的明亮隕石坑

東半球

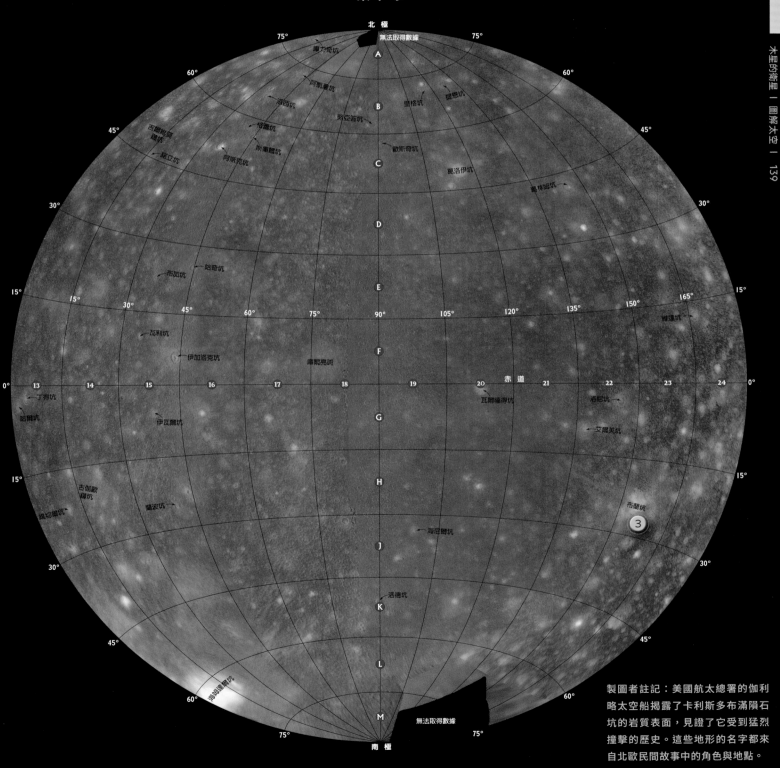

製圖者註記：美國航太總署的伽利略太空船揭露了卡利斯多布滿隕石坑的岩質表面，見證了它受到猛烈撞擊的歷史。這些地形的名字都來自北歐民間故事中的角色與地點。

星最大的四顆衛星稱作伽利略衛星，因為在 1610 年，伽利略以自製望遠鏡觀察木星系統時首度發現了這些衛星。這項發現在科學史上具有重要意義，有力地反駁了當時盛行的亞里斯多德宇宙觀。根據亞里斯多德的教導，每種物質都有一種天性，讓它想要往宇宙中心移動（在當時的系統，地球中心就是宇宙中心）。17 世紀一位哲學家看到蘋果掉落時，他（當時總以男性作為假設）會把這個現象歸因於蘋果往宇宙中心移動的內在趨力。但是伽利略衛星卻在距離宇宙中心很遙遠的地方，完美地繞著木星運行，這引發了一種新思維：或許地球在碩大的宇宙中，並不如像前人想像的那麼重要！

無論如何，木星的衛星如今被視為太陽系中充滿各種世界的例子。每一個衛星都獨一無二，也都有自己的故事。其中一顆衛星（甘尼米德）確實比水星還大，如果它繞的是太陽而不是木星的話，可能就會被歸類為獨立的行星。

依照慣例，木星所有的衛星都以羅馬諸神之王朱庇特的愛人或子女來命名。（熟悉羅馬神話的人會知道，朱庇特的緋聞能提供的名字遠超過 65 個。）不過，我們只會介紹兩顆最有趣的衛星：埃歐和歐羅巴。

埃歐（木衛一）

埃歐是伽利略衛星中最內側的一個，外觀有點像披薩，體積比月球大一點，還是太陽系中第四大的衛星。超過 400 座活火山噴發的各種硫化合物，造就它斑駁的表面與橘黃色澤，讓埃歐成為已知地質活動最活躍的天體。

1979 年，兩艘航海家號太空船飛越時發現了火山的存在，令科學家十分意外。因為在地球上，火山是由地函深處的熱湧升所造成，而這些熱能部分來自放射性衰變。埃歐的體積太小，應該無法以這種方式產生熱能。不過，科學家很快就了解到，除了放射作用還有別的方式可以讓這個衛星加熱。在其他衛星的引力作用下，埃歐的軌道並非完美的正圓，它與木星的距離隨時在改變，所以埃歐上的重力也不斷在變化。這表示埃歐不斷在彎曲和變形，正如金屬被反覆彎折會升溫，

埃歐的局部剖面圖。這顆衛星有鐵鎳核，以及延伸到表面的岩石地函。由於不斷受到木星的重力場彎折，埃歐成為太陽系中火山活動最劇烈的天體。

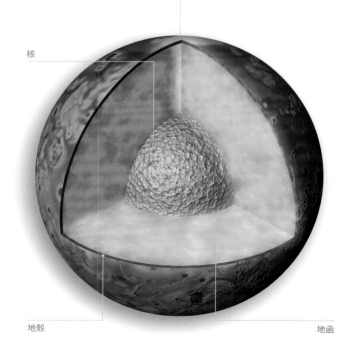

核

地殼　　　　　　　　　　　　　地函

埃歐表面的火山噴發釋出了藍色煙流，裡面的氣體和粒子被噴到 100 公里高。

埃 歐 上 有 超 過

400

座 活 火 山

這顆衛星也因此變暖。於是我們在埃歐大規模的火山活動中，會看到「潮汐加熱」的結果。

歐羅巴（木衛二）

但歐羅巴最重要的特點，是在表面厚厚的冰殼底下，很可能有液態水構成的海洋，這使它成為未來太空探索的焦點。歐羅巴和埃歐同樣有一個有點古怪的軌道，也受到潮汐加熱的影響。我們很快就計算出，儘管表面溫度可能低到攝氏零下 220 度，潮汐加熱能帶來足夠的熱能，使表層下的水不會凍結。由於水能導電，歐羅巴在木星磁場中的位移，會影響這個磁場與木星周遭的眾多粒子，而伽利略號也很快就偵測到這個效應。歐羅巴上一些大型隕石坑有些看上去最近才結冰的平坦區域（可能是從下方湧出的液體），再加上伽利略號取得的歐羅巴重力場測量值，我們得到了驚人的證據顯示，歐羅巴和地球一樣有大量的液態水。目前的理論認為，在歐羅巴數十公里厚的冰殼底下，有一片水量比地球多兩倍的海洋。自從歐羅巴發現地下海洋之後，木星的許多衛星也都陸續發現了地下海洋，包括甘尼米德和卡利斯多，還有土星的幾顆衛星。

接下來我們當然會想到，歐羅巴是否有生命存在？歐洲太空總署正在籌備一項任務，稱為「木星冰衛星探測器」（Jupiter Icy Moons Explorer，簡稱 JUICE），派出太空船探訪埃歐以外的每一個伽利略衛星，預定 2022 年升空，2030 年抵達木星。任務可能包含俄羅斯太空研究所建造的甘尼米德登陸器。另一方面，美國航太總署也正在發展一項名為「歐羅巴多次飛越任務」（Europa Multiple Flyby Mission）的計畫，預定在 2020 年代升空，如名稱所示在歐羅巴上空進行多次飛越。

由於上述原因，有幾項提案打算把太空船送上歐羅巴。美國航太總署與歐洲太空總署合作、預計在 2020 年發射的「歐羅巴木星系統任務」（Europa Jupiter System Mission），似乎是目前最有進展的。

歐羅巴的局部剖面圖。歐羅巴是四個伽利略衛星中最小的，有金屬核與岩石地函，上面覆蓋著水（可能以液態存在）與外層的冰殼。

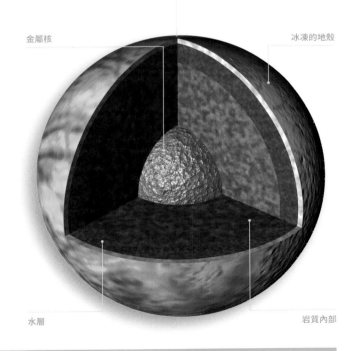

金屬核　　　　　　　　　　冰凍的地殼

水層　　　　　　　　　　岩質內部

從木衛二歐羅巴表面的假色影像中，可以看到表面的冰中混雜著從內部被帶到表面的物質（以紅色顯示）。藍色的部分是冰原。

土星是從太陽系中心往外算起的第六顆行星，也是肉眼能看到最遙遠的行星。土星是氣態巨行星，結構類似木星，普遍認為有一個岩質核心，核的體積可能是地球的10到20倍，被一層金屬氫包覆。再往上一層是混有氦的液態氫，最外面則是土星大氣。土星和木星一樣有條狀雲層，只是界線沒那麼分明。土星的雲層有數十公里厚，似乎是由水冰、氨化合物與氨的結晶層層相疊而成，我們看到的土星表面就是這些雲層。

土星與它的衛星

| 金色球體 |

發現者：**未知**

發現時間：**史前**

名稱由來：**羅馬神話的農業之神**

- -

質量：**地球的 95.16 倍**

體積：**地球的 763.59 倍**

平均半徑：**58,23 公里**

有效溫度：**攝氏負 178 度**

一日長度：**10.66 個地球小時**

一年時間：**29.48 個地球年**

衛星數量：**62（53 個已命名）**

行星環系統：**有**

卡西尼號太空船在任務結束前，刻意衝進土星大氣以避免地球上的微生物污染土星的衛星，這是卡西尼號太空船最後拍攝的影像之一。（嵌入圖）土星。

土星

這個氣態巨行星是肉眼可見最遙遠的行星。

土星的高層大氣分為顏色較
明亮的「區」和比較暗的「
帶」，各個區和帶中的風是
由土星快速的自轉所驅動。

高速自轉帶來的能量，讓土星
上的風速快到令地球上的觀察
者無法想像。科學家透過測
量，得知赤道一帶風速最高可
達時速1800公里。

土星的磁場雖然不如木星強大，但
仍是地球的好幾倍。土星的自轉軸
和磁場軸幾乎是同一個，這在太陽
系中並不尋常，科學家還沒找到合
理的解釋。

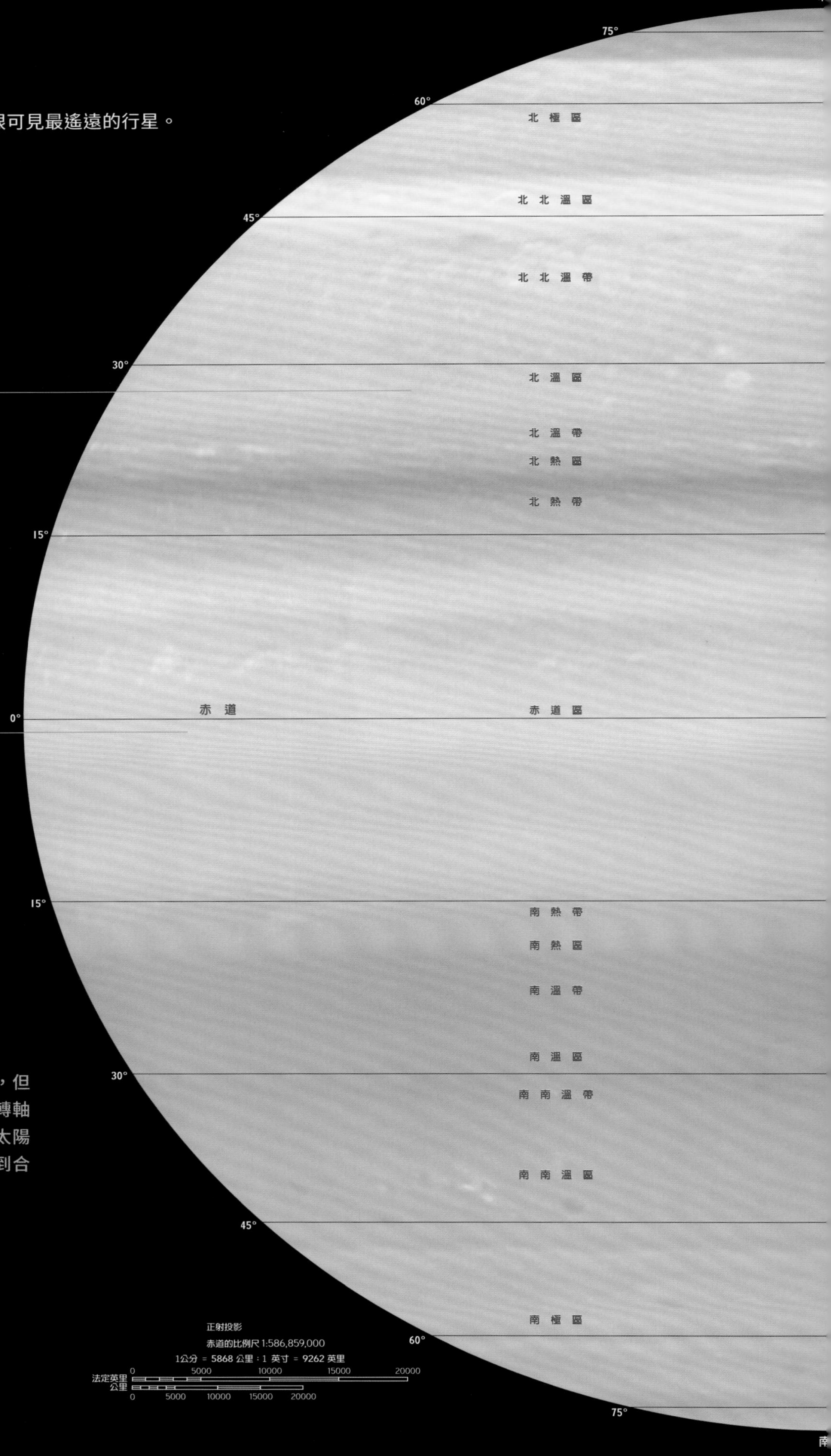

60°

45°

30°

15°

0°

15°

30°

45°

60°

75°

北 極 區

北 北 溫 區

北 北 溫 帶

北 溫 區

北 溫 帶
北 熱 區

北 熱 帶

赤 道　　　　　　　　赤 道 區

南 熱 帶

南 熱 區

南 溫 帶

南 溫 區

南 南 溫 帶

南 南 溫 區

南 極 區

南

正射投影

赤道的比例尺 1:586,859,000

1公分 = 5868 公里：1 英寸 = 9262 英里

法定英里 0　　5000　　10000　　15000　　20000
公里 0　　5000　　10000　　15000　　20000

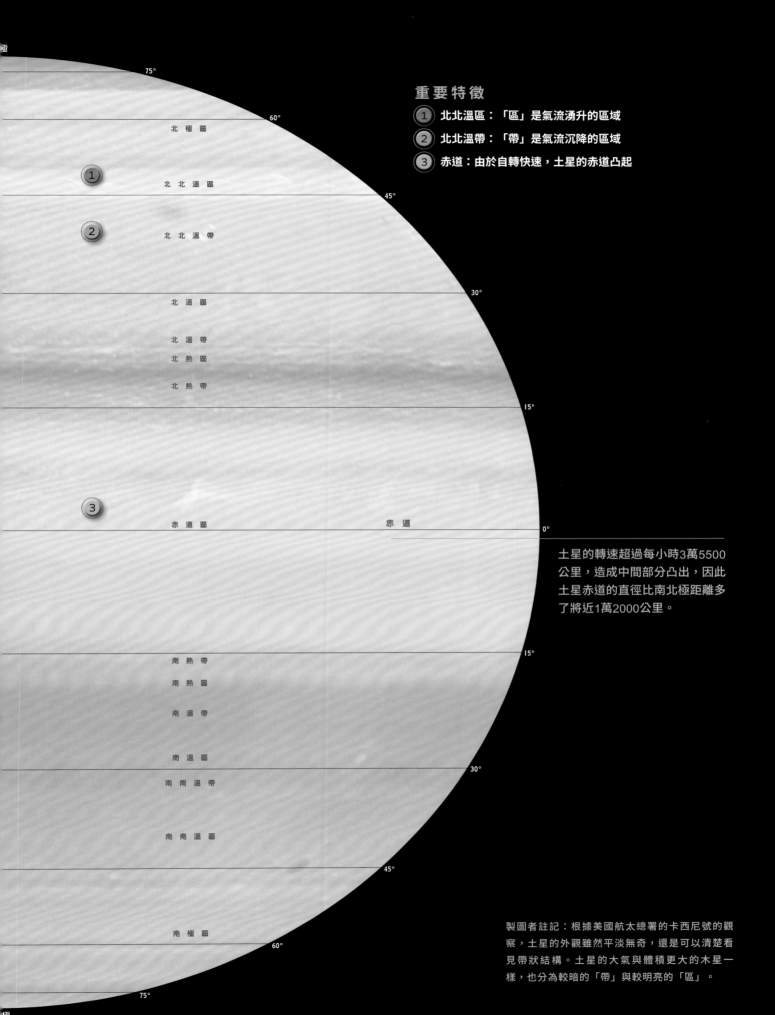

極

75°

北 極 區

60°

北 北 溫 區

45°

北 北 溫 帶

30°

北 溫 區

北 溫 帶
北 熱 區

北 熱 帶

15°

赤 道 區　　　　　　　赤 道

0°

南 熱 帶
南 熱 區

南 溫 帶

15°

南 溫 區

南 南 溫 帶

30°

南 南 溫 區

45°

南 極 區

60°

75°

極

重 要 特 徵

①　北北溫區：「區」是氣流湧升的區域

②　北北溫帶：「帶」是氣流沉降的區域

③　赤道：由於自轉快速，土星的赤道凸起

土星的轉速超過每小時3萬5500公里，造成中間部分凸出，因此土星赤道的直徑比南北極距離多了將近1萬2000公里。

製圖者註記：根據美國航太總署的卡西尼號的觀察，土星的外觀雖然平淡無奇，還是可以清楚看見帶狀結構。土星的大氣與體積更大的木星一樣，也分為較暗的「帶」與較明亮的「區」。

土星的衛星　土衛一

體積不大的土衛一（Mimas）是最靠近土星的衛星，表面布滿隕石撞擊的痕跡。

西半球

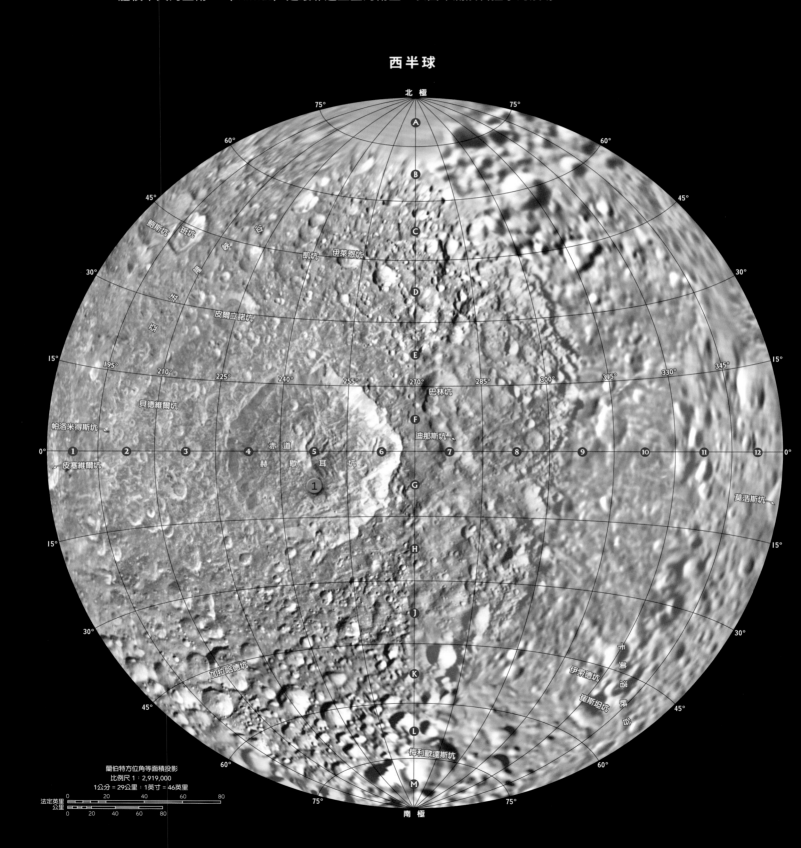

北極

南極

鮑斯坑　班坑

威　坑　堡

凱坑　伊萊恩坑

皮爾立諾坑

貝德維爾坑

帕洛米得斯坑

皮塞維爾坑

赫歌耳坑

巴林坑

迪那斯坑

莫洛斯坑

加拉哈得坑

伊索德坑

崔斯坦坑

梅利歐達斯坑

蘭伯特方位角等面積投影
比例尺 1：2,919,000

1公分 = 29公里：1英寸 = 46英里

法定英里
公里

重要特徵

① 赫歇耳坑（Herschel）：巨型隕石坑

② 奧塞峽谷（Ossa Chasma）：土衛一的許多深谷之一

③ 廷塔哲鏈坑（Tintagil Catena）：鏈狀隕石坑

東半球

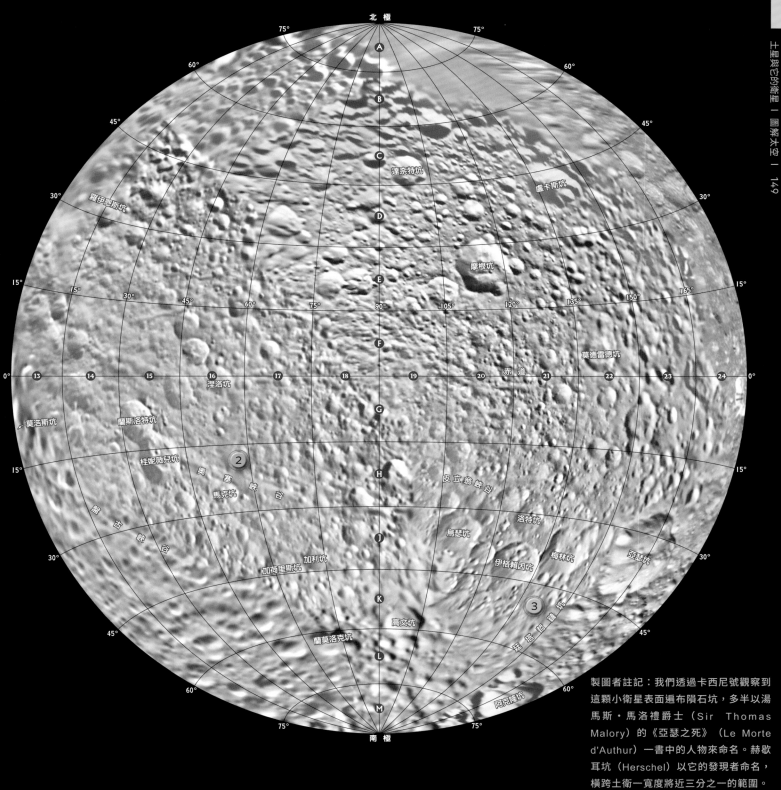

製圖者註記：我們透過卡西尼號觀察到這顆小衛星表面遍布隕石坑，多半以湯馬斯・馬洛禮爵士（Sir Thomas Malory）的《亞瑟之死》（Le Morte d'Authur）一書中的人物來命名。赫歇耳坑（Herschel）以它的發現者命名，橫跨土衛一寬度將近三分之一的範圍。

土星的衛星 土衛二

土衛二（Enceladus）和木衛一歐羅巴一樣，冰凍的表面下可能有液態水體。

西半球

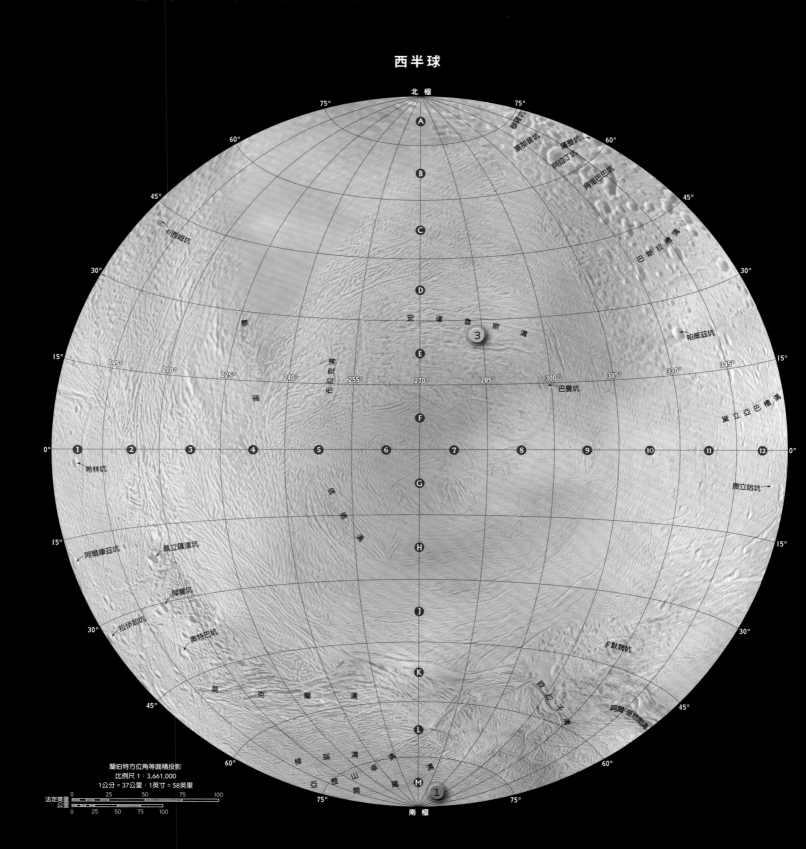

北極

南極

蘭伯特方位角等積投影
比例尺 1：3,661,000
1公分 = 37公里：1英寸 = 58英里

法定英里
公里

重要特徵

① 南極：在此處曾觀察到水蒸氣形成的煙流

② 迪亞爾平原（Diyar Plantitia）：寬闊平坦的冰凍區域讓土衛二表面像鏡面一樣

③ 安達魯斯溝（Andalús Sulci）：溝槽暗示了地表的位移

東半球

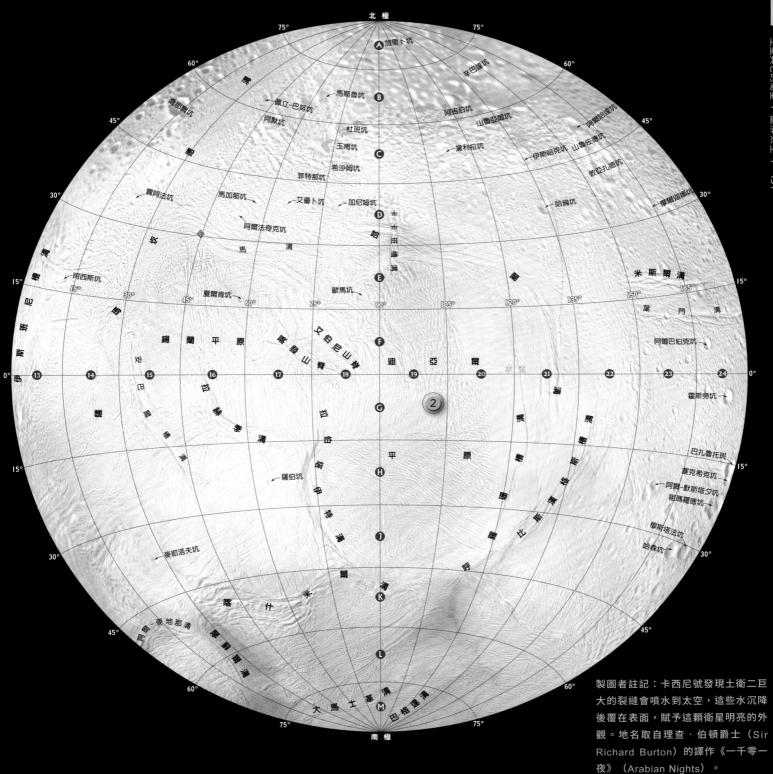

製圖者註記：卡西尼號發現土衛二巨大的裂縫會噴水到太空，這些水沉降後覆在表面，賦予這顆衛星明亮的外觀。地名取自理查·伯頓爵士（Sir Richard Burton）的譯作《一千零一夜》（Arabian Nights）。

土星的衛星　土衛三

體積小的土衛三（Tethys）主要由水冰組成，表面布滿坑疤。

西半球

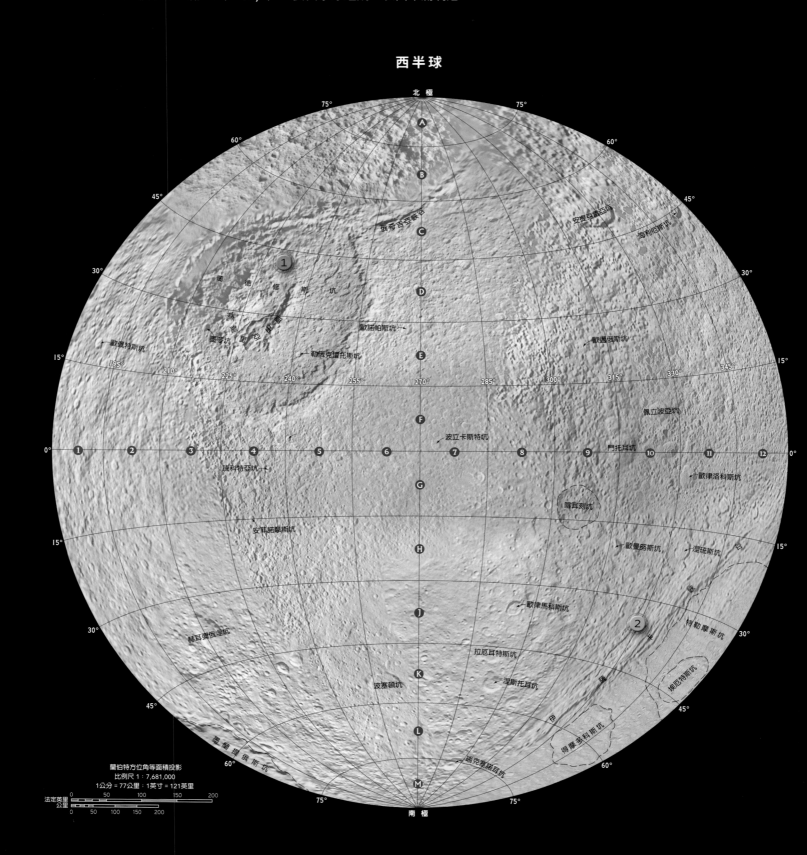

北極

奧德修斯坑

俄奇吉亞峽谷

安提身露西坑

海利厄斯坑

歐諾帕斯坑

慶冬坑

萨葵諾里岩

歐瑪俄斯坑

歐珮特斯坑

勒俄克里托斯坑

佩立波亞坑

赤道

波立卡斯特坑

門托耳坑

琉科特亞坑

歐律洛科斯坑

喀耳刻坑

安菲諾摩斯坑

歐曼房斯坑

涅琉斯坑

歐律馬科斯坑

特勒摩斯坑

赫耳彌俄湼坑

拉厄耳特斯坑

埃厄特斯坑

涅斯托耳坑

伊

波塞頓坑

得摩多科斯坑

歐蘭提俄斯坑

瑞克塞諾耳坑

南極

蘭伯特方位角等面積投影
比例尺 1：7,681,000
1公分 = 77公里；1英寸 = 121英里

法定英里
公里

0　50　100　150　200

重要特徵

1. 奧德修斯坑（Odysseus）：巨大隕石撞出的盆地，將近土衛三的五分之二大。
2. 伊薩卡峽谷（Ithaca Chasma）：又大又深的峽谷，起源未知
3. 珀涅羅珀坑（Penelope）：大型隕石坑

東半球

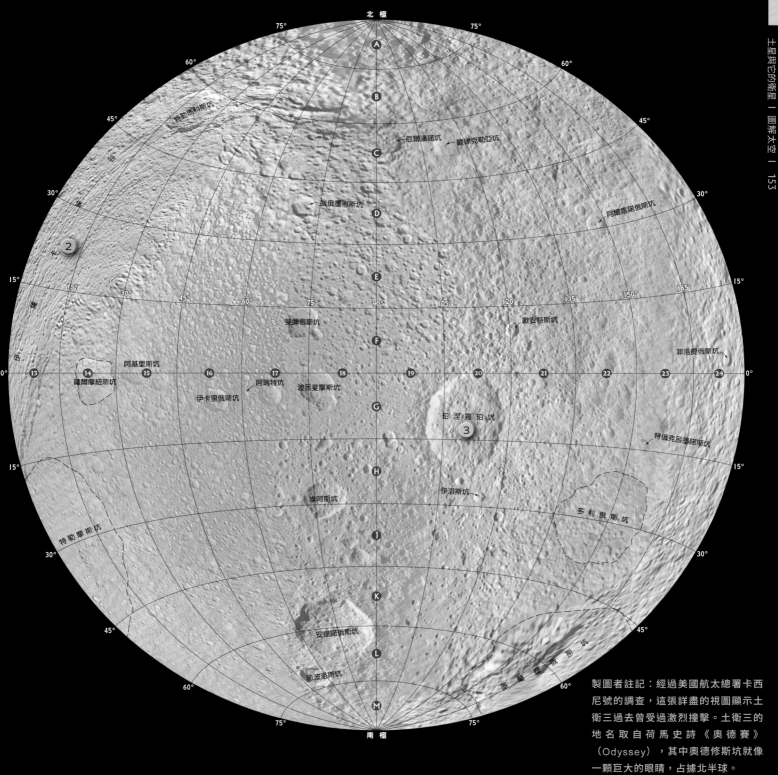

北極
南極
赤道

特勒摩利斯坑
厄爾潘諾坑
歐律克勒亞坑
狄俄墨德斯坑
阿爾隆諾俄斯坑
堅彌俄斯坑
歐安特斯坑
菲洛提俄斯坑
阿基里斯坑
薩爾摩紐斯坑
伊卡里俄斯坑
阿瑞特坑
波呂斐摩斯坑
珀涅羅珀坑
特俄克呂墨諾斯坑
埃阿斯坑
伊洛斯坑
多利俄斯坑
特勒摩斯坑
安提諾俄斯坑
那波洛斯坑

製圖者註記：經過美國航太總署卡西尼號的調查，這張詳盡的視圖顯示土衛三過去曾受過激烈撞擊。土衛三的地名取自荷馬史詩《奧德賽》（Odyssey），其中奧德修斯坑就像一顆巨大的眼睛，占據北半球。

土星的衛星 土衛四

體積不大的土衛四（Dione）表面布滿裂縫與隕石坑，繞行土星一周需要2.7個地球日。

西半球

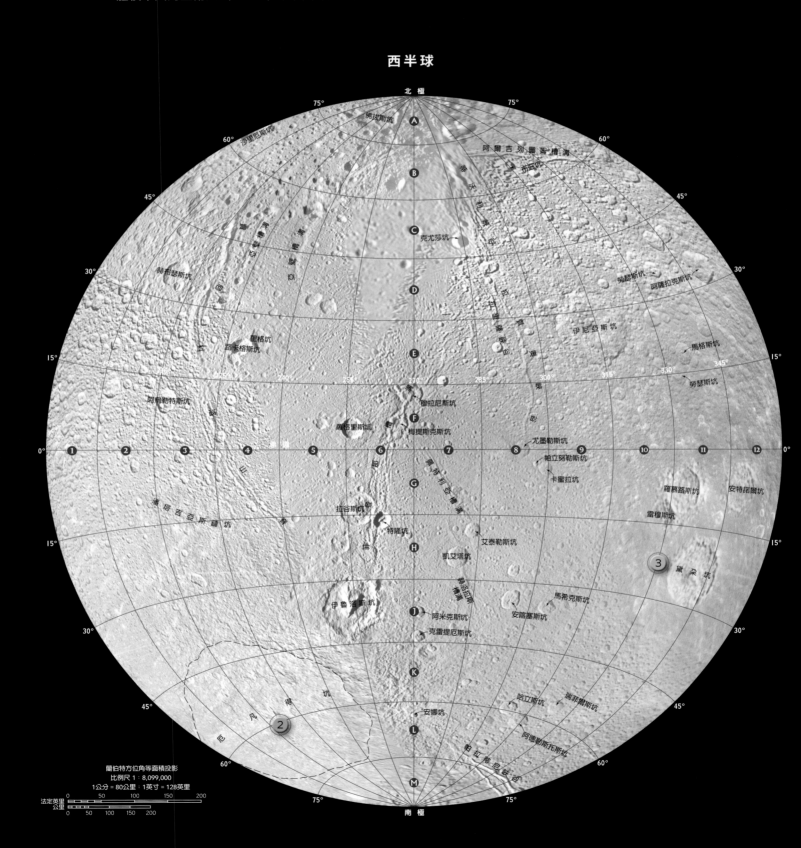

北極

南極

蘭伯特方位角等面積投影
比例尺 1：8,099,000
1公分 = 80公里；1英寸 = 128英里

法定英里
公里

重要特徵

①　帕拉蒂尼峽谷（Palatine Chasmata）：一個又長又陡峭的窪地系統

②　厄凡得坑（Evander）：土衛四上最大的隕石坑

③　黛朵坑（Dido）：與上方的伊尼亞斯坑（Aeneas）形成兩個顯著的隕石坑

東半球

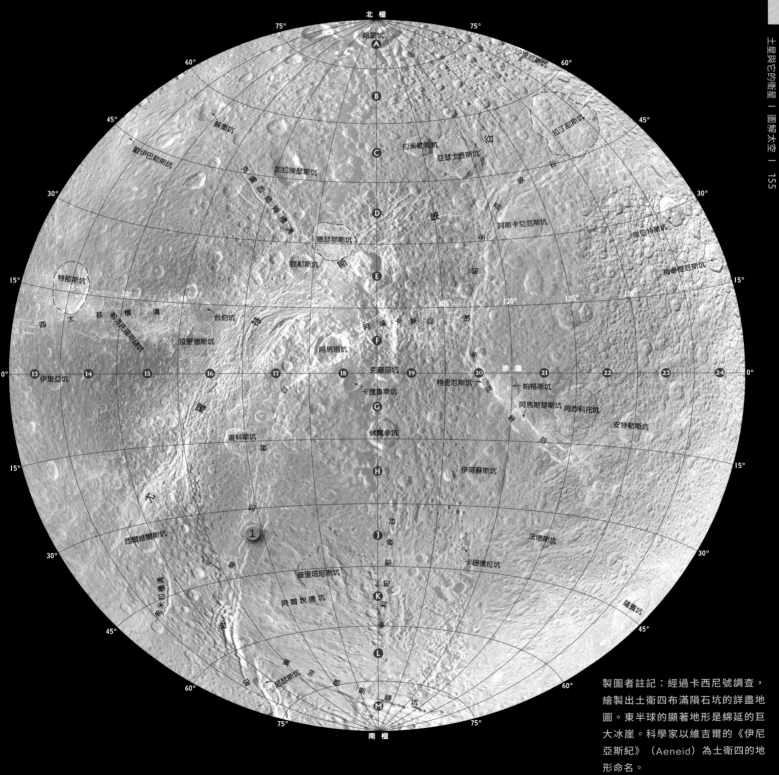

製圖者註記：經過卡西尼號調查，繪製出土衛四布滿隕石坑的詳盡地圖。東半球的顯著地形是綿延的巨大冰崖。科學家以維吉爾的《伊尼亞斯紀》（Aeneid）為土衛四的地形命名。

土星的衛星 土衛五

冰凍的土衛五（Rhea）是土星第二大的衛星，表面有許多隕石坑與冰崖。

西半球

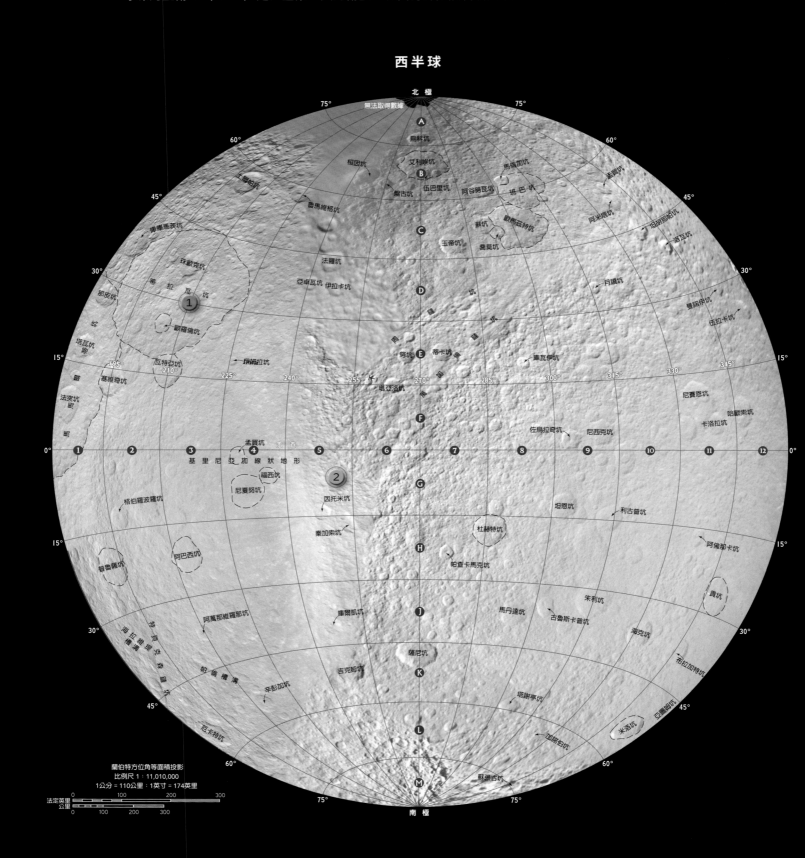

蘭伯特方位角等面積投影
比例尺 1：11,010,000
1公分＝110公里：1英寸＝174英里

重要特徵

① 蒂拉瓦坑（Tirawa）：輪廓清晰的大隕石坑

② 因托米坑（Inktomi）：年代較近、有清晰輻射紋的隕石坑

③ 亞恩希峽谷（Yamsi Chasmata）：冰凍的狹長窪地

東半球

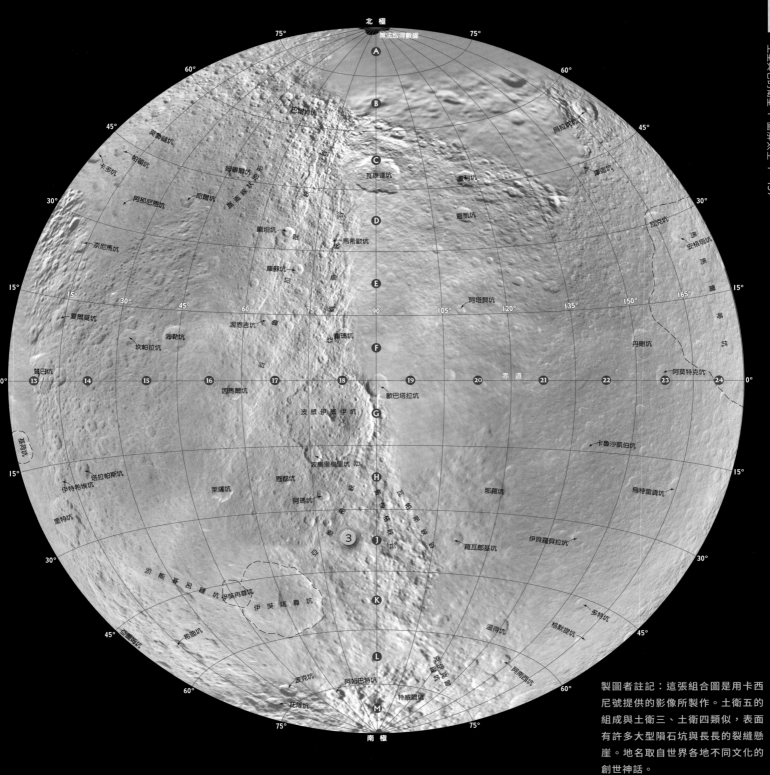

製圖者註記：這張組合圖是用卡西尼號提供的影像所製作。土衛五的組成與土衛三、土衛四類似，表面有許多大型隕石坑與長長的裂縫懸崖。地名取自世界各地不同文化的創世神話。

土星的衛星 泰坦

土衛六泰坦（Titan，泰坦）是土星最大的衛星，也是太陽系中唯一有大氣的衛星。

西半球

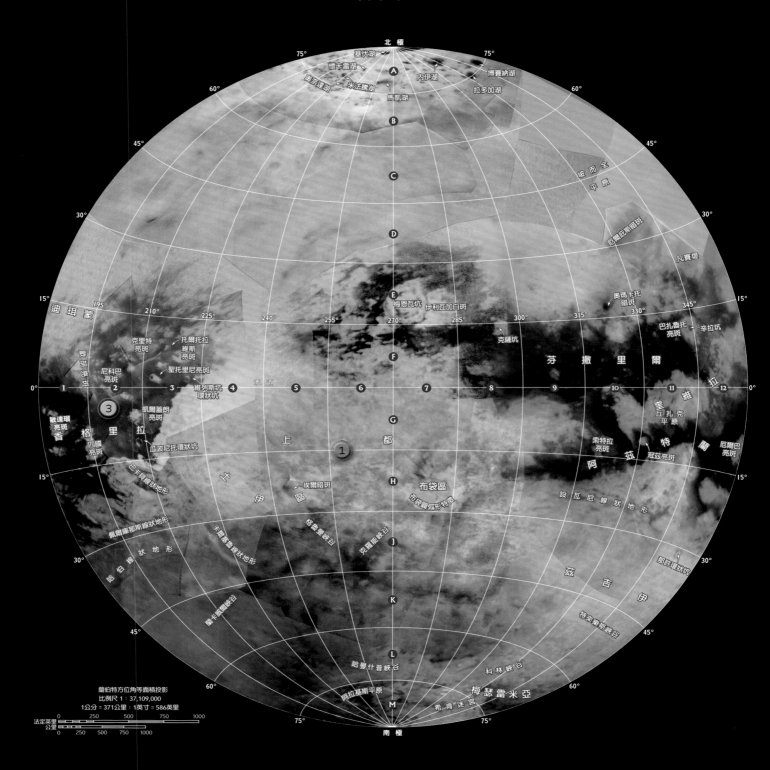

重要特徵

① 上都（Xanadu）：山丘與峽谷地區

② 安大略湖（Ontario Lacus）：液態烴的淺湖

③ 香格里拉（Shangri-la）：惠更斯探測器登陸點

東半球

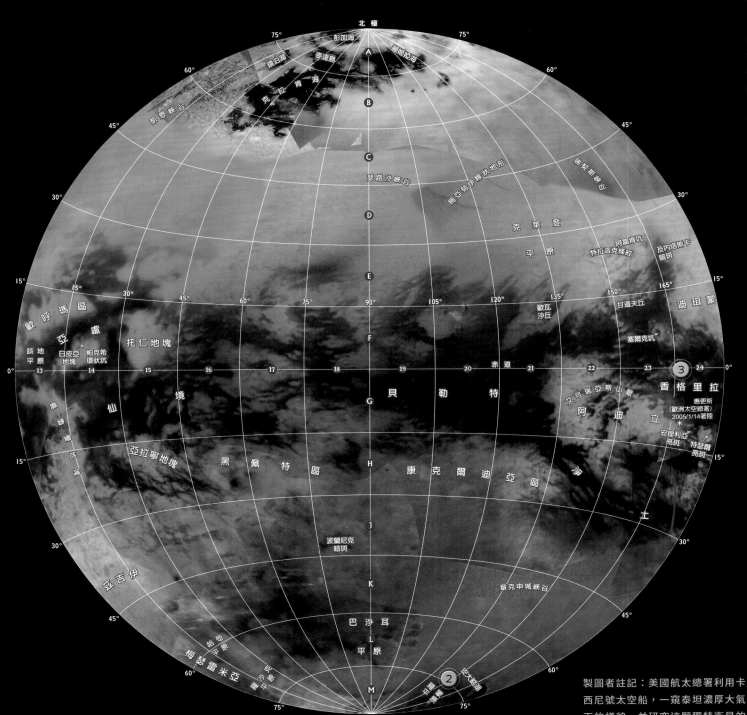

製圖者註記：美國航太總署利用卡西尼號太空船，一窺泰坦濃厚大氣下的樣貌，並研究這顆獨特衛星的地景。泰坦的地名來自各種地方，不過，遼闊的高原名稱都取自神話中的聖域、魔界或仙境。

土星的衛星 土衛八

土衛八（Iapetus）的表面明顯分成兩種顏色，可能是因為蒸發作用會在較溫暖的半球留下深色物質。

西半球

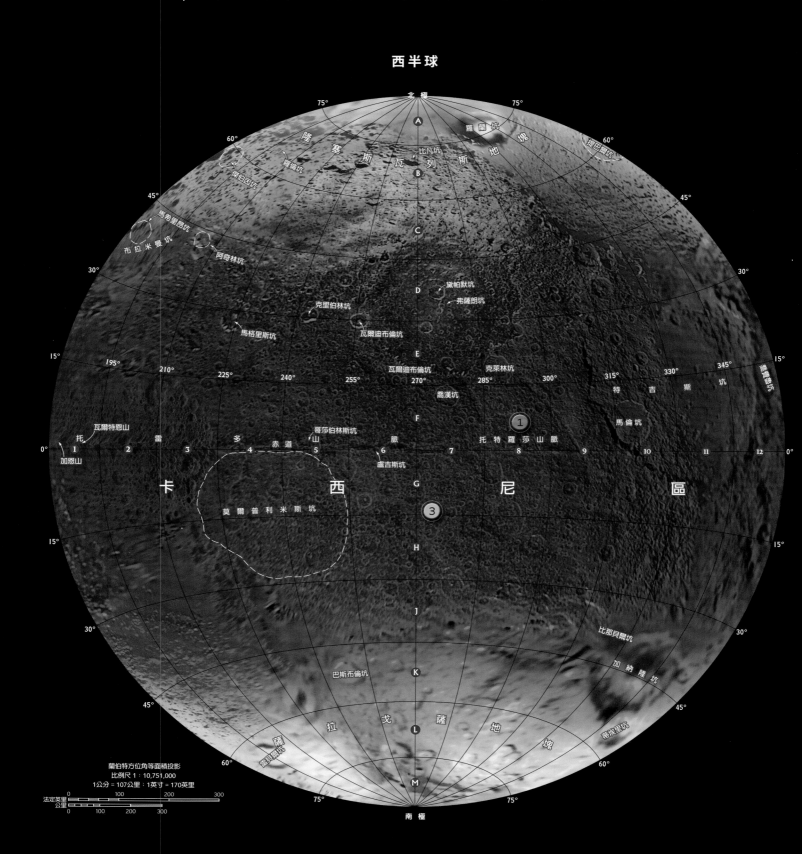

蘭伯特方位角等面積投影
比例尺 1：10,751,000

1公分 = 107公里；1英寸 = 170英里

法定英里
公里

重要特徵

1. 托特羅莎山脈（Tortelosa Montes）：10公里高的山脈
2. 安傑利爾坑（Engelier）：500公里寬的隕石坑
3. 卡西尼區（Cassini Regio）：顏色較深的區域

東半球

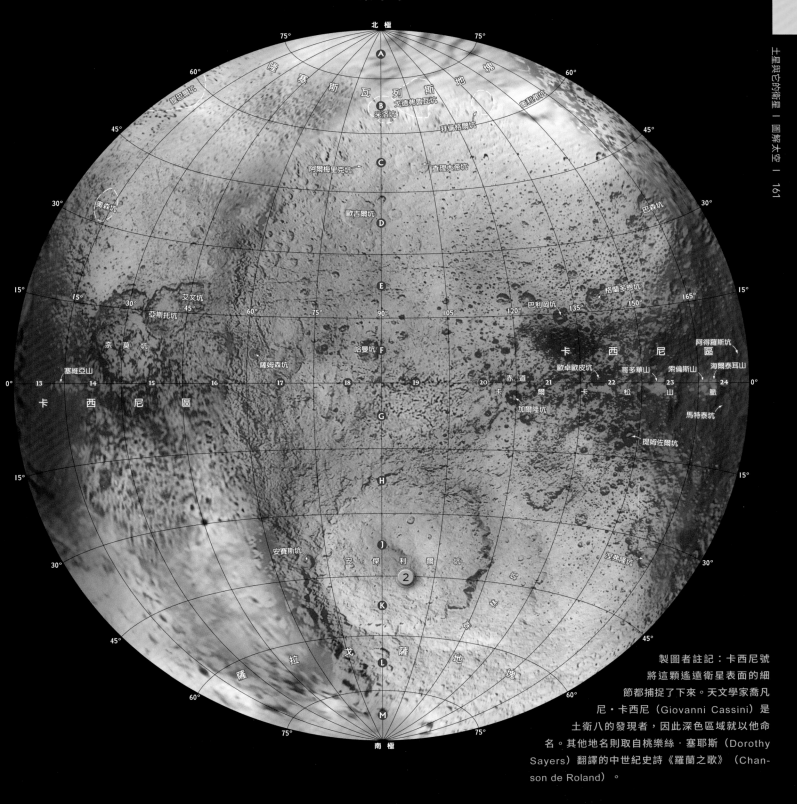

北 極

75° 75°
60° 60°
45° 45°
30° 30°
15° 15°
0° 0°
15° 15°
30° 30°
45° 45°
75° 75°

A
B
C
D
E
F
G
H
J
K
L
M

隆 塞 斯 瓦 列 斯 地 塊

提巴爾坑
米洛坑
大德弗瑟瓦坑
懷和弗坑
拜倫格爾坑

阿爾梅里克坑
查理大帝坑

奧森坑
歐吉爾坑
巴森坑

艾文坑
亞斯托坑
格蘭多恩坑
巴利岡坑
阿得羅斯坑

奈莫坑
哈曼坑
海爾泰耳山脈
索倫斯山
喬多華山
歐卓歐皮坑

塞維亞山
薩姆森坑
卡 爾 松 卡 山
馬特泰坑

卡 西 尼 區
加爾隆坑

卡 西 尼 區
提姆佐爾坑

安賽斯坑
安 傑 利 爾 坑
涅弗隆坑

薩 拉 戈 薩 地 塊

南 極

製圖者註記：卡西尼號將這顆遙遠衛星表面的細節都捕捉了下來。天文學家喬凡尼‧卡西尼（Giovanni Cassini）是土衛八的發現者，因此深色區域就以他命名。其他地名則取自桃樂絲‧塞耶斯（Dorothy Sayers）翻譯的中世紀史詩《羅蘭之歌》（Chanson de Roland）。

強勁的風是土星大氣的一大特點，風速可達每小時 1800 公里，是整個太陽系中風速最快的地方之一。土星上還有一個壽命較短的風暴結構，稱為「大白斑」（Great White Spot）。每個土星年（約等於 30 個地球年）夏至前後，大白斑會出現在北半球，看起來很像木星的大紅斑。它最早的觀察紀錄是在 1876 年，之後就斷斷續續被觀察到。

土星與木星一樣有強大的磁場，也和地球一樣，磁性粒子會沿著磁力線做螺旋運動，在兩極造成閃耀的極光。

土星任務

除了以望遠鏡觀察土星，科學家也發射過幾艘太空船到土星系統。1979 到 1982 年間，先鋒號與航海家太空船在離開太陽系的路上飛越土星，並發現了新的衛星，也得到更多有關土星環的資訊。接著卡西尼號太空船在 1997 年發射，於 2004 年進入繞土星運行的軌道。目前我們對土星、土星環與土星衛星的認識，大部分都來自卡西尼任務。2017 年，卡西尼號太空船完成 13 年的卓越成就後，刻意墜入土星大氣，不斷傳送資料直到毀滅為止。卡西尼號就像伽利略號墜毀在木星一樣，是為了防止地球生物污染土星衛星。

然而，科學家觀察土星時，很少會把焦點放在土星本身。他們更關心的是壯觀的土星環系統（下一節會專門介紹）和土星衛星。土星與木星一樣有許多衛星，目前已知的有 62 個，其中 53 個已正式命名。和木星的衛星一樣，土星的衛星大多數體積都很小，有的直徑還不到 2 公里，只有 13 顆直徑超過 50 公里。在這些體積較大的衛星中，有兩顆特別受到科學家關注：泰坦（Titan）和土衛二（Enceladus）。

泰坦

荷蘭天文學家克里斯提安·惠更斯（Christiaan Huygens, 1629-1695）在 1655 年首次發現泰坦。它比水星還大，也是太陽系中唯一有顯著大氣的衛星，有可能讓我們一窺地球在數十億年前促成生命誕生的化學條件。泰坦也因此成為科學探索的焦點。

據推測，泰坦有一顆岩質核心，外面包著一

這張剖面圖呈現我們目前了解的土星結構。土星與木星一樣，可能也有一個岩質核心，外面包覆一層金屬氫，再外面是一層液態氫與氦。

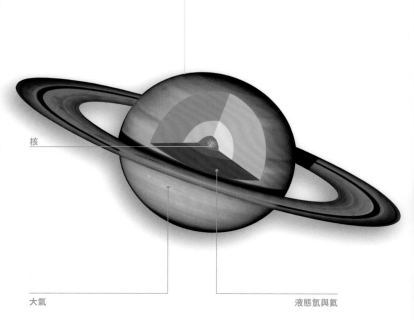

核

大氣   液態氫與氦

土衛一（Mimas，圖中左下角）在巨大的土星旁顯得格外渺小，它繞著藍色的土星北半球運行。圖中深色的條紋是土星環投在土星表面的陰影。

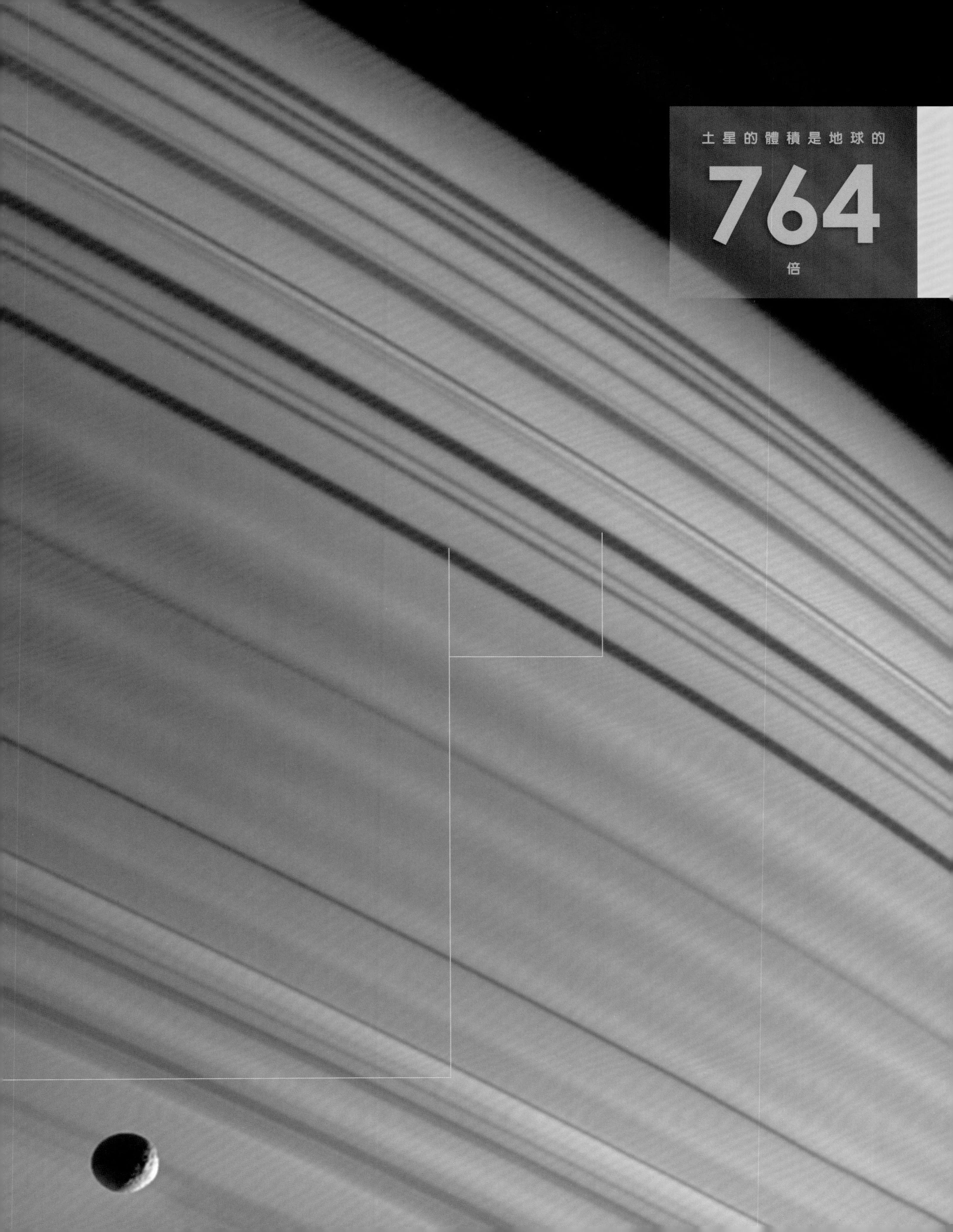

土星的體積是地球的

764

倍

層厚厚的冰，冰凍的外殼下可能有水與氨構成的海洋。泰坦的大氣成分主要是氮，撐起好幾層雲層，所以從外側無法看到表面。泰坦和金星一樣，直到太空船造訪之後我們才真正看見它表面的樣貌。

卡西尼號在 2004 年 7 月抵達土星，幾個月後，它向泰坦的大氣投擲了一個名字取得很恰當的探測器：惠更斯號。（卡西尼號後來接近泰坦超過 125 次。）惠更斯號利用降落傘著陸，並回傳泰坦表面的第一張影像。令人驚訝的是，泰坦的表面看起來與我們熟悉的地球表面幾乎一模一樣！一名研究者說：「泰坦怪就怪在它詭異的熟悉感。」

事實上，泰坦的赤道地區覆蓋著綿延的沙丘，大小類似撒哈拉沙漠的沙丘，中間穿插著岩質丘陵。接近兩極處是許多大型液態湖泊，其中一座比加拿大的安大略湖稍大，也命名為安大略湖。

透過兩件事，我們就能理解泰坦為什麼和地球這麼相似：首先，泰坦非常寒冷，表面溫度大約是攝氏零下 180 度。第二，在這種溫度下，許多我們熟悉的物質會以意想不到的形式存在：水冰在這樣的溫度下和花崗岩一樣硬，而甲烷在我們氣候宜人的地球上是天然氣，在泰坦上則是液體。基本上，我們在泰坦上看到的，是由不熟悉的物質參與的熟悉過程。

舉例來說，泰坦高空的雲層是由甲烷和乙烷等碳氫分子（甲烷在化學上的近親）所組成，與來自太陽的紫外光作用後產生霾，與大都市品質不佳的空氣類似。這些碳氫化合物沉降到地表，產生赤道沙丘的「沙」和其他東西。（一名研究者把這種物質比喻為一堆咖啡渣。）泰坦空中的甲烷凝結後，以雨的型態落下形成湖泊，製造出其他我們熟悉的地景，就像水在地球上造成的地形。

我們相信，地球上的生命來自與碳氫化合物這種有機物相似的分子，因此科學家把焦點放在

漂浮的世界

太陽系行星的密度差異很大，密度最高的是地球，最低的是土星。所謂的密度，指的是某個物體裡面裝了多少「東西」，更確切地說，就是單位體積的質量。以水每立方公分1公克的密度作為標準，鐵的密度是7.9（每立方公分7.9公克），地球則是5.5。有趣的是，冰的密度比水低，大約是0.92。因此在結冰的湖泊或池塘中，冰總是會浮在表面，因為任何密度小於1的物質，都會浮在水上。

要得出行星的密度，我們得先測量它的質量和體積。體積很容易計算，只

要知道行星與我們的距離，以及行星表面在這個距離下看起來的大小，就可以算出它的半徑，接下來再用簡單的幾何學算出體積。要知道質量就稍微複雜了一點，但如果這顆行星有衛星，我們可以藉由觀察衛星的公轉，推算行星的質量。

把上述方法套用在土星上，可算出土星的體積是地球的764倍，質量是95倍。也就是說，土星的密度約為0.69，不僅比水低，還比太陽低。如果能找到夠大的水池，把土星扔進去，它真的會浮起來！

土星

水星　地球

土星會浮在水面上

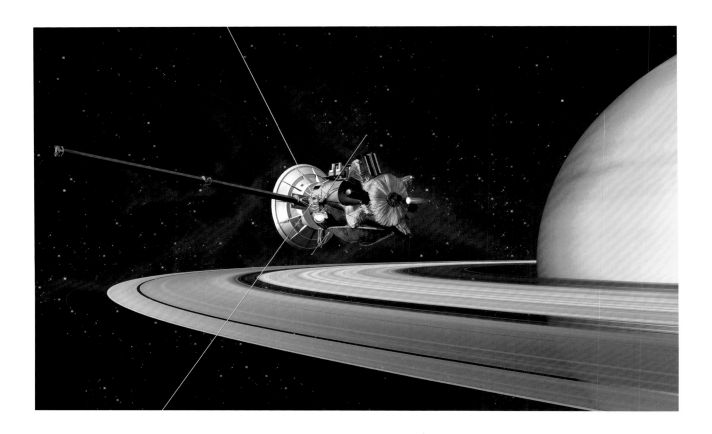

泰坦上。228 頁會談到，用無生命物質製造有機
分子就是生命誕生的第一步，所以我們自然會希
望透過研究泰坦上正在發生的過程，了解 40 億
年前發生在地球上的事。

卡西尼號太空船在軌道上環繞土星的情景。體積龐大、複雜度高的
卡西尼號於1997年發射，2004年抵達土星。2004年12月，卡西尼
號把惠更斯探測器投入泰坦的大氣。卡西尼號是16個歐洲國家與美
國航太總署合作的心血，任務已於2017年結束。

土衛二

　　土衛二是土星第六大的衛星，我們很早就知
道它的表面是由水冰構成。然而在 2005 年，卡
西尼號在衛星南極附近記錄到有液態水的間歇
泉。土衛二與木衛一埃歐一樣，在土星重力場的
作用下彎曲生熱。卡西尼號有幾次靠近土衛二，
其中一次靠近到土衛二表面上方不到 30 公里處，
這幾次的靠近讓卡西尼號確認間歇泉大部分是
由水組成，科學家現在相信土衛二有一片地底海
洋，大小和蘇必略湖差不多。

　　2017 年，美國航太總署宣布在間歇泉裡量
測到熱物質，這顯示土衛二地底海洋，與從衛星
內部往上帶到表面的熱物質直接接觸，這個現象
就如同地球的海底熱泉。因為地球的生命是在熱
泉附近形成，科學家猜測土衛二（和其他的衛星）
也有可能在這裡發展出生命。

星環可說是太陽系中最壯觀、也最飄渺的構造，主要由繞著土星運轉的水冰構成，陽光在上面反射出驚人的外觀，在地球上只要用小型望遠鏡就看得見。土星環和太陽系的許多天體一樣，都是伽利略在1610年率先透過望遠鏡觀察到的。以今天的標準來看，當年他使用的望遠鏡非常簡陋，看到的土星環是位在行星兩側的點，伽利略誤以為那是兩顆衛星，還曾形容那是土星的「耳朵」。直到1655年，荷蘭天文學家克里斯提安 惠更斯使用了改良的望遠鏡，才看出所謂的耳朵其實是一個圍繞土星的圓環。

土星環

| 閃閃發光、層層疊疊的冰圈 |

發現者：**伽利略 · 伽利萊**
發現時間：**1610 年 7 月**
名稱由來：**土星環與環縫依發現的先後順序以字母及科學家命名**

幾個最大的環與土星中心的距離：
D 環：**67,000-74,490 公里**
C 環：**74,490-91,980 公里**
B 環：**91,980-117,500 公里**
A 環：**122,050-136,770 公里**
G 環：**166,000-174,000 公里**
E 環：**180,000-480,000 公里**

土星環的假色影像。
（嵌入圖）在泰坦及小小的土衛十一（Epimetheus）前展開的 A 環和 F 環。

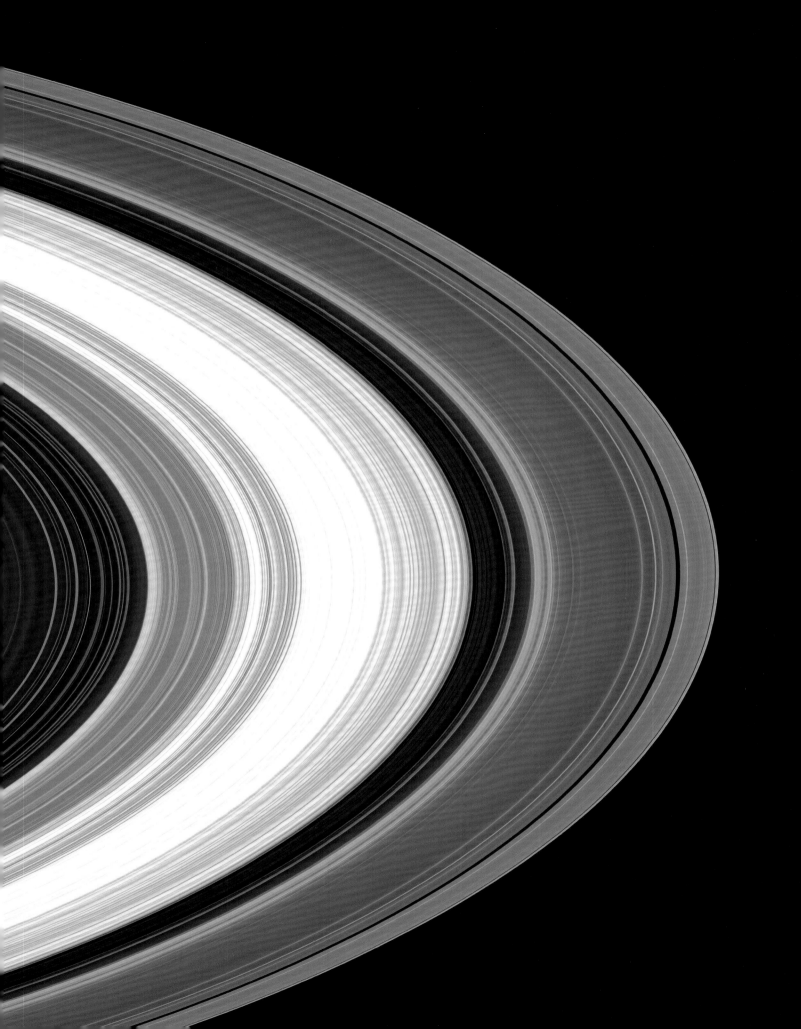

土星環

土星環有許多大大小小的環縫，把土星環區分成多個小環和較大的A、B與C環。

卡西尼環縫

恩克環縫
（潘）

傑那斯（土衛十）
和土衛十一

卡西尼號
穿越土星環之處

亞特拉斯

F環

土星

D環

局部放大區域

G環

土衛一

土衛二

C環   B環   A環

普羅米修斯和潘朵拉

166,000-174,000 公里

② ③

邦德縫

可倫玻環縫

馬克士威環縫   道斯縫

D環

C環

74,490 公里

91,980 公里

重要特徵

1 卡西尼環縫（Cassini Division）：土星環系統中最大的環縫

2 普羅米修斯（Prometheus）和潘朵拉（Pandora）：細小的「牧羊」衛星

3 卡西尼號穿越土星環之處：卡西尼號從這個間隙穿過土星環

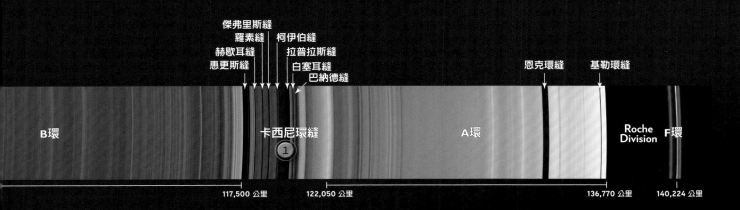

泰坦（土衛六）
土衛七 →
土衛八
菲比（土衛九）

E環
180,000–480,000 公里

往土衛六

特提斯（土衛三）　　　　土衛四　　　　　　　　土衛五

傑弗里斯縫
羅素縫　　柯伊伯縫
赫歇耳縫　拉普拉斯縫
惠更斯縫　白塞耳縫
　　　　　巴納德縫

恩克環縫　　基勒環縫

B環　　　　　　　　　　卡西尼環縫　　　　A環　　　　Roche Division　F環

1

117,500 公里　　　122,050 公里　　　　　　136,770 公里　　140,224 公里

雖然我們已經知道所有巨行星都有行星環系統，土星環仍然是太陽系中最大也最完整的。從發現之初，土星環就不斷激發人類的想像力，像英國牧師湯瑪斯・迪克（Thomas Dick）就曾在 1837 年，出版了一本標題浮誇的書：《天體風景，或行星系統的奇觀，描繪神的完美與多重世界》，書中估計土星環上住著 8 兆 1419 億 3682 萬 6080 人！

對迪克牧師來說不幸的是，18、19 世紀的科學家就已經計算出土星環不可能像呼拉圈那樣是一個固態實心的東西，也不會是液態。如果土星環是固態或液態，環內的力量會使它相當不穩定。科學家很早就知道，土星環必然是由許多小粒子構成。我們今天已經知道土星環主要由水冰顆粒組成，小的直徑不到 1 公分，大的可達數公尺。最令人意外的是，雖然土星環很顯眼，實際上卻很薄，平均厚度估計只有 10 公尺左右，和一棟三層樓房子的高度差不多。

土星環、小環與環縫

科學家在建構土星環基本動態的理論時，天文學家也透過望遠鏡，對土星環的結構有了新發現。1675 年，義大利天文學家喬凡尼・卡西尼發現土星環並不是一個完整的環，有些深色區域把它劃分成不同部分，最大的間隙稱為卡西尼環縫。其實從地球上就可以看到兩個主要的深色環縫，把土星環分成三部分。各個部分的命名出乎意料地缺乏想像力，分別稱為 A 環、B 環與 C 環。之後新發現的環就依照字母順序命名，目前取到了 G 環，有些以對土星環影響最大的幾顆衛星命名。

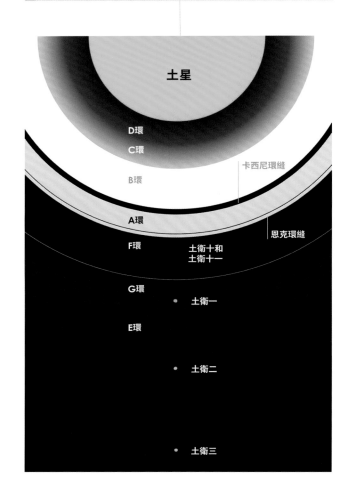

土星環依照發現順序以英文字母命名，各個環之間的環縫則以天文學家命名。這些環縫可能是在眾多衛星的共同影響下才得以維持。

從土星中心算起，雖然數百萬公里遠處也有不明顯的塵埃環，但主要的土星環大約位在距離 7 萬 4000 公里到 13 萬 7000 公里的地方（月球到地球的距離是 37 萬 5000 公里）。

藉著 1980 年飛越土星的航海家號，和 2004 年抵達土星的卡西尼太空船，我們對土星環的認識有了大幅進展。如今我們知道土星環其實有一個複雜的結構，數千個環縫把土星環分成許多小環。這些環縫不是沒有物質，只是比較稀疏，在

構成某個土星環的冰礫想像圖。從小卵石到大圓石，土星環上的顆粒其實都還滿小的。土星衛星的角色就像牧羊人，它們的引力使土星環中的顆粒緊密地待在軌道上。

土星衛星的各種引力交互作用下得以維持穩定。在某些情況下，環內的衛星會直接把路徑清空；還有其他更複雜的情況，但最終結果就是，衛星與它們的重力使土星環得以維持這樣的結構。

太空船偶爾觀察到的「輪輻現象」可能是上述規則的一項例外。輪輻是一些與土星環交錯的線條，依光線是穿透輪輻或是被輪輻反射而有深有淺。這些輪輻的組成物可能是土星風暴產生的塵埃微粒，因為靜電而懸浮在土星環上。

衛星的殘骸？

最後，我們來看看土星環系統可能是如何形成的。目前最廣為接受的理論是，環中的顆粒是某個古老衛星殘留的碎屑，這些物質的總量和目前尚存的土星衛星一樣多。這個理論的其他版本則認為，衛星會因為受到碰撞或太靠近土星而破碎。如果碰撞的說法正確，那麼土星環很可能是 40 億年前重整太陽系的「晚期大撞擊事件」（見 59 頁）留下來的另一個遺產。

太陽系中最後兩顆行星是我們最陌生也最少探索的行星。它們形成時的位置或許比現在的軌道更接近太陽。天王星和海王星非常相似，但與木星和土星這兩顆氣態巨行星有顯著的差異。兩顆行星的大氣中富含由水、氨和甲烷混合的高密度物質，天文學家稱之為「冰」，因此它們常被稱為冰巨行星。冰巨行星的大小介於類地行星和氣態巨行星之間，例如海王星的質量是地球的17倍，卻只有木星的19分之一。

天王星與海王星

冰巨行星

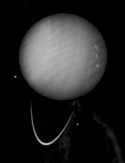

天王星發現者：**威廉・赫歇耳（William Herschel）**
天王星發現時間：**1781 年 3 月 13 日**
天王星名稱由來：**希臘神話的天空之神**
天王星的質量：**地球的 14.54 倍**
天王星的體積：**地球的 63.09 倍**

海王星發現者：**奧本・勒維耶（Urbain Leverrier）、約翰・柯西・亞當斯（John Couch Adams）、約翰・伽勒（Johann Galle）**
海王星發現時間：**1846 年 9 月 23 日**
海王星名稱由來：**羅馬神話的海神**
海王星的質量：**地球的 17.15 倍**
海王星的體積：**地球的 57.72 倍**
天王星與海王星衛星數量：**27 與 13**
行星環系統：**兩者皆有**

海王星、海王星環與海衛一（Triton）的想像圖。（嵌入圖）天王星。

天王星

天王星距離遙遠，目前仍帶有神祕感，從1986年以後還沒有太空船造訪過。

正射投影　1:276,329,000

北

75°

60°

45°

30°

15°

赤道

15°

30°

45°

60°

75°

南

1

2

天王星的自轉軸幾乎與軌道平行，因此可以把天王星想像成是用「滾」的在公轉軌道上移動。天王星公轉時，其中一極永遠在陽光的照射下，另一極則處於黑暗中。天王星繞太陽一周需要將近84個地球年，因此兩極各有持續大約40年的白晝，之後是持續40年的黑夜。

大氣中的甲烷會吸收可見光中的紅光，所以只有藍綠光會被反射，賦予天王星獨特的顏色。

地球的磁場方向與地理上的地軸相差11度，天王星則偏移59度。另一個令人困惑的特徵，是天王星的磁軸並未通過行星中心。

正射投影

赤道的比例尺　1:276,329,000

1公分 = 2763 公里：1 英寸 = 4361 英里

法定英里
公里

0　　2000　　4000　　6000　　8000

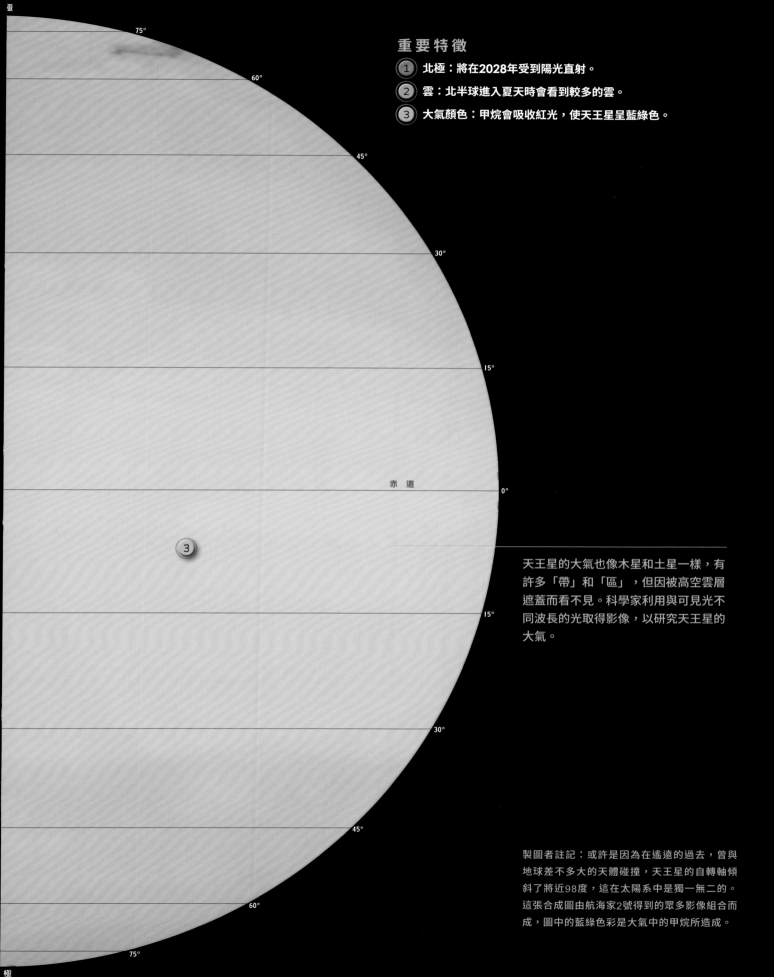

重要特徵

① 北極：將在2028年受到陽光直射。

② 雲：北半球進入夏天時會看到較多的雲。

③ 大氣顏色：甲烷會吸收紅光，使天王星呈藍綠色。

75°

60°

45°

30°

15°

赤 道　　0°

15°

30°

45°

60°

75°

極

天王星的大氣也像木星和土星一樣，有許多「帶」和「區」，但因被高空雲層遮蓋而看不見。科學家利用與可見光不同波長的光取得影像，以研究天王星的大氣。

製圖者註記：或許是因為在遙遠的過去，曾與地球差不多大的天體碰撞，天王星的自轉軸傾斜了將近98度，這在太陽系中是獨一無二的。這張合成圖由航海家2號得到的眾多影像組合而成，圖中的藍綠色彩是大氣中的甲烷所造成。

天王星的衛星　天衛五和天衛一

天衛五（Miranda，米蘭達）擁有太陽系中最殘破的表面；天衛一（Ariel，亞利伊勒）或許在不久以前仍有地質活動。

天衛五南半球

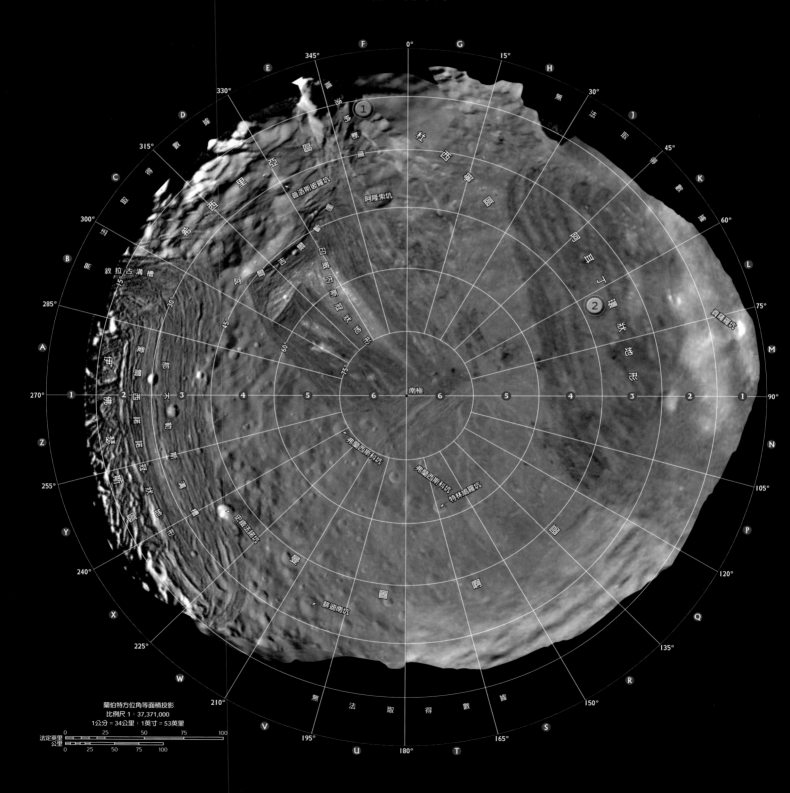

蘭伯特方位角等面積投影
比例尺 1：37,371,000
1公分 = 34公里；1英寸 = 53英里

法定英里
公里

重要特徵

① 維洛納斷崖（Verona Rupes）：天衛五表面眾多陡峭的懸崖和峽谷之一。

② 阿耳丁環狀地形（Arden Corona）：溝槽狀地景，下方可能有溫度較高的冰。

③ 卡奇那峽谷（Kachina Chasmata）：可能是斷層作用形成的峽谷。

天衛一南半球

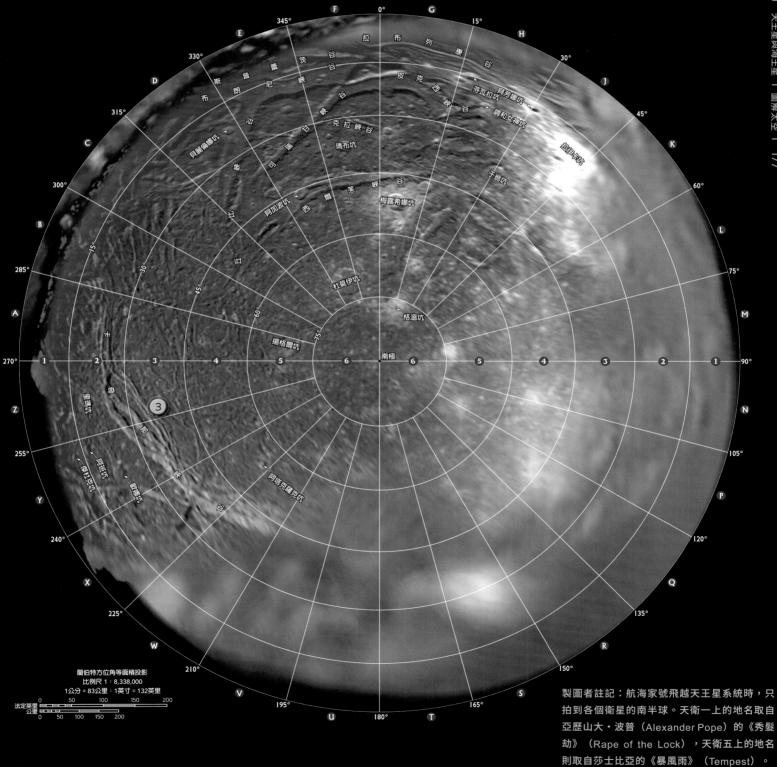

蘭伯特方位角等面積投影
比例尺 1：8,338,000

1公分＝83公里；1英寸＝132英里

法定英里

公里

製圖者註記：航海家號飛越天王星系統時，只
拍到各個衛星的南半球。天衛一上的地名取自
亞歷山大・波普（Alexander Pope）的《秀髮
劫》（Rape of the Lock），天衛五上的地名
則取自莎士比亞的《暴風雨》（Tempest）。

天王星的衛星 天衛二和天衛三

天衛二（Umbriel，安布立耳）神祕的深色表面年代久遠。天衛三（Titania，泰坦尼亞）是天王星最龐大的衛星，可能仍有地質活動。

天衛二南半球

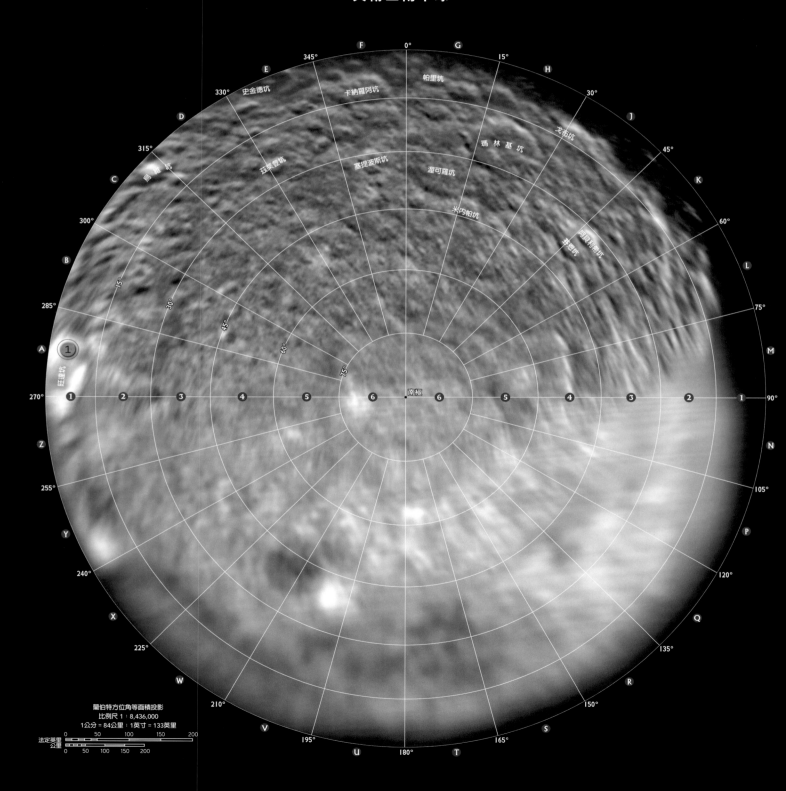

蘭伯特方位角等面積投影
比例尺 1：8,436,000
1公分 = 84公里：1英寸 = 133英里

法定英里
公里

史金德坑　卡納羅阿坑　帕里坑　戈布坑　瑪林基坑　渥可羅坑　塞提波斯坑　米內帕坑　阿貝利齊坑　吉瑟坑　茲萊登坑　熊雄坑　旺達坑　南極

重要特徵

① 旺達坑（Wunda）：異常明亮的邊緣或許是霜或撞擊的沉積物所造成

② 墨西拿峽谷（Messina Chasmata）：將近1500公里長的峽谷

③ 盧西隆斷崖（Rousillon Rupes）：年代較新，有400公里長

天衛三南半球

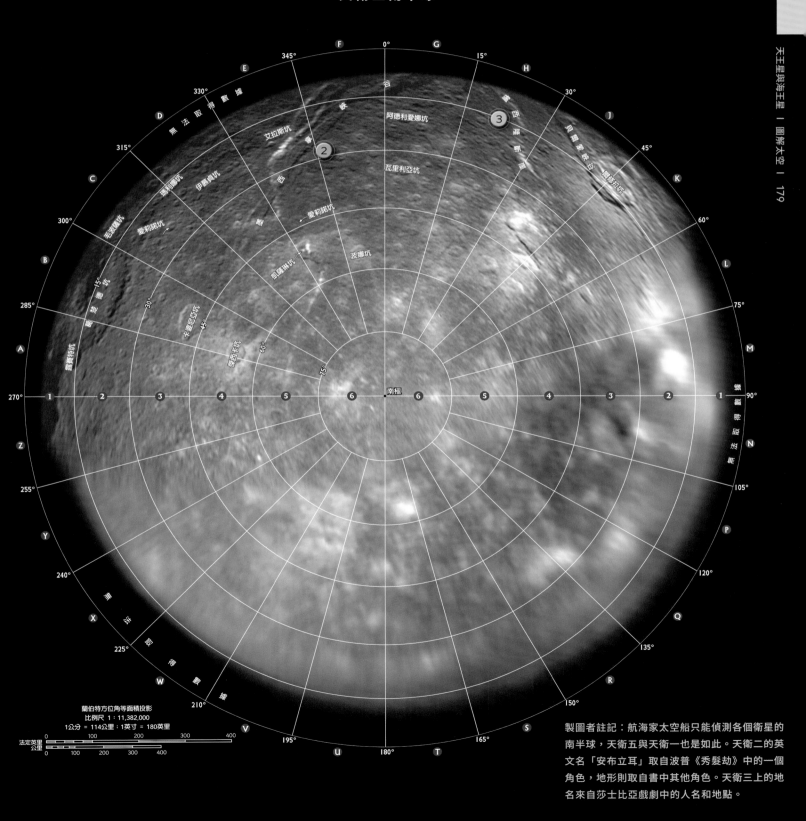

蘭伯特方位角等面積投影
比例尺 1：11,382,000
1公分 = 114公里；1英寸 = 180英里

法定英里
公里
0　100　200　300　400

製圖者註記：航海家太空船只能偵測各個衛星的南半球，天衛五與天衛一也是如此。天衛二的英文名「安布立耳」取自波普《秀髮劫》中的一個角色，地形則取自書中其他角色。天衛三上的地名來自莎士比亞戲劇中的人名和地點。

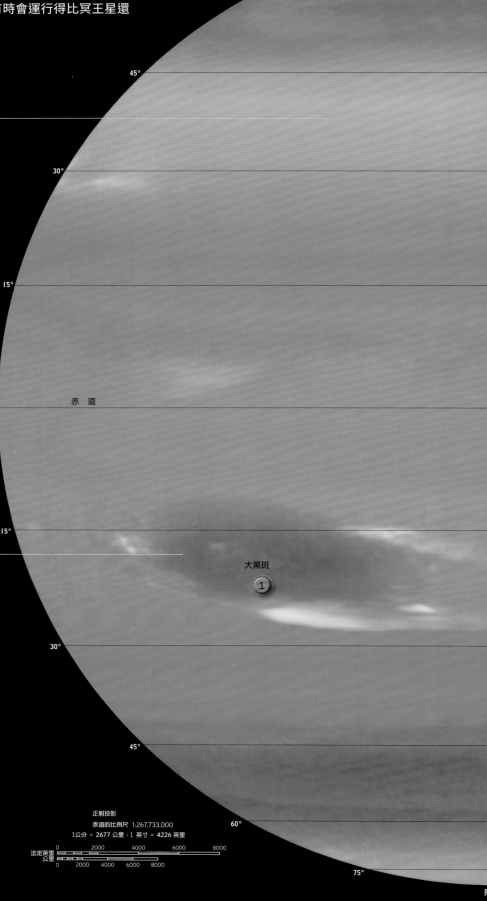

海王星

這顆冰巨星閃耀著明亮的藍色，有時會運行得比冥王星還要遠。

與其他外圈巨行星一樣，海王星的大氣也分為「帶」和「區」。它的特點是風會由西往東吹，與自轉方向相反。

海王星輻射出的熱能比從太陽接受到的多，類似木星與土星的情況，但科學家還不知道其中的緣由。

航海家號拍到的許多影像中都可以看到這個深色特徵，部分科學家認為它或許不是像木星的大紅斑一樣的風暴系統。它的大小會改變，有可能是大氣上層雲層中的一個大洞。有一次哈伯太空望遠鏡正要觀察海王星時，這個特徵卻消失了。

45°

30°

15°

0°   赤 道

15°

大黑斑

① 1

30°

45°

正射投影

赤道的比例尺 1:267,733,000

1公分 = 2677 公里：1 英寸 = 4226 英里

	2000	4000	6000	8000
法定英里				
公里	0 2000	4000	6000	8000

重要特徵

1. **反氣旋：在大氣中若隱若現的巨大風暴**
2. **風：高空的風比音速還快**
3. **條紋：在為期40年的夏季期間，南方雲層形成的條紋會逐漸增加。**

75°

60°

45°

30°

15°

赤 道　0°

15°

30°

45°

60°

75°

極

極

航海家2號在1989年8月24日飛越海
王星，距離海王星雲層表面不到
5000公里，這是人類最接近這個行
星系統的一次，幾乎所有海王星的詳
細資訊都來自這次造訪。

製圖者註記：目前只有航海家號探測船曾造
訪海王星，這張地圖就是根據當時的資料所
繪製。海王星內部的熱能攪動氫和氦構成的
大氣，產生活躍的氣象，風速也極快。

海王星的衛星 海衛一

這是海王星最大的衛星，溫度為攝氏零下240度，比冥王星還冷。

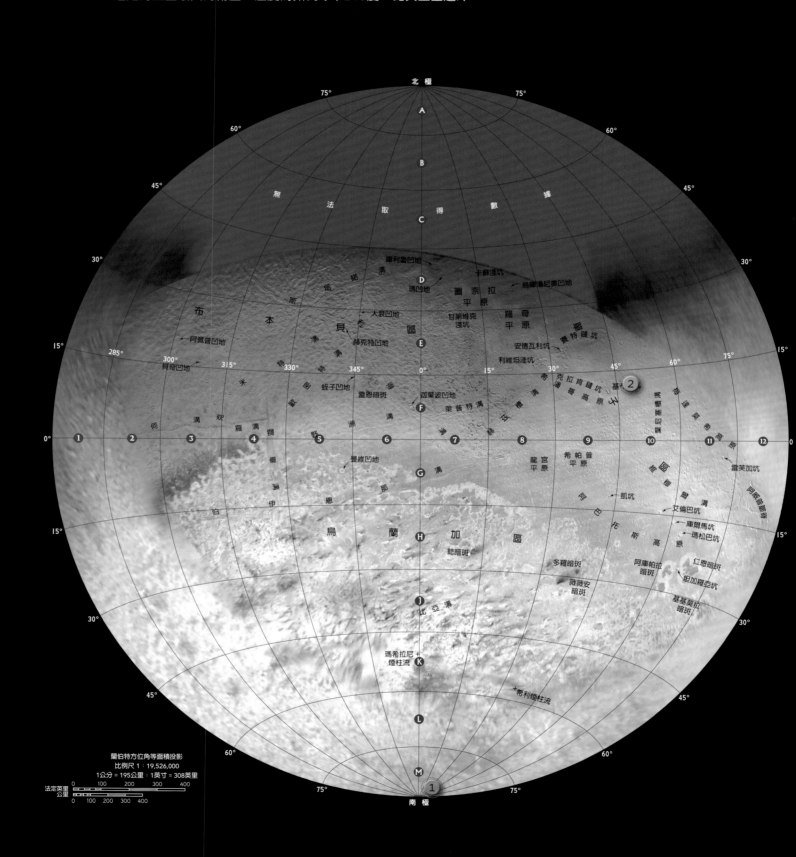

北極

無法取得數據

布本貝蘭區

加區

烏蘭加區

蘭伯特方位角等面積投影
比例尺 1：19,526,000
1公分 = 195公里：1英寸 = 308英里

法定英里
公里
0　100　200　300　400

南極

重要特徵

1. 南極：極地有一個由冰凍的氮和甲烷構成的冰冠

2. 冰火山（Cryovolcanoes）：深色條紋可能是冰火山的沉積物

3. 網紋地形（Cantaloupe Terrain）：這張放大影像呈現海衛一冰凍而崎嶇的表面

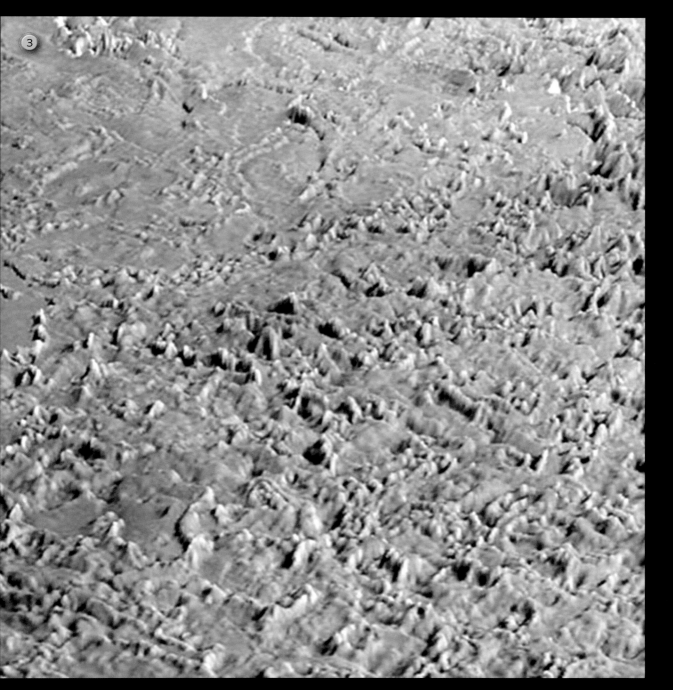

製圖者註記：航海家號飛向太陽系外圍的路上，只拍攝到部分的海衛一表面。海衛一上的地名取自地球上的水體名稱。有些科學家認為，遍布表

前認為覆蓋在雲層下的天王星和海王星擁有非常相似的結構。兩者的大氣都以氫、氦與甲烷氣體為主，高度愈低密度愈高，到某個程度會發生轉變，在沒有明顯界線的情況下，變成同樣物質組成的高溫液體。兩顆行星都距離太陽很遠，所以液體的熱度不是來自太陽，而是行星內的高壓。（天文學界通常稱這種混合物為「冰」，儘管它其實是高密度的液體，溫度也有好幾千度。）天王星和海王星的中心都有一顆和地球差不多大的小型岩質核心，也都和所有巨行星一樣，有數個衛星與行星環系統。

橫躺的行星

從許多方面來說，冰巨星最有趣地方的是它們被發現的方式。

天王星被正式「發現」以前，其實已經被偵測到許多次，但因為看起來很黯淡，移動速度又很慢，因此被誤認為恆星。發現這顆黯淡又緩慢的天體其實是行星的人，是英國業餘天文學家威廉・赫歇耳。德國出生的赫歇耳在英國巴斯一間教堂擔任主風琴手，閒暇時製作望遠鏡觀察天空。1781 年 3 月 13 日，他透過自製望遠鏡看到一個奇怪的天體。一開始他以為那是彗星，但收集到更多數據後，赫歇耳成為史上第一個發現新行星的人。（赫歇耳想把這個行星命名為「喬治星」（Georgium Sidus），以紀念英國國王喬治三世。雖然這個名稱沒有保留下來，赫歇耳還是領到了國王給他的終身俸。）

我們現在對於天王星的了解，主要來自航海家 2 號 1986 年飛越時收集的資訊。甲烷（天然

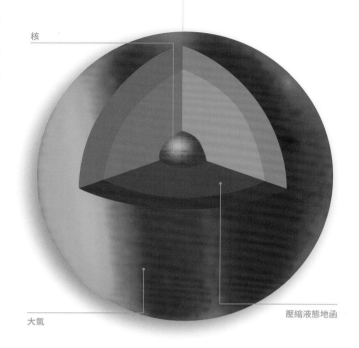

天王星的局部剖面圖。這顆冰巨星比土星和木星小，有一個岩質核心與冰凍的地函，最外層是氣態的氫與氦。這層大氣占了天王星半徑的 20%。

核

大氣

壓縮液態地函

氣）是天王星大氣中第三多的成分，同時也是這顆行星呈藍色的原因。然而，最引起我們關注的是天王星的自轉軸：天王星自轉軸與軌道幾乎在同一平面上，整顆行星傾斜 98 度，幾乎是橫躺著運行。之所以這麼傾斜，可能是天王星形成後不久曾受過撞擊的緣故。天王星繞太陽一周需要 84 個地球年，期間南北極各會經歷 42 年的白晝與 42 年的黑夜。

天王星的 27 個衛星分別以亞利伊勒（Ariel，天衛一）和米蘭達（Miranda，天衛五）等莎士比亞筆下的角色命名，另外還有 13 個狹窄的行星環。

風的行星

天王星的發現多少仰賴一點運氣，而海王星的發現就是審慎計算的成果。在追蹤新發現的天王星軌道時，觀測值和萬有引力定律的預測結果出現了差異。 英國的約翰·柯西·亞當斯和法國的奧本·勒維耶這兩個年輕的天文學家分別提出，可能是另一個離太陽更遠、看不見的行星的重力造成了這些偏差。經過一連串複雜的調度與協商，柏林天文臺的天文學家把望遠鏡指向未知行星的預測位置。1846 年 9 月 23 日，約翰·加勒觀察並記錄下這顆今天稱為海王星的行星。

海王星與地球自轉軸的傾斜角度很接近，所以不像天王星，海王星上有季節與氣象變化。航海家 2 號造訪過天王星後，在 1989 年經過海王

星，發現表面有好幾個大型風暴。這些風暴稱為「大黑斑」與「小黑斑」，以及聽起來有點突兀的「急駛風暴雲」（Scooter）。乍看之下，這些風暴與木星上的大紅斑很像，但壽命似乎只有幾個月，而不是幾百年。海王星上有太陽系中最強勁的持續風，風速高達每小時 2100 公里。

海王星與天王星一樣有行星環系統，環上有幾段弧被取了「自由」、「平等」、「博愛」等充滿法國精神的名字。

海衛一

海王星和所有巨行星一樣有很多衛星（目前已知至少有 13 個），其中最突出的是海衛一。這顆天體的體積龐大（例如冥王星就比它小），因此是憑著本身的重力而形成球體。有趣的是，海衛一繞行海王星的方向與行星的自轉方向相反（天文學家稱為逆行軌道），表示海衛一可能不是與海王星同時形成，而是在其他地方形成後，

這幅插畫描繪了天王星（位於背景）、它細窄的行星環與五個最大的衛星，從左到右依序為：天衛二（Umbriel）、天衛五（Miranda）、天衛四（Oberon）、天衛三（Titania）、天衛一（Ariel）。

海王星的

大黑斑

比地球還大

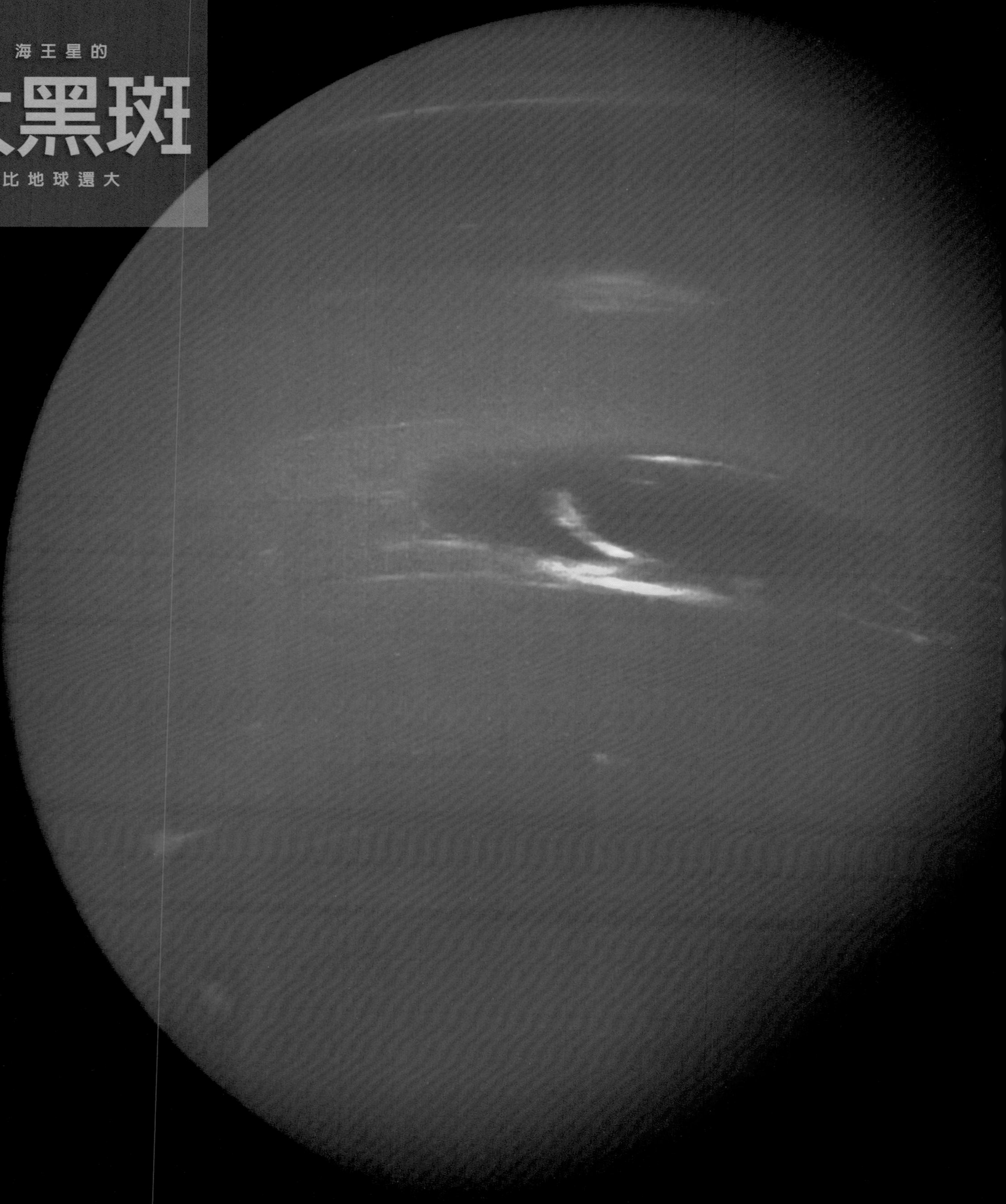

海王星的局部剖面圖，中心有大小和地球差不多的岩質核心，地函為高密度的水和氨，以及主要由氫、氦與甲烷氣體組成的大氣。外層大氣極為寒冷，風勢極強。

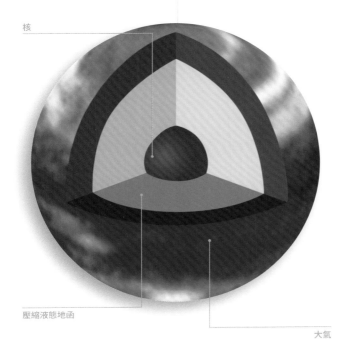

核

壓縮液態地函

大氣

航海家號拍攝的海王星照片上，可以看見表面的巨大風暴「大黑斑」，以及幾個較小的風暴，其中一個稱為「急駛風暴雲」（圖左下的三角形斑點）。

被天王星捕捉。目前普遍認為海衛一和冥王星（將在下一節討論）一樣，是在柯伊伯帶（見 200-203 頁）形成的，應該有一個岩質核心，周圍包覆著一層冰凍的氮，是太陽系中最冷的天體之一，只比絕對零度高約 40 度。海衛一表面甚至可能會間歇噴出冰凍的氮。雖然已有多個單位提出計畫，打算在 2020 和 2030 年代前往這兩顆冰巨星，但都還沒有被美國航太總署或歐洲太空總署批准，所以在可預見的未來中這兩顆行星還會持續保有神祕的色彩。

天文學家來說，冥王星一直是謎一般的存在。它是一顆小型的岩質天體，卻出現在氣態巨行星的位置，而且軌道似乎有點怪異。冥王星究竟是怎麼回事？有趣的是，我們只要去拜訪1920年代晚期美國堪薩斯州的一個農場，就能開始解答這個問題。當時剛滿20歲的農家子弟克萊德·湯博（Clyde Tombaugh）用舊機具的零件東拼西湊，做成一架小型的望遠鏡。他就利用這個新儀器，畫出了幾幅火星表面圖，寄到亞利桑納州旗竿市的羅威爾天文臺，並附上短箋表示，希望得到天文專家的批評指教。

冥王星

| 最後一顆行星、第一顆類冥矮行星 |

發現者：**克萊德·湯博**
發現時間：**1930 年 3 月 13 日**
名稱由來：**羅馬神話的冥府之神**

質量：**地球的 0.002 倍**
體積：**地球的 0.006 倍**
平均半徑：**1,151 公里**
最低／最高溫度：**攝氏負 233 ／負 223 度**
一日長度：**6.39 個地球日（逆行）**
一年長度：**248 個地球年**
衛星數量：**5**
行星環系統：**無**

新視野號太空船拍攝的冥王星表面影像。
（嵌入圖）冥王星和夏戎兩旁分別是體積非常小的冥衛二（Nix）和冥衛三（Hydra）。

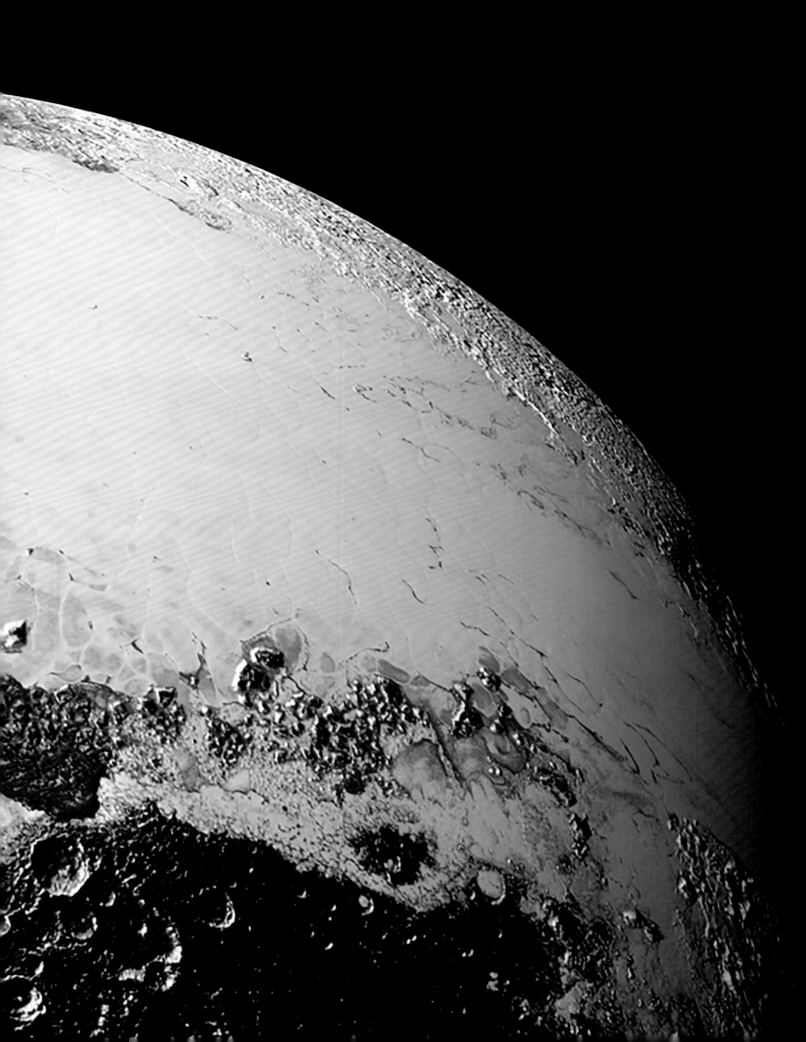

羅威爾天文臺的天文學家看到湯博的圖稿非常佩服，於是請他到亞利桑納州擔任助理，讓他參與尋找「X 行星」的計畫。

這個計畫的緣由是這樣的：當時認為海王星軌道觀測值有誤差，代表離太陽更遠的地方還有一顆天文學家稱為 X 行星的未知行星（目前已知那並非行星）。尋找 X 行星的工作雖然不複雜卻十分乏味，天文學家每隔幾週就要拍下天空的同一區域，然後比較這些照片，找出位移量恰巧符合行星模式的天體，而這種無聊的工作正好可以讓新人做。

隨著地球在軌道上運行，湯博也在無月光期拍攝天空，並檢驗這些照片。這個計畫進行六個月後，在 1930 年 2 月 18 日，湯博的努力獲得了回報。如今稱為冥王星的天體出現了，照片上的位移量正好讓它符合資格成為新行星。經過三個月確認這項結果後（以現在的標準來說很漫長），

克萊德・湯博

「我最好看一下手表──這可能是歷史性的一刻。」

克萊德・湯博在1997年過世之前，我有一次機會訪問他。當時他在拉斯克魯塞斯（Las Cruces）的新墨西哥州立大學擔任名譽教授。他常戴著棒球帽，開著一輛黃色小貨車在校園裡閒晃。大概就是因為這樣，我訪問到的學生都稱他為「酷哥」。

湯博告訴我羅威爾天文臺找他去工作的故事（「那當然比整理乾草好多了」），還有他發現冥王星時的反應。（「那天感覺真爽。」然後他又用比較正經的口吻說，他想起「我最好看一下手表──這可能是歷史性的一刻。」）

不過最令我感興趣的，是他發現冥王星之後的故事。他到堪薩斯大學就學時，已經知道自己想朝天文學界發展。教授如何看待班上來了一個知名科學家的事？「我和教授處得還不錯。」湯博回想，「但是他們不讓我修初級天文學，騙走我五個小時的學分！」

晚餐過後夜空晴朗，湯博主動說要帶我去後院看他的望遠鏡。那真的是一次神奇的體驗。戴著皮草帽的他就像《魔戒》裡的巫師，引領我進入美麗的新世界。我們看到了月球上的隕石坑、土星環和木星的衛星。湯博指著望遠鏡說：「這個套軸是來自一輛1910年的別克汽車，支架來自一臺乳油分離機。」我這才恍然大悟，正是這支望遠鏡開啟了他的職業生涯，讓他最後發現了冥王星。

我問他：「你會把這支望遠鏡送給史密森尼學會嗎？」

他笑著說：「他們很想要，但不能給他們，我還沒玩夠呢！」

羅威爾天文臺的科學家宣布發現了新行星，湯博（見下方邊欄文字）也成了史上極少數幾位行星發現者之一。一名 11 歲的英國女孩薇妮西亞‧伯尼（Venetia Burney）提出了命名建議，透過她在牛津大學的親戚轉達給羅威爾天文臺的天文學家，讓這顆遙遠而冰冷的新行星得到了希臘神話冥府之神的名字：「普魯托」。

冥王星的問題

然而過了不久，關於冥王星的問題就陸續出現。例如，冥王星的軌道面相對於其他行星是傾斜的；或者冥王星的運行軌道不太尋常，例如從 1977 到 1999 年，冥王星竟然比海王星還接近太陽。還有一個問題是，1978 年的詳細觀察發現，冥王星有一個很大的衛星，後來稱為夏戎（Charon），夏戎是神話中把亡靈送往冥府的擺渡人。除了夏戎，現在我們知道冥王星還有四顆衛星：冥衛二、冥衛三、冥衛四（Kerberos）與冥衛五（Styx）。其中除了夏戎較大以外，其他都很小，這四顆衛星的直徑都小於 55 公里。科學家推測夏戎是碰撞後形成的，就像地球的月球一樣，其他的衛星則是碰撞後的碎片。發現夏戎後，天文學家就能計算冥王星的質量，結果發現它比月球還小。事實上，如果有人在地球上體重是 45 公斤，到了冥王星會變成只有 3.6 公斤。原本的理論預期新行星會是一顆氣態巨行星，結果冥王星卻是一顆冰冷的岩質小星球。由於上述種種問題，冥王星在整個 20 世紀後半葉都被當成怪胎：明明存在，卻沒人想談論它。

謎團接踵而至，根據理論天文學家的計算

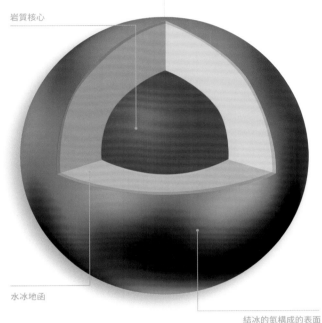

冥王星的局部剖面圖呈現可能的內部結構。哈伯太空望遠鏡的觀測結果顯示，冥王星的岩質核心占了 50-70%，剩下都由冰組成。在冥王星的低溫下，連氮與甲烷也會結成冰。

岩質核心

水冰地函

結冰的氮構成的表面

（下一節會介紹這個計算方法），太陽系不是只到冥王星就結束了，它還往外延伸到一圈岩石碎屑，稱為柯伊伯帶，下一節會更進一步討論，不過此刻我們只要先知道，2005 年帕洛瑪天文臺（Palomar Observatory）的天文學家麥克‧布朗（Mike Brown），發現了一個很像行星的大型天體在冥王星外側的軌道上運行。這個天體的質量比冥王星還大，不過體積較小，後來以專門製造糾紛的希臘女神命名，稱為鬩神星（Eris）。從那之後，我們在柯伊伯帶上又發現了數十顆類似行星的天體，而天文學家預期還會找到更多。

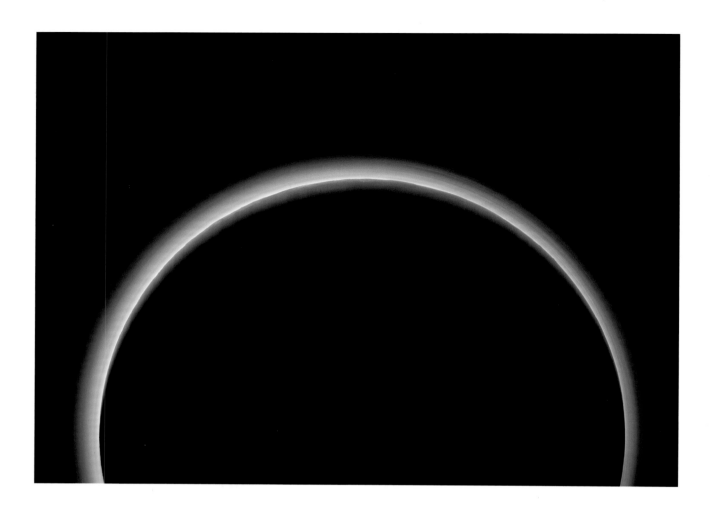

美國航太總署的新視野號太空船拍攝的冥王星影像，顯示冥王星的大氣呈現出一層層藍色的特殊薄霧。科學家相信這是一種光化學煙霧（photochemical smog），由於太陽光與冥王星大氣中的甲烷和其他分子交互作用而形成。

類冥矮行星

上述種種問題促使國際天文聯合會於 2006 年 8 月在布拉格舉行一場會議。議程的最後一天，2400 位與會者中的 400 多人投票贊成冥王星是一顆矮行星。之後，所有在柯伊伯帶上發現的行星都被歸類為類冥矮行星。當我們認清冥王星和內行星屬於完全不同的類別之後，硬要把它們歸為同一類時產生的問題就自動消失了。所以與其說冥王星是最後一顆行星，不如說它是第一顆類冥矮行星；與其說它是舊分類的結束，不如說是新分類的開始。

新視野號

2006 年，新視野號太空船在卡拉維爾角發射升空，在太陽系中迂迴前進，於 2015 年 7 月 14 日完成史上首度飛越冥王星。

最靠近時，太空船距離冥王星表面只有 1 萬 2500 公里，這顆矮行星的複雜程度讓人驚訝。冥王星的大部分表面布滿冰凍氮，不過還有水冰組成的山脈，在這個溫度下跟鋼鐵一樣硬。主要的表面特徵是一個心形的結構，目前暫時稱為湯博區，以克萊德 · 湯博為名。心形區域的西葉目前暫時稱為史波尼克高原

冥王星

冥王星位在柯伊伯帶邊緣的冰凍世界，是人類探訪和測繪的第一顆柯伊伯帶天體。

重要特徵

① 湯博區：這個區域以冥王星的發現者克萊德·湯博為名

② 伯尼坑（Burney Crater）：以當初建議把新發現的天體命名為冥王星的11歲女孩為名

③ 航海家高地（Voyager Terra）：這個區域以探索外行星的航海家號太空船為名

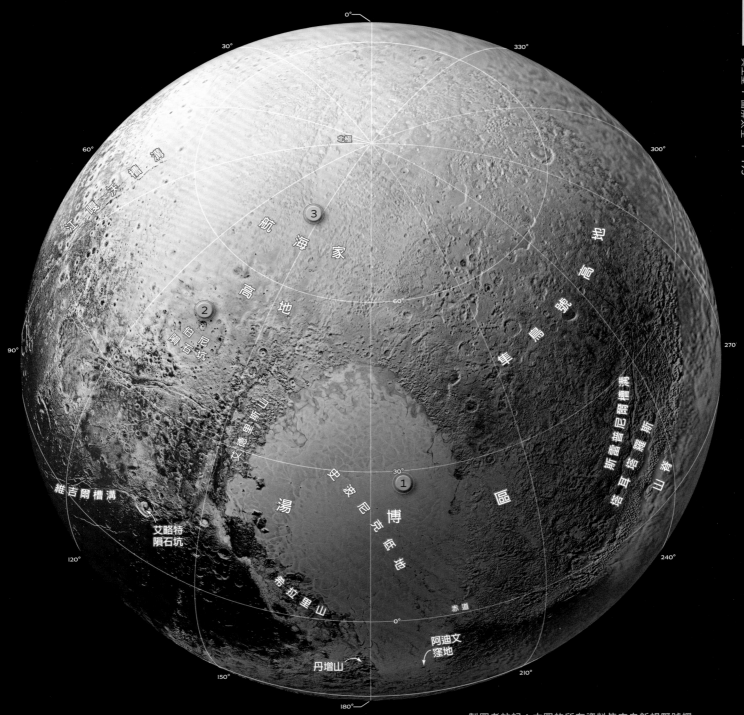

製圖者註記：本圖的所有資料皆來自新視野號探測器。冥王星上的地形以著名探險家、開創性的太空船和神話中冥府相關的角色命名。

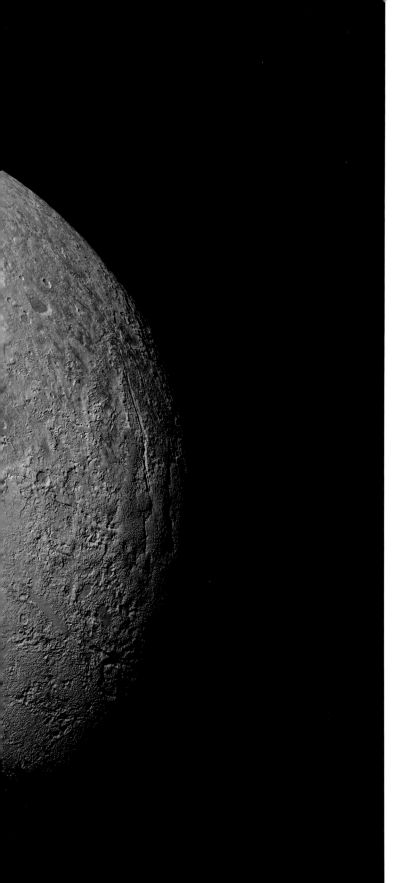

新視野號太空船看見的冥王星表面，其中明顯的白色心形特徵命名為湯博區（Tombaugh Regio），科學家相信這是過去被一顆巨大的隕石撞擊所形成。

（Sputnik Planitia），是由氮、一氧化碳和甲烷冰組成，水冰山脈就是在這個區域發現的。

目前的理論認為是一次冥王星表面的劇烈撞擊而形成這樣的結構，撞擊後一部分的隕石坑被湧出的水填滿。目前的計算認為冥王星表面下有一片海洋，這跟木星和土星的衛星一樣，冥王星的海洋可能有 100 公里深，科學家目前仍不明白為什麼這些水沒有結冰。

冥王星有一層薄薄的大氣，主要成分是氮，其中還混雜了一小部分的一氧化碳和甲烷。冥王星大氣最有趣的特徵是層層的薄霧，可能是宇宙射線和大氣中的分子作用形成的。除了科學儀器，新視野號還帶了美國國旗、印著太空梭發射圖案的佛羅里達州 25 美分硬幣，以及其他紀念品。此外，美國政府做出了史上最有格調的決定，讓新視野號把湯博這個堪薩斯州農家子弟的部分骨灰一起帶過來。

彗星一直是個麻煩。在古代，天空中出現彗星是不祥的預兆。例如1066年諾曼人入侵英格蘭時就有彗星出現。（這顆彗星預告了薩克遜人的災禍，但對諾曼人來說當然是帶來了好運。）以17世紀的科學思維來說，彗星也是個麻煩，艾薩克·牛頓描述過宇宙就像時鐘一樣，行星的規律運動就像時鐘的指針受到自然律的驅動。這樣的宇宙容不下會毫無預警出現在天空、過一段時間又忽然消失的天體。

彗星

│ 來自外圍邊際的訪客 │

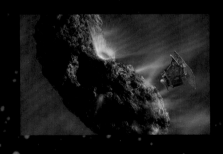

近代幾顆較明亮的彗星與出現的時間

凱薩彗星（Caesar's Comet）：**公元前 44 年**

1577 年大彗星：**1577 年**

1744 年大彗星：**1744 年**

三月大彗星：**1843 年**

九月大彗星：**1882 年**

威斯特彗星（Comet West）：**1976 年**

哈雷慧星（Halley's Comet）：**1986 年**

百武 2 號彗星（Comet Hyakutake）：**1996 年**

海爾—博普彗星（Comet Hale-Bopp）：**1997 年**

麥克諾特彗星（Comet Mcnaught）：**2007 年**

海爾—博普彗星。（嵌入圖）深度撞擊號（Deep Impact）與坦普爾 1 號彗星（Tempel I）的示意圖。

我們目前對彗星的了解，始於牛頓與友人愛德蒙・哈雷（Edmond Halley, 1656-1742）的一頓晚餐，哈雷後來成為英國皇家天文學家。哈雷當時問牛頓說，如果彗星也遵守牛頓的萬有引力定律，那它的軌道會是什麼樣子？牛頓其實已經想出了解答，只是沒有花時間發表。他告訴哈雷，彗星會以橢圓形路徑橫越太陽系。哈雷根據這個理論，檢驗了 26 顆彗星的資料，並驚訝地發現，其中有三顆彗星擁有同一條橢圓路徑。很顯然那並非三顆彗星，而是同一顆彗星在不同時間造訪了三次。於是哈雷奠定了有些彗星有細長的橢圓軌道、還會定期接近地球的概念，並且預測這顆彗星（現已稱為哈雷彗星）會在 1758 年再次造訪。於是在 1758 年的耶誕夜，當一位德國業餘天文學家看到那顆彗星時，就宣告了牛頓鐘表宇宙觀的勝利。

在那之後，歷史學家發現中國和巴比倫都有觀察到哈雷彗星的紀錄，最早可追溯到公元前 240 年。哈雷彗星上次接近地球是在 1986 年，下次造訪將會在 2061 年。

髒雪球

我們現在對彗星的認識，來自美國天文學家弗雷德・惠普爾（Fred Whipple, 1906-2004）在 1950 年代初期提出的理論，彗星也因此得到「髒雪球」的名號，後來證實這的確是很適當的描述。

彗星的主體稱為彗核，大小從直徑數百公尺到數十公里不等。多數經過科學家分析的彗核都含有塵埃、埋在水冰中的礦物顆粒與甲烷、氨等痕量成分，有時甚至還有氨基酸等複雜分子。

彗星距離太陽很遠時，彗核在寒冷的太空中基本上是冰凍的固態；它接近太陽時溫度會提高，揮發物質便開始解凍，形成兩種構造：一種是圍繞彗核的薄薄一層大氣，稱為彗髮；另一種是彗星的尾巴，也就是我們想到彗星時，最先聯想到

近距離觀看楚留莫夫－格拉希門克彗星，這是歐洲太空總署羅賽塔號距離彗星表面85公里處拍攝的影像。啞鈴形狀的彗星相當罕見。

的形象。事實上，每顆彗星都有兩條尾巴。一條是由彗核升溫時釋出的氣體所構成，在太陽風（從太陽流出的粒子）的吹拂下，形成一條永遠指向與太陽相反方向的尾巴。另一條尾巴則是從彗星表面釋出的塵埃，它們幾乎都會留在彗星經過的軌道上，就像一條滿身是泥的狗在地毯上留下的痕跡。

彗星通常可分為長周期和短周期。短周期彗星運行一周的時間低於 200 年，一般認為是在海王星軌道外側的柯伊伯帶（見 200-203 頁）形成。長周期彗星的周期可能長達數千年，一般認為誕生處是在更遠的地方：由許多冰球構成的歐特雲（見 204-205 頁）。

天文學家已經記錄了數千顆彗星，每年大約會有一顆彗星以肉眼可見的距離經過地球，不過這些彗星大多數都很暗淡，沒什麼值得看的。可惜的是，哈雷彗星上次造訪時不怎麼壯觀，看起來像一顆暗淡的星星，而預料它下次的造訪也不會多精采。彗星要引人注目，必須在尾巴成長到最大亮度時，近距離通過地球，但是要滿足這些條件並不容易。

太空船與彗星

20 世紀後期，太空船開始造訪彗星，有時是飛越，還有一次從彗尾採集樣本帶回地球。至今執行了十幾次彗星任務，不過，這裡只會介紹其中兩次：深度撞擊號（Deep Impact）與星塵號（Stardust）任務。

2005 年，深度撞擊號（後來改名為 EPOXI）釋出一個探測器，在坦普爾 1 號彗星上撞出一個坑。研究撞飛的物質後，科學家確定彗星中大部分的水冰都位在表層塵埃底下。

星塵號於 1999 年發射，在 2004 年飛越維爾特 2 號彗星（Wild 2）的尾巴，將採集到的彗尾樣本先吸收到太空船內的特殊物質中，保存於膠囊內，在 2006 年送回地球。這次任務的成果在天文學界掀起一陣討論，因為這些樣本顯示，彗星含有某些只會在高溫下形成的物質顆粒，更支持了太陽系形成時（見 55-57 頁），肯定比過去以為的更動盪不安的想法。

有些科學家認為，彗星由於含有大量的水與有機分子，可能在地球早期的發展上扮演了很重要的角色。也有人指出，在地球上形成海洋的水，甚至促成生命誕生的分子都來自彗星。

最戲劇化的彗星造訪行動出自歐洲太空總署的羅賽塔號太空船，這個名字取自讓人類得以破解埃及象形文字的著名羅賽塔石碑（Rosetta Stone）。羅賽塔號於 2004 年發射，2014 年抵達楚留莫夫—格拉希門克彗星（67P Churyunev-Gerasimenko）。羅賽塔號與這顆正往太陽奔去彗星速度同步後，放下一個名叫菲萊（Philae）的著陸器到彗星表面；有評論家把這項操作比擬為追上步槍子彈。一個故障造成著陸器在表面上彈跳數次，最後掉落在一個懸崖下方。菲萊由於太陽能板被遮蔽，在電池耗盡前只傳回了幾天的資料。

如果這本書是在20年前寫成，我們對太陽系的介紹到這裡就已經結束，以最外圍的行星冥王星畫下句點。然而我們現在知道行星只是個開始，整個太陽系其實還要往太空延伸，比我們想像的遠得多。要了解這是什麼意思，我們首先得改變觀察的尺度。科學家常用「天文單位」（astronomical unit，簡稱AU）談論太陽系內的距離，AU是地球到太陽的距離，大約是1億5000萬公里，相當於光速前進八分鐘的距離。太陽到火星大約是1.5AU、到木星是5.2AU，到海王星則是30AU。

柯伊伯帶與歐特雲

冰凍的邊陲地帶

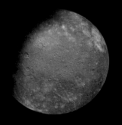

柯伊伯帶發現者：**大衛・朱維特（David Jewitt）和劉麗杏（Jane Luu）**
經確認的發現時間：**1992 年**
與太陽的距離：**30-55AU**
歐特雲支持者：**揚・歐特（Jan Oort）和恩斯特・奧匹克（Ernst Öpik）**
最早提出時間：**1932 年**
與太陽的距離：**5000-10 萬 AU**

- -

已知的類冥矮行星與太陽的距離：
冥王星：**39AU**
妊神星（Haumea）：**43AU**
鳥神星（Makemake）：**46AU**
鬩神星（Eris）：**68AU**

歐特雲的盤形內層和球形外殼包圍太陽的示意圖。（嵌入圖）鬩神星的想像圖。

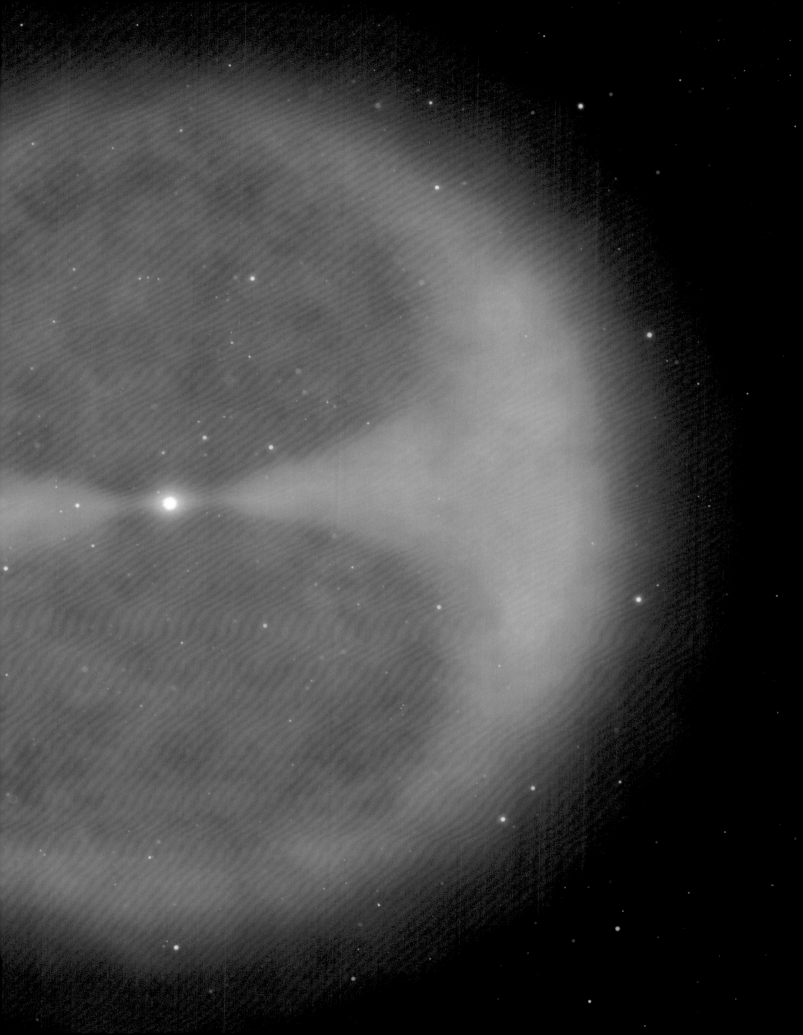

從海王星軌道往外大約 55AU 的太陽系，是一個巨大甜甜圈形狀的結構，稱為柯伊伯帶。（行星就位於甜甜圈的空洞中。）這個名字來自荷蘭天文學家傑拉德 · 柯伊伯（Gerard Kuiper），他在 1951 年成為最早初步計算出這個帶狀區域性質的科學家之一。

柯伊伯帶主要的組成物，似乎是太陽系形成時微行星留下的殘餘物，一名作者曾稱它為「退貨集散地」。柯伊伯帶很可能是形成太陽系的原行星盤殘骸，在天王星與海王星移動到今天的軌道位置（見第 55-57 頁）後仍留在原位的部分。

如今這些殘骸只是原行星盤的殘影，所有物質加起來也不超過地球質量的 10%。從 1992 年開始，透過望遠鏡的觀測，我們已經發現了超過 1000 個柯伊伯帶天體（Kuiper belt objects，KBOs），天文學家預期還會找到更多。新視野號離開冥王星後，2019 年初飛越了一顆名為 2014MU69 的小柯伊伯帶天體。冥王星現在被視為第一個柯伊伯帶天體，而非最後一個行星，海衛一則是被海王星捕捉的柯伊伯帶天體。

一項稱作「泛星計畫」（Pan-STARRS）的調查，將繼續進行望遠鏡探勘。這項計畫在 2008 年開始，使用夏威夷哈里亞卡拉火山上的望遠鏡，首要任務是找出有可能撞擊地球的小行星與彗星。然而這個計畫也帶來了附加效益，繪製出柯伊伯帶天體等暗天體的詳盡天圖。

在柯伊伯帶「甜甜圈」外側的區域稱為離散盤（scattered disk），範圍向外延伸到離太陽大約 100AU 遠，這裡天體稀少而且都在怪異的軌道上運行。柯伊伯帶天體軌道穩定，但離散天體的軌道離太陽可能只有 30AU，可能受海王星引力牽引。現在普遍認為短周期彗星（見 205 頁）多半都來自離散盤。

矮行星

結束柯伊伯帶的介紹以前，我們還得提到幾個在海王星軌道外側的天體。其中一個是鬩神星，它比冥王星還大，而且其實算是離散盤的一部分。2005 年，天文學家麥克 · 布朗與他在帕洛瑪天文臺的團隊發現了這顆矮行星，最初根據一個電視角色暱稱它為齊娜（Xena）。鬩神星現在距離太陽大約 97AU，比柯伊伯帶更遠，也是目前已知

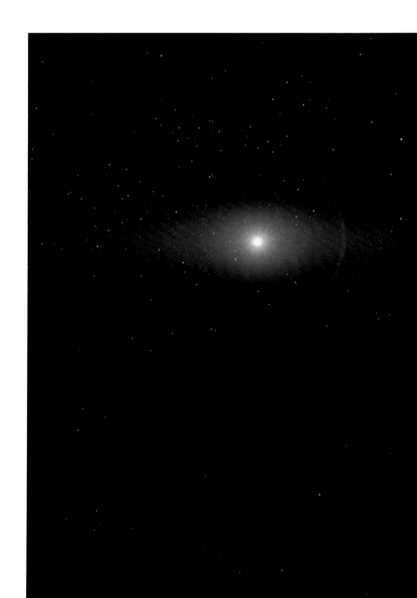

的太陽系成員中位置最遠的。目前在柯伊伯帶上已經發現了十多個和行星差不多大的天體，天文學家預期還會發現更多。另外，有些天文學家認為柯伊伯帶上還有一顆暱稱為「第九號行星」的天體，這顆尚未發現的天體質量可能有地球的十倍。

另一個奇怪的發現是矮行星賽德娜（Sedna）。2003 年，布朗的團隊發現這顆比冥王星小的矮行星以及它很不尋常的軌道。目前賽德娜距離太陽 88AU，軌道最靠近太陽時也有 76AU。也就是說，它的軌道不僅在所有行星外側，也比柯伊伯帶更遠。天文學家得到驚人的計算結果，賽德娜最遠可達 975AU，是我們至今討論過最遠的一個天體。目前還沒有送太空船去探索賽德娜的計畫，不過即使是距離太陽最近的時候，科學家估計太空船至少要 25 年才能到達那裡。布朗根據賽德娜的遙遠距離做出一個推論，賽德娜可能不是離散天體，而是歐特雲的第一個成員——也就是本節最後要介紹的主題。

這幅想像圖顯示在柯伊伯帶上可能看見的天體。為了讓所有的天體出現在同一幅畫中，插畫家把原本疏散的天體畫得比較靠近——柯伊伯帶實際上大部分地方都空無一物，小行星帶也是。

歐特雲

1950 年,荷蘭天文學家揚・歐特提出在太陽系外圍的某個地方,肯定有一個彗星的聚集地。他的理由很簡單:彗星不可能永生不死,它每次接近太陽都會失去部分質量,還會受行星引力的影響。歐特主張,既然我們今天仍看得到彗星,表示彗星會透過某種過程形成,而且冥王星外側某處應該有一個彗星的聚集地。

如今我們認為這個聚集地由巨大的雲組成,位在太陽系邊緣。這個稱為歐特雲的結構從距離太陽數千 AU 延伸到至少 5 萬 AU,可能更遠。歐特雲由兩個部分構成,甜甜圈形狀的內部區域延伸到 2 萬 AU,以及一個天體稀疏的球形外殼。歐特雲可能是原行星盤的殘留物,原行星盤上的天體在靠近太陽的地方形成,隨著 40 億年前的太陽系重整,往外移到現在的位置。

歐特雲可能是長周期彗星(周期超過 200

| 科學與科幻的不同

從前以為小行星帶是單一顆行星爆炸後的殘骸,這個想法產生了虛構的行星:氪星(Krypton),超人的家鄉。實際上正好相反,小行星帶是一顆未能成形的行星。在太陽系早期,木星移動到離太陽較近的位置,木星的重力把現在小行星帶位置上的物質往太空拋出去,最後只剩下的東西只有形成一顆行星所需質量的10%。

科幻電影中太空船通過小行星帶時,要穿越密集的巨大礫石區,這完全是錯誤的。實際上小行星帶非常空曠,就像柯伊伯帶一樣。我們已經送出許多探測器穿過小行星帶前往外行星,這些探測器連一粒砂都沒碰到。

年）的發源地，1997 年造訪地球的海爾—博普彗星就屬於我們近代見過的一例。有趣的是，哈雷慧星也是長周期彗星。雖然哈雷慧星的周期大約是 72 年，我們相信它來自歐特雲，只是被行星的引力吸引到現在較短的軌道上。不過，大部分周期短於 200 年的短周期彗星，應該都來自離散盤。

　　歐特雲如此遙遠而神祕的位置，讓人對大型歐特雲天體的起源產生許多充滿想像力的解釋。其中一種解釋是，這些天體是其他恆星經過時帶到歐特雲來的。因此，我們的探索要從我們對宇宙最初步的認知 —— 太陽系，進入下一個層次：恆星的世界。下一步就要進入我們的星系：銀河系，這是一個充滿活力的螺旋狀天體。

柯伊伯帶上的類冥矮行星賽德娜想像圖，遠處的太陽看起來就像一顆亮星。賽德娜泛紅色的表面是透過望遠鏡看到的結果。圖中的衛星是當初發現賽德娜時推測應該存在的天體，不過至今尚無任何證據證明它的存在。

銀河

從地球上觀看，銀河系中心的盤面彷彿
一條由星星構成的河流。

我們的地球雖然壯麗，但也只是一顆位於銀河系的普通地段上，繞著一顆普通的恆星運轉的行星。但銀河系不單是恆星的聚集體，也是一個不斷改變、動態十足的地方。恆星從巨大的塵埃碎屑雲的塌縮中誕生，靠著消耗宇宙的原始氫生存，透過核反應產生較重的元素，例如構成人體的碳，最終耗盡燃料而死，把重元素還給星際雲，之後再製造出新的恆星與行星。

恆星死亡時會留下千奇百怪的東西。有的會留下像恆星餘燼一樣的

銀 河 系
THE GA

白矮星，太陽就屬於這一類。有的會變成脈衝星，這種天體的直徑只有數十公里，密度卻高得不可思議。還有的會塌縮成黑洞，宣示重力的最終勝利。

近幾十年來天文學家發現，就像內行星其實只是太陽系的一小部分一樣，宏偉的風車狀銀河系也只是星系的一小部分。事實上，銀河系的旋臂中有一種稱為暗物質的神祕物質。直到今日，了解暗物質的本質仍最主要的研究目標之一。

NGC 5272

圖例

- 球狀星團
- 星際氣體和塵埃
- 星雲
- 比較年輕的恆星區域
- 分子雲
- 星系核球或星系中心
（較古老的恆星區域）

星系、星雲與星團的索引號碼
IC 索引星表
M 梅西耳天體
NGC 新總目錄

以銀河中央為中心點的座標系統

330°

0°

M14

M80

30°

豎3千秒差距臂

60°

M92

1萬光年

2萬光年

人

M10°
M12°
環狀

馬

臂

老鷹

90°

3萬光年

仙

臂

120°

4萬光年

5萬光年

旋轉方向

外

部

帕洛瑪星團

150°

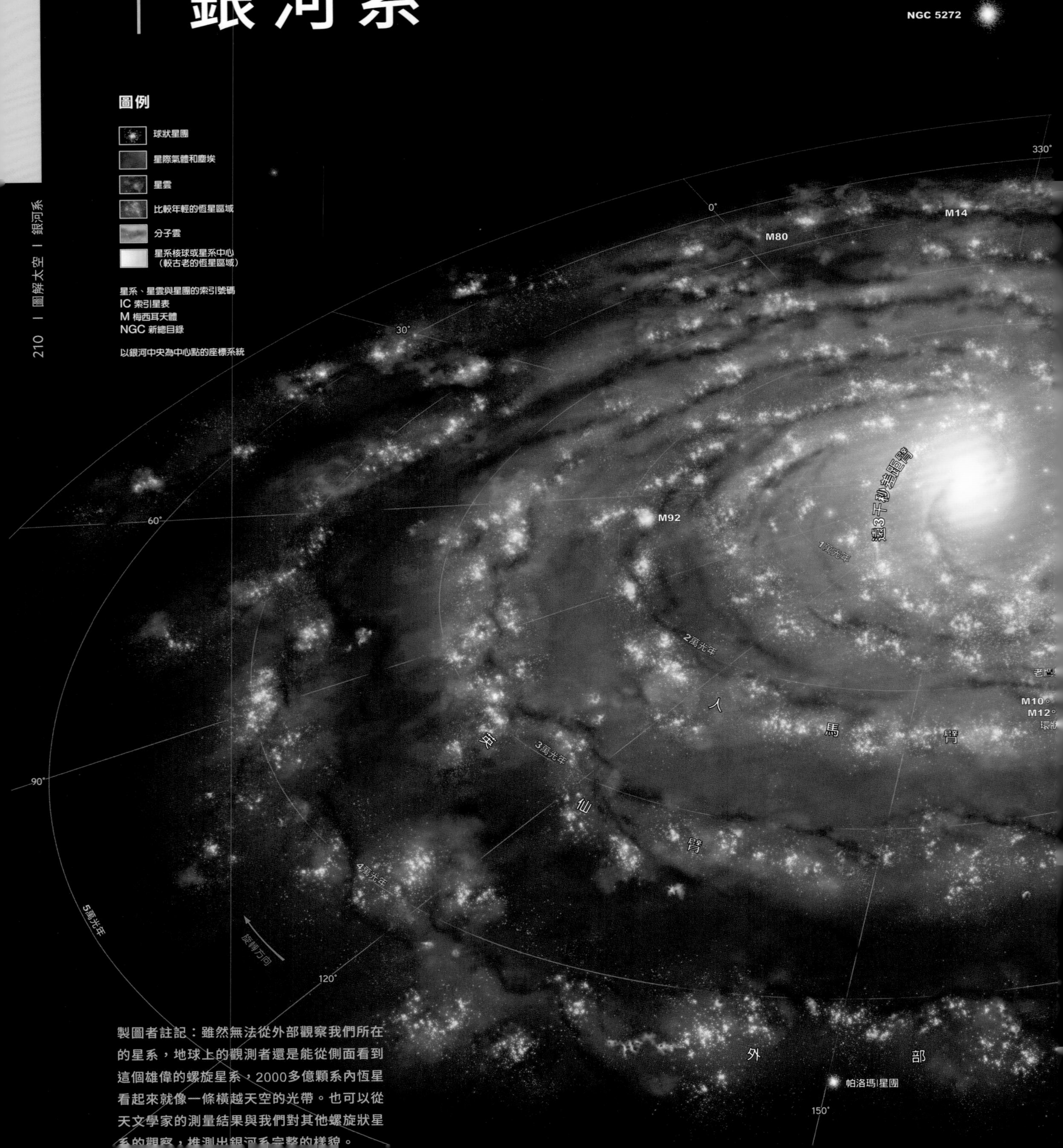

製圖者註記：雖然無法從外部觀察我們所在
的星系，地球上的觀測者還是能從側面看到
這個雄偉的螺旋星系，2000多億顆系內恆星
看起來就像一條橫越天空的光帶。也可以從
天文學家的測量結果與我們對其他螺旋狀星
系的觀察，推測出銀河系完整的樣貌。

這張銀河系示意圖呈現密度很高的中心核球，以及數條旋臂形成的扁平盤面，年輕的恆星分布在最亮的區域。太陽系位在距離中心約2萬5000光年的一條旋臂上，隨著整個結構一起旋轉，大約2億5000萬年會繞完一周。銀河系擁擠的中心可能有一個超大質量黑洞，它的質量是太陽的數百萬倍。

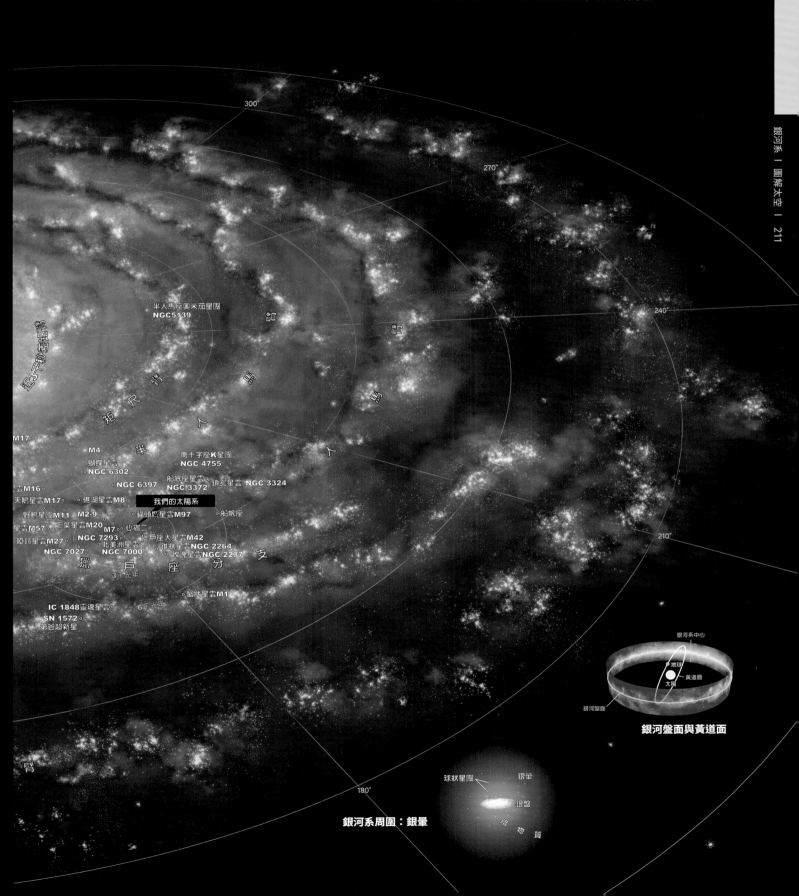

銀河盤面與黃道面

銀河系周圍：銀暈

我們跨越太陽系的疆界，進入銀河系時，首先要改變對距離的認知。我們可以這樣比較：如果太陽是美國東岸的某個城市（如華盛頓特區或紐約市）的一顆保齡球，那麼所有行星（包括冥王星）都位在十幾個街廓內，而歐特雲的最外圍會在中西部的聖路易市；離我們最近的恆星遠在夏威夷；至於銀河系的其他部分，都已經不在地球上。

丈量銀河系

| 星星有多遠？ |

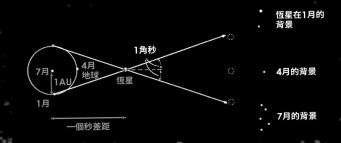

發現者：**未知**
發現時間：**史前**
與銀河中心的距離：**2 萬 8000 光年**

直徑：**10 萬到 12 萬光年**
厚度：**1000 光年**
自轉周期：**在太陽的位置是 2 億 5000 萬年**
質量：**約為太陽質量的 10^{12} 倍**
恆星數量：**3000 億 ± 1000 億**
年齡：**132 億年**
星系類型：**棒旋星系**
主要衛星星系：**大小麥哲倫雲**

半人馬座 α 星和 β 星（左側的左右兩顆星）都是南天的明亮恆星。
（嵌入圖）視差法測量圖。

我們已經介紹過天文單位 AU，也就是地球到太陽的距離；以 AU 來描述行星間的距離非常方便。同樣的道理，我們到了新的宇宙階層，也需要新的測量單位。畢竟用 AU 來測量恆星間的距離，有點像用公分測量城市間的距離——行得通，但非常不方便。因此，天文學家在談論星系尺度的距離時，會使用光年這個單位。它的定義是光直線前進一年的距離，相當於 9.5×10^{12} 公里，或 6 萬 3000AU。（基於技術上的考量，天文學家也使用另一個單位「秒差距」，相當於 3.3 光年。）大致來說，銀河系恆星間的距離大約在幾光年內，例如最接近我們的恆星就在比 4 光年遠一點的地方。銀河系本身的直徑大約是 10 萬光年，中心部分的厚度約是 1 萬光年。天文學家是如何測定這些距離的？畢竟，我們仰望天空看到的是平面的影像，一顆顆光點鋪在一個倒扣的碗內。至於深度，也就是天體與我們的距離，則無法立即判斷。一顆看起來不顯眼的恆星，可能是很接近我們的暗淡恆星，也可能是離我們很遠的明亮恆星。幾千年來，人類一直致力於釐清恆星在天空中的位置。天文學家根據天體的遠近，發展出各式各樣的技術來測量實際距離。接下來的段落將介紹兩種最重要的方法：視差法（或三角測量法）和標準燭光法。

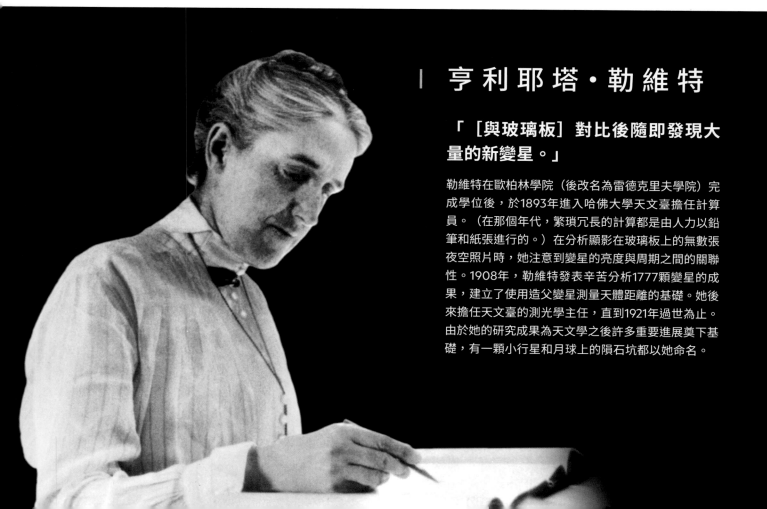

亨利耶塔・勒維特

「［與玻璃板］對比後隨即發現大量的新變星。」

勒維特在歐柏林學院（後改名為雷德克里夫學院）完成學位後，於1893年進入哈佛大學天文臺擔任計算員。（在那個年代，繁瑣冗長的計算都是由人力以鉛筆和紙張進行的。）在分析顯影在玻璃板上的無數張夜空照片時，她注意到變星的亮度與周期之間的關聯性。1908年，勒維特發表辛苦分析1777顆變星的成果，建立了使用造父變星測量天體距離的基礎。她後來擔任天文臺的測光學主任，直到1921年過世為止。由於她的研究成果為天文學之後許多重要進展奠下基礎，有一顆小行星和月球上的隕石坑都以她命名。

視差法

伸出一隻手指，先閉一眼用另一隻眼看，再換閉另一邊，有沒有注意到手指相對於背景似乎移動了？這就是視差法的基本原理。手指好像有移動，是因為從不同的位置觀看，這兩個位置間的距離，就是兩眼間的距離。

要用這種現象測量遠處物體的距離，方法如下：假設你想知道遠處的旗竿有多遠，又不能親自過去測量（它可能在河的對岸），你可以先在河的這邊，從兩個不同的位置觀看旗竿。連結兩個位置的直線稱為測量基線，分別測量這兩條視線與測量基線間的夾角。最後量出這條測量基線的長度，就得到三角形的底與兩個內角，三角形

的頂點就是旗竿的位置。透過簡單的幾何運算，就能得出旗竿的距離。

這個方法又叫三角測量法，它提供我們觀察天體時的第三個維度——條件是，我們要能量出兩個內角的數值。這就是問題所在，因為目標物愈遠，就愈難用這種方法測量。

假設我們把旗杆移得愈來愈遠、愈來愈遠，到最後不管我們用什麼工具測量角度，終究會因為旗竿太遠，而無法判斷兩個角度的不同。對我們來說這兩條視線是平行的。此時視差法就失效了，我們無法用它來測量距離。這時有兩個選擇：

1. 增加測量基線的長度，提高兩個夾角的差異，讓我們的測量工具可以偵測得到。

2. 換一組更精良的測量工具，這樣即使利用

亨利耶塔‧勒維特肖像（左頁）。
在仙女座星系（Andromeda Galaxy，背景圖）找到的變星V1（嵌入圖）。

2010年12月17日

2010年12月21日

2010年12月30日

2011年1月26日

位置

同樣的測量基線，也能偵測到角度的不同。

由於我們身在地球，測量基線的長度受限。不過，最顯而易見的測量基線就是地球的直徑。我們可以同時從地球兩端測量，或是在同一地點測量，等上 12 小時，讓地球轉到另一邊，再取得第二個測量值。不管用哪種方法，測量基線還是限制在 1 萬 3000 公里左右，也就是地球的直徑。

銀河系內

大約在公元前 240 年，埃拉托斯特尼估計出地球圓周之後（見 90 頁側欄），天體距離的測量停滯了將近 2000 年。理由很簡單，比地球直徑更長的測量基線就是地球軌道的直徑，兩次測量間隔六個月就可以進行。問題是，要知道這條基線的長度，得先知道地球到太陽的距離；但如果只有地球直徑這條基線，又沒有望遠鏡可用，就量不出太陽的距離。事實上，直到 1672 年法國天文學家使用當時最先進的望遠鏡，才比較精確地測量出地球和火星間的距離。之後再用這個值與簡單的數學運算，得出地球到太陽的距離。即使有了更長的測量基線，人類還是等了一個世紀以上，望遠鏡才進步到足以測量恆星與我們的距離。

1838 年，德國科學家弗雷德里克 · 白塞耳（Frederick Bessel）完成了這項創舉。他測量天鵝座 61 在更遠處的恆星背景上的位移，計算出它距離我們 10.9 光年。這項發現又再度讓人類明白，宇宙比想像中要大得多。

隨著望遠鏡的進步，天文學家用三角測量法算出的恆星距離達數十光年遠。然而，這個方法還是遇到了瓶頸，因為地球大氣的擾動限制了我們測量角度的能力。後來在 1989 年，歐洲太空總署發射了伊巴谷（Hipparcos）衛星。它從大氣層外收集了大量資料，讓視差法的測量極限一舉跨越 130 光年。

到了 21 世紀，天文學家透過電波望遠鏡能達到的最高精確度，用視差法量到脈衝星（見 259-261 頁）的距離，把測量極限提升到超過 500 光年。在那之後，哈伯望遠鏡運用三角量測法測得幾顆 2 萬光年遠的天體，2013 年歐洲太空總署發射蓋亞（GAIA, Global Astrometric Interferometer for Astrophysics）衛星，它正在記錄有史以來最完整的目錄，其中包括恆星和恆星距離。2016 年，歐洲航太總署公布一份超過 10 億顆恆星的目錄。這的確是一項驚人成就，但我們還是無法跨出銀河系。要測量更遠的天體，就需要新的測量技術。

標準燭光法

「標準燭光」指的是某物體已知的總輸出能量。一顆 100 瓦的燈泡就是個不錯的例子，閱讀規格說明便可以知道它的輸出能量。根據這個資訊，我們就能測量從燈泡發出的能量實際上有多少傳到了我們的這邊（像是使用相機上的測光表）。加上已知能量會隨著距離損失的量，就可以得知燈泡有多遠。舉例來說，如果我們知道燈泡是 100 瓦，而測光表讀到的數據是 10 瓦，便能用標準算式得到燈泡的距離。如果我們用同樣

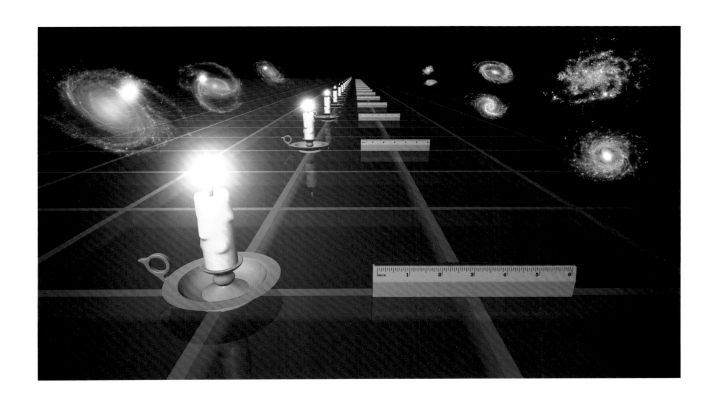

如果知道一個天體原本有多亮，我們只要測出我們接收到的光量，就可以推測出它的距離。這種天體稱為標準燭光，用來測量其他恆星的距離。

的方法測量遙遠恆星，就能算出它究竟有多遠。

關鍵當然是要懂得「閱讀恆星的規格說明」，也就是知道恆星到底向太空釋出多少能量。而率先辦到的人，是美國第一位女天文學家亨利耶塔・勒維特（Henrietta Leavitt, 1868-1921，見214頁側欄）。她在哈佛大學天文臺工作時，注意到一類稱為造父變星的天體有趣的現象，經過深入的研究，她建立了用造父變星測量天體距離的方法。

大部分的恆星會維持固定的亮度，只有在很長的時間尺度下才會發生變化。然而，有些恆星不具有這個特性，持續觀察數星期或數個月，會看到這類星星變亮或變暗，有時還會呈現規律的周期變化，因此被稱為變星。

這些變星的特點是亮度會規律的變化，先變亮再變暗，然後再度變亮。我們現在知道這是某幾種恆星走到生命盡頭時，外氣層經歷的過程所致。勒維特發現，這類恆星的周期長短，取決於有多少能量被釋放到太空：周期愈長，表示愈多能量釋出。換句話說，觀察一顆造父變星由亮變暗再轉亮的光變周期，就像在閱讀燈泡的規格說明。這樣只要量出望遠鏡接收到的光線，就能輕易算出恆星的距離。表示只要是看得到變星，都能知道它的距離。在後面的第三章也會介紹，勒維特的成果讓哈伯在在幾年後，得以確定其他星系存在，以及宇宙的膨脹。

地球上每一大的開始，都是起於銀河系中一顆普通的恆星從東方地平線探出頭來；每一天的結束，也是由同一顆恆星消失在西方地平線下。太陽對地球上的生命至關重要，使我們很容易就忘記它只是整個銀河系的其中一顆恆星。不過，這麼接近太陽確實有好處，可以就近研究恆星。事實上就是這個日常經驗引導到一個偉大的科學問題，天文學家從開始認真研究太陽時就一直在思考這個問題。趁著晴天來到室外，你的臉會感受到溫暖，這是因為能量以紅外線輻射的形式，從太陽傳遞到你的皮膚。

太陽

| 自家的恆星 |

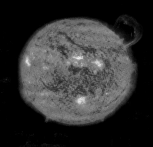

年齡：**45 億 6700 萬年**
成為紅巨星：**55 億年後**
質量：**地球的 33 萬 3000 倍**

- -

直徑：**139 萬 2000 公里**
自轉周期：**25.1 個地球日（赤道）、34.4 個地球日（極區）**
核心溫度：**1600 萬克耳文（攝氏 1600 萬度／2900 萬度）**
表面溫度：**5800 克耳文（攝氏 5500 度／1 萬 400 度）**
組成：**氫 74.9%、氦 23.8%**
能量：**每秒把 4 億噸的氫轉換成氦**
表面重力：**地球的 28 倍**
可見深度：**約 160 公里**

印尼的日落景象。（嵌入圖）太陽上一個把手形狀的巨大日珥。

太陽

太陽的剖面圖，顯示最接近我們的恆星的動態結構。

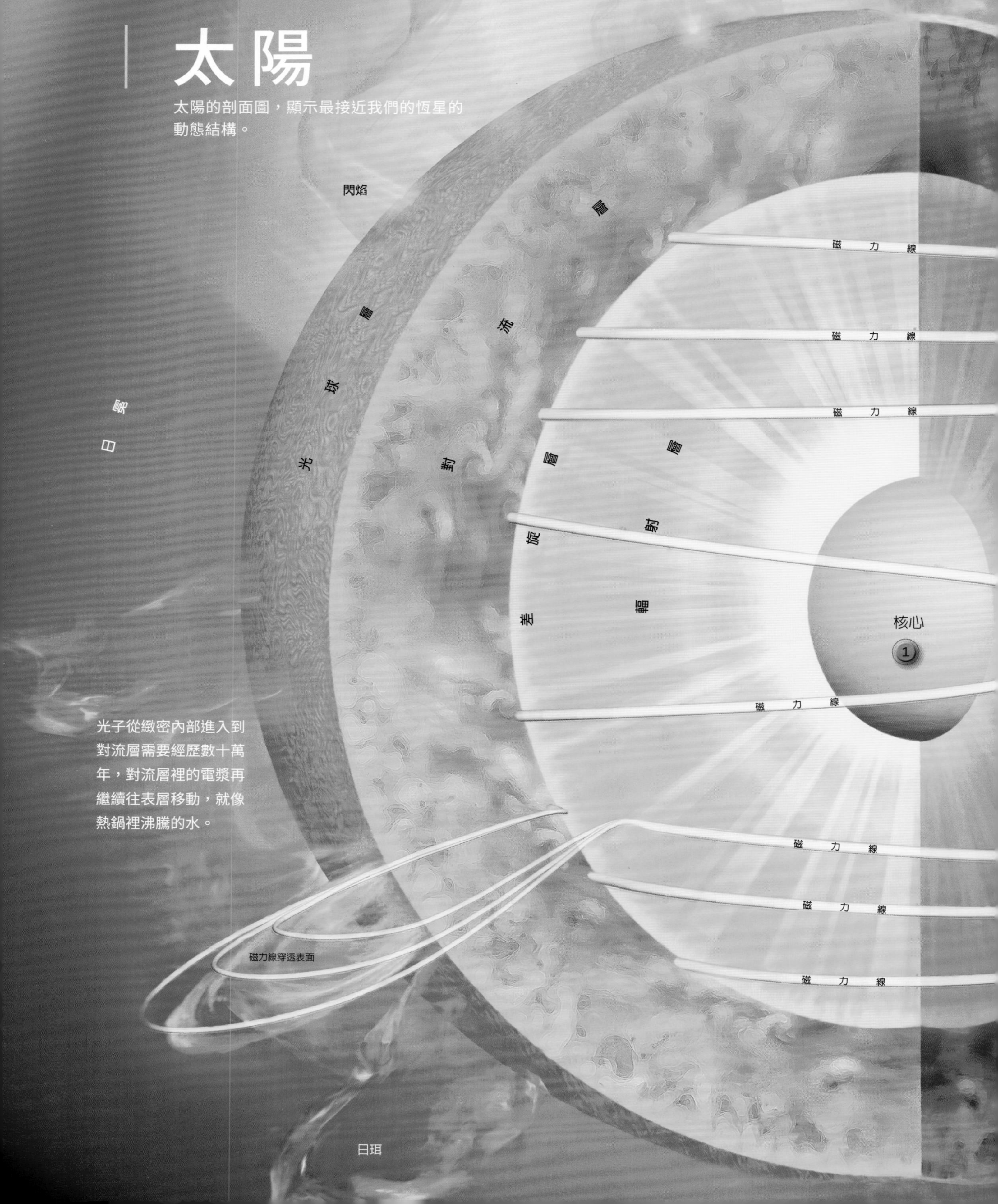

閃焰

磁力線

磁力線

磁力線

色球層

日冕

光球層

對流層

輻射層

差旋層

核心

①

磁力線

光子從緻密內部進入到對流層需要經歷數十萬年，對流層裡的電漿再繼續往表層移動，就像熱鍋裡沸騰的水。

磁力線

磁力線

磁力線透表面

磁力線

日珥

重要特徵

① 太陽核心：核融合與太陽的能量中心
② 日冕：太陽熾熱無比的外氣層
③ 太陽黑子：磁力線會從太陽表面這種溫度較低的局部區域穿出

太陽黑子

③

差旋層

光球層

恆星能量

太陽的核心是一個熱核反應器，氫會在這裡轉換成氦。由於非常熾熱，這些氣體以電漿型態存在。

巨大的風暴

磁力線乘載太多電流就會爆發閃焰，有點像燒掉的保險絲。磁力線斷裂會爆發日冕巨量噴發（coronal mass ejection, CME），使數十億噸的電漿向外吹送，對地球更具威脅，而]電漿雲的時速可達800萬公里，寬度可延伸至1600萬公里。

磁力發電機

磁是太陽活動的關鍵。一個南北向磁場在差旋層產生，因太陽各層自轉速度不同而被拉成東西向的模式。這樣的拉扯增強了磁力線的能量，讓它穿越太陽表面形成太陽黑子，或是在日冕處形成日珥。

色球層

日冕

②

太陽	
表面平均溫度：	攝氏5,500度
核心平均溫度：	攝氏1千6百萬度
自轉週期：	24.6天
赤道直徑：	1,392,000公里
質量（地球=1）：	332,950
密度：	每立方公分1.41公克
表面重力（地球=1）：	28.0

在 19 世紀中葉以前，太陽會釋放能量這件事一定不太值得觀察。不過，如今我們所知的能量守恆定律差不多就是在那段時間發現的。這個定律告訴我們：能量既不能被創造，也不會被消滅，只是在不同形式與地點間轉換。換句話說，照射在我們臉上的溫暖能量，必然源自太陽內部某處，而我們能感受到溫暖，就表示這份能量已經永遠離開太陽了。炎炎夏日其實暗藏著一則跟銀河系有關的重要訊息：每顆恆星遲早都會耗盡能量。恆星不會永生不死，而是與萬物一樣有生有死。

認清這個事實後，就出現了許多理論解釋太陽能量的來源。19 世紀晚期有一本天文學教科書，就以好幾頁的篇幅計算，如果太陽以當時所知最好的燃料（無煙煤）組成，可以燃燒多久？答案是約 1000 萬年。事實上，直到 1930 年代早期，年輕的德裔美籍物理學家漢斯・貝特（Hans Bethe）才證實：恆星的能量來自核融合。

太陽中心的動力

要了解貝特的突破，我們要先回到 56 頁，從太陽和太陽系如何從重力塌縮和星際塵雲中誕生說起。在那部分的討論中，我們的焦點是形成行星的少量物質，但實際上，這些塵雲超過 99%

｜微 小 的 中 性 粒 子

觀看太陽時，我們只能看到大約160公里深。因為太陽的物質會吸收太陽光，所以光不會直接從內部來到我們眼前。不過，有一種叫「微中子」的微小粒子不會被吸收，可以從太陽核心抵達地球。微中子在太陽核心的核反應中生成，因此可以讓我們一窺太陽的中心。

微中子原文「neutrinos」結合拉丁文與義大利文，意思是「微小的中性粒子」，它不帶電荷，幾乎沒有質量，與物質的作用非常微弱。舉例來說，從開始讀這個句子到現在，已經有數十億個微中子穿過你的身體，卻沒有干擾到任何一個原子。偵測微中子的唯一

1960年代晚期，在美國南達科他州一個地下金礦中（周遭的岩石可保護儀器不接觸到宇宙射線）首度嘗試進行這種偵測。基本上，當時的偵測器就是一個水槽，裡面裝滿四氯化碳，也就是清潔劑。一天大約會有一次，來自太陽的微中子會把一個氯原子轉變成偵測得到的氬原子。一開始科學家很困惑，因為偵測到的微中子實在太少了，但他們後來了解到，從太陽過來的路途中，部分微中子會改變型態，無法再使水槽中的氯轉變為氬。如今，世界各地都有微中子偵測器，它們得到的結果也符合我們對太陽核心動力的了解。

都成為太陽的一部分。現在就來看看這些塵雲收縮時，發生了什麼事。

其中一條自然法則是：物體收縮時溫度會上升。這個原則也適用於形成太陽的塵雲，這團氣體雲收縮時溫度升高，構成這些雲的粒子和原子愈動愈快，碰撞也愈來愈猛烈，最終導致電子脫離原本的原子（其實不需要那麼多能量，比方說螢光燈泡裡就總是在進行這個過程）。太陽中的物質變成物理學家所說的電漿，也就是一堆帶負電的電子與帶正電的原子核獨立運動的狀態。

剛形成的太陽當核心到達數百萬度時，中心的粒子開始迅速移動。最後，質子（氫原子中帶正電的原子核）移動得非常快，克服了同性電相斥力，彼此接近到某種程度而啟動了核反應。在一系列的反應中，四個氫原子核結合成一個氦原子核（有兩個質子與兩個中子），以及許多快速運動的粒子。新粒子的質量比一開始的四個粒子少，透過愛因斯坦著名的方程式 $E=mc^2$，我們知道這中間的差異轉換成能量，向外釋出，創造一股能和引力抗衡的壓力，使太陽穩定成形。

太陽的結構

大約從 45 億年前開始，太陽就以每秒 4 億噸的速度在燃燒氫，之後還會繼續燃燒 55 億年。

美國南達科他州霍姆斯特克地下金礦（Homestake Gold Mine）中的微中子偵測器。

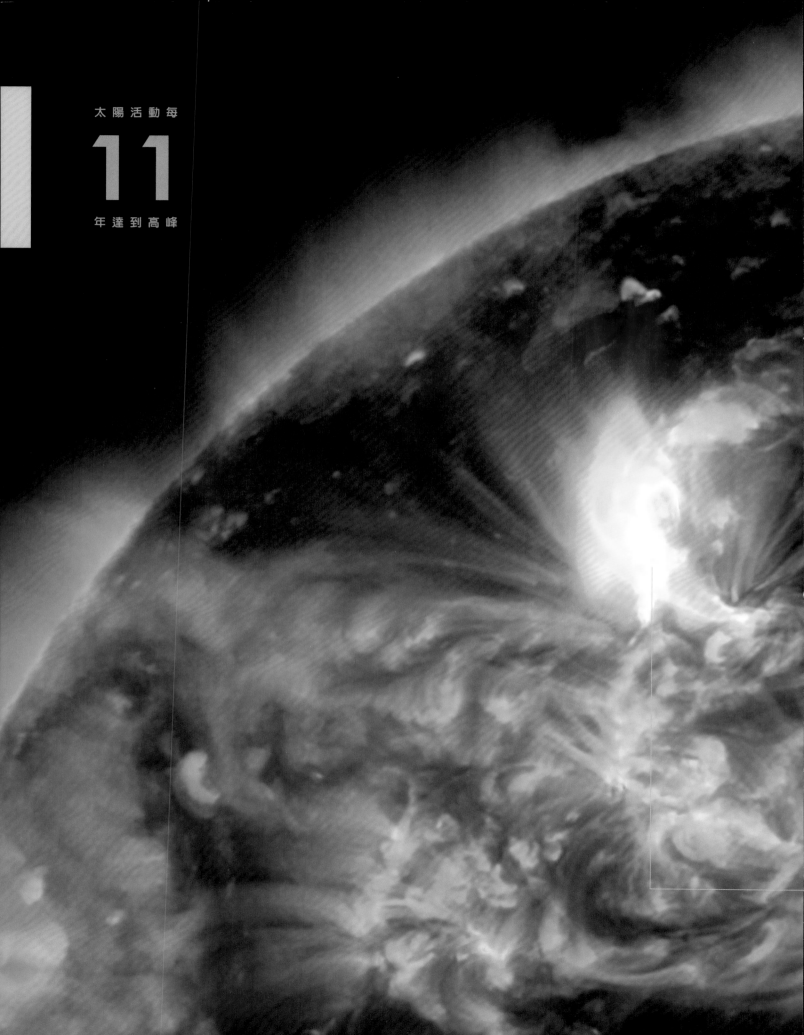

太陽活動每
11
年達到高峰

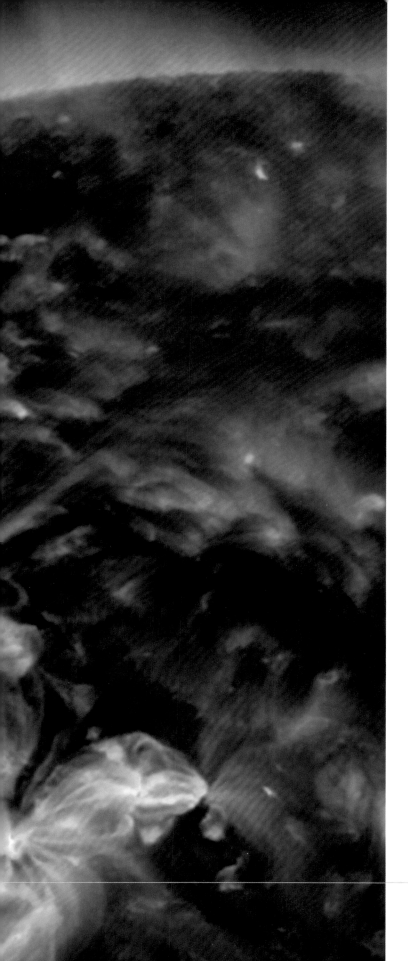

太陽核心的半徑大約占整個太陽的四分之一，溫度高到能發生核反應。核心外到半徑大約 70% 的範圍是輻射層，這一區的物質密度還是很高，所以當能量釋出，高速移動粒子離開核心後，會經歷一連串的碰撞，就像一臺巨型彈珠臺中成堆亂竄的珠子。輻射層外物質密度降低，產生的碰撞不足以阻擋能量外流，此時太陽就會像爐子上的水一樣沸騰。這個一路延伸到太陽表面附近的區域，就稱為對流層。

從外側觀察太陽，看起來有點像一顆混濁的水球。我們只能看到表面下大約 160 公里處，外側薄薄的這層稱為光球層，也就是我們平常看到的太陽。光球層上還有薄薄的大氣，例如日冕（日全食發生時可見），以及延伸到冥王星軌道外的太陽圈。

由於太陽並非固態，不同部分會以不同速度自轉。例如極區轉一圈大約是 35 天，但赤道只需要 25 天。這樣的差異再加上光球層下不停地對流，使太陽的磁場不斷被扭轉與拉扯，因此產生太陽黑子（在太陽表面移動的暗斑）與太陽閃焰（大量粒子被拋向太空）等現象。太陽黑子以 11 年為周期，黑子數量會規律地上升與下降。而太陽的周期——尤其太陽閃焰的周期，會影響人造衛星的運作與地球上的無線電通訊。

大型太陽閃焰的假色影像（中央的白斑）。太陽閃焰與大量帶電粒子快速噴發所形成的日冕巨量噴發有關。

我們對銀河系的大哉問之一是：還有其他生命形態存在嗎？我們在宇宙中是孤獨的嗎？在科幻小說中，人類常跟外星智慧接觸，不過除了克林貢人，還有許多種可能的外星生命型態。生命體在地球上絕大部分的時間，都以類似池塘裡的綠色浮渣的形式存在。我們尋找其他適居帶行星，主要是想知道生命在那些星球上的發展和地球是否一樣。問題是：我們已知的生物都以同樣的方式運作——透過DNA化學密碼。事實上，地球上所有生命都來自同一場實驗。

生命的起源

│ 我們在宇宙中是孤單的嗎？ │

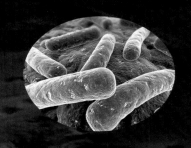

太陽系的年齡：**46 億年**
地球的年齡：**45.6 億年**
最古老的礦物（鋯石）：**44.04 億年**
最早的海洋：**44-42 億年前**
目前鑑定出最古老的岩石：**40.31 億年**
生命最早的地球化學跡象：**38 億年**
最古老的層疊石化石：**34.5 億年**
大氣變得富含氧氣：**24 億年前**
「雪球地球」冰河時期：**23 億年前**
最早的多細胞生物化石：**21 億年前**
最早的動物化石：**5.8 億年前**

美國黃石公園一個被藻類染了色的熱水池。（嵌入圖）細菌是一種古老的生命形式。

只有這麼一個實驗數據，我們無從判斷地球上的生命究竟是宇宙中某種機率極低的巧合，還是星系裡會重複發生的一般化學過程。要解開這個謎，最重要的是先了解生命如何在地球上誕生。

芝加哥大學化學館地下室在 1952 年舉行的一場實驗，成為了這個領域的轉捩點。諾貝爾化學獎得主哈洛德・尤里（Harold Urey）和他當時的學生史丹利・米勒（Stanley Miller）決定進行一場不尋常的實驗。他們嘗試塑造出原始地球迷你模型，在一個封閉的系統中，加入水（模擬海洋）、熱（模擬太陽活動）、電流產生的火花（模擬閃電），以及氫、氨、甲烷與二氧化碳等氣體來模擬地球早期的環境。他們封閉這個系統，加入熱能與火花，觀察會發生什麼變化。幾個星期過去，水變成褐紅色。經過分析發現水中含有胺基酸，也就是其中一項建構生物系統的基本要素。

米勒—尤里實驗帶來的哲學衝擊比化學上的細節還重要。他們證實：一般的物質經過普通的化學過程，有可能產生建構生命系統的分子。他們把生命起源的研究從哲學領域，帶入了嚴肅的科學領域。如今普遍認為，他們當年模擬大氣的成分不完全正確，但這不影響結論。當時實驗產生的有機分子，如今也已經在隕石、彗星、甚至星際塵雲中找到，換句話說，要透過一般的化學過程製造生命的基本分子並不困難。有了這項了解，生命起源的研究就從「如何製造生命的基本構成單元」轉為「這些基本單元如何組成活生生的細胞」。

原湯

在米勒—尤里實驗之後，主要的研究方向在於他們發現的化學過程（或富含有機分子的隕石或彗星）如何把海洋變成生命分子的「原湯」（primordial soup）。原湯一形成，對的分子就有機會聚集，形成可以吸收能量與繁殖的原始細胞。不同理論對於能夠產生這種機會的環境有不同的看法，不過，潮池、海洋中的油滴、海床上的黏土，以及最近提出的深海熱泉都是可能的地點。

像這種相信生命起源於偶發事件的理論稱為「偶然事件凍結說」，因為這些理論都認為，一組分子會先在隨機的交互作用中聚集，並保存在所有後代的化學過程中。

近年來科學界比較接受另外一種地球生命起源的模式。因為地殼活動（見 88-90 頁）的關係，地球上有些地方，通常是海底，地函的熱物質會湧出表面。這些地方會產生深海噴口，或更嚴謹的說法是海底熱泉（hydrothermal vents），1977 年，科學家用深海潛水設備有了驚人發現。各種生命型態的生物在這些熱泉附近的複雜生態系統中，享用從地球內部湧出、充滿能量物質的湯。

確認了這項事實之後，科學家開始認為海底是生命形成的好地方，不只因為那裡有豐富的能源，水還能遮蔽太陽發出的紫外線，避免生命所需的分子被破壞。在這套思路中，地球上的生命最早從海底熱泉生成，後來才遷徙到表面。

一旦了解到生命不見得要起源於行星表面，外太陽系的地底海洋就別具意義，歐羅巴這些地

海底熱泉的影像，地球內部湧出的熱和礦物質，讓熱泉附近形成一個複雜的生態系統。

方立刻就搖身一變，成了生命可能形成的主要區域。

代謝優先

不過，還有另一種方式可能發展出生命。先想像某些普通的化學過程（目前還未發現是什麼樣的過程）可以使原始海洋中的化學分子產生某些反應，並直接引發原始的生命系統，而不需要借助複雜的分子。這就是「代謝優先」（metabolism-first）學派的想法。根據代謝優先，生命是從簡單的化學反應，經歷數十億年才演化到現在的複雜系統。

無論生命用什麼樣的方式在地球上誕生，就地質時間的角度來看，它的演化速度都非常快。晚期大撞擊事件（見 59 頁）發生的 5 億年後，生命就得以毫不間斷地發展。我們找到複雜的細菌生態系的化石，也就是前文提到的綠色池塘浮渣，這些生物的複雜程度顯示，最早期、最簡單的細胞必然在大撞擊事件後不久就出現了，也就是說，讓地球產生生命系統的化學作用也能以同樣的速度進行。

行星系統繞著恆星運轉的概念存在已久。然而，直到過去數十年，尋找系外行星才逐漸變成星系天文學的焦點。之所以晚了這麼久，理由很簡單：行星靠反射光線來發光，所以比恆星黯淡得多。此外，行星就位在恆星附近，所以它們反射的光都會被恆星的光芒蓋掉。要看見系外行星可不容易，有一位天文學家提出過這樣的比喻，尋找系外行星就像在華盛頓特區用望遠鏡，尋找在波士頓的一塊插了蠟燭的生日蛋糕，蛋糕旁邊還有一盞探照燈！因此必須等到發展出新的偵測技術，我們才有可能找到系外行星。

系外行星

│ 別的世界，別的地球 │

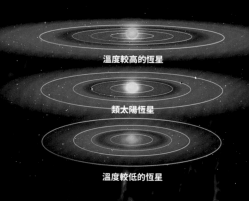

温度較高的恆星

類太陽恆星

温度較低的恆星

發現第一顆系外行星的時間：**1992 年**
第一顆系外行星名稱：**PSR 1257+12B**
已知系外行星數量：**4,000 個（持續增加中）**

一顆有行星環的系外行星與它的衛星想像圖。
（嵌入圖）各種恆星周圍的適居帶（綠色）。

兩個行星系統

比較太陽系（下）與最近發現的克卜勒22（Kepler 22，上）系統，克卜勒22的適居帶有一顆大小近似地球的行星，稱為Kepler 22b，它是人類發現的第一顆繞行類太陽恆星、而且位在適居帶上的行星。

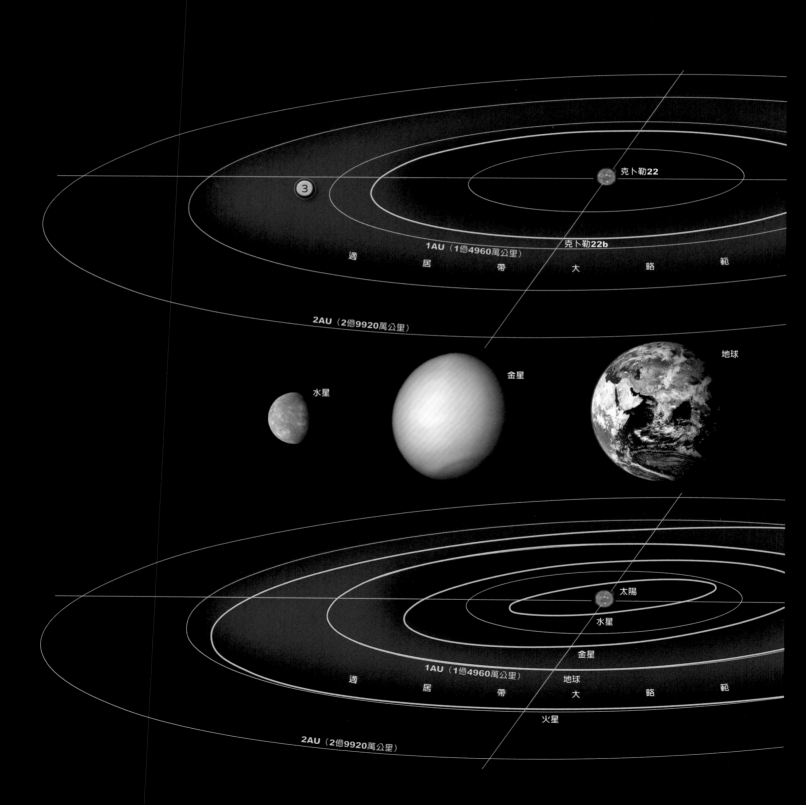

克卜勒22

③

克卜勒22b

1AU（1億4960萬公里）

適　　　　居　　　　帶　　　　大　　　　略　　　　範

2AU（2億9920萬公里）

水星

金星

地球

太陽

水星

金星

1AU（1億4960萬公里）

地球

適　　　　居　　　　帶　　　　大　　　　略　　　　範

火星

2AU（2億9920萬公里）

重要特徵

1 太陽適居帶中的地球軌道

2 克卜勒22適居帶中的行星軌道

3 克卜勒22的適居帶

克卜勒22b

火星

製圖者註記：這顆名為克卜勒22的恆星比太陽
小，所以它的適居帶比較靠近中心。克卜勒22b的
行星軌道雖然落在適居帶內，但光憑這一點無法保
證有生命存在，像太陽系的火星就沒有生命。

第一個成功偵測到系外行星的技術，天文學界稱為「徑向速度法」（radial velocity）。要知道它的運作方式，首先想像自己是一個觀察者，從好幾光年之外觀察太陽系。我們習慣把太陽想成固定不動的中心點，由各個行星繞著它轉，但其實太陽也受行星的引力吸引而移動。舉例來說，在觀察時如果木星位於你和太陽之間，太陽會稍微被拉往靠近你的方向；反之，如果木星在太陽的另一邊，太陽則會稍微被拉往遠離你的方向。在十年的觀察期中，會看到太陽一下靠近一下遠離。這個運動可以透過觀察太陽光的都卜勒位移（Doppler shift）來偵測：藍色表示它在靠近，紅色表示它在遠離。即使無法直接看到木星，也可以從太陽受到的影響知道它的存在。

有趣的是，1992 年第一次偵測到的系外行星其實是個稀有案例。這個行星是一顆脈衝星（見 259-261 頁），肯定是在它的母恆星變成超新星

克卜勒太空望遠鏡示意圖。克卜勒任務從2009年發射後，已經偵測到超過1000個可能的系外行星，逐漸改變我們對行星系統組成的認識。

後才形成的，這個發現可說是出乎意料之外。不過沒過多久，1995 年又發現了一顆繞著恆星轉的普通行星（位於飛馬座），開啟了近代的系外行星偵測行動。發現的速度一開始很慢，大約一年只會發現幾顆，但隨著技術進步，發現速度加快了。今天我們已經知道可能有超過 1000 個行星系統繞著其他恆星運行，有天文學家預測，美國航太總署於 2009 年發射的克卜勒太空望遠鏡收集到的資料一旦完成分析，這個數字可能會增加到數萬。

克卜勒任務

重量大約 1 公噸的克卜勒太空望遠鏡，可以持續偵測 15 萬顆地球附近恆星的亮度。軌道較低的人造衛星能偵測的天空範圍，會受到地球遮蔽，而克卜勒太空望遠鏡的觀察又不能間斷，因此它其實是繞著太陽轉，而不是地球。可以把它想像成尾隨地球的迷你行星。

克卜勒太空望遠鏡尋找行星的基本技術說起來很容易，卻需要相當精密的設備才能付諸實現。主要的概念是，如果有行星越過恆星前方，恆星

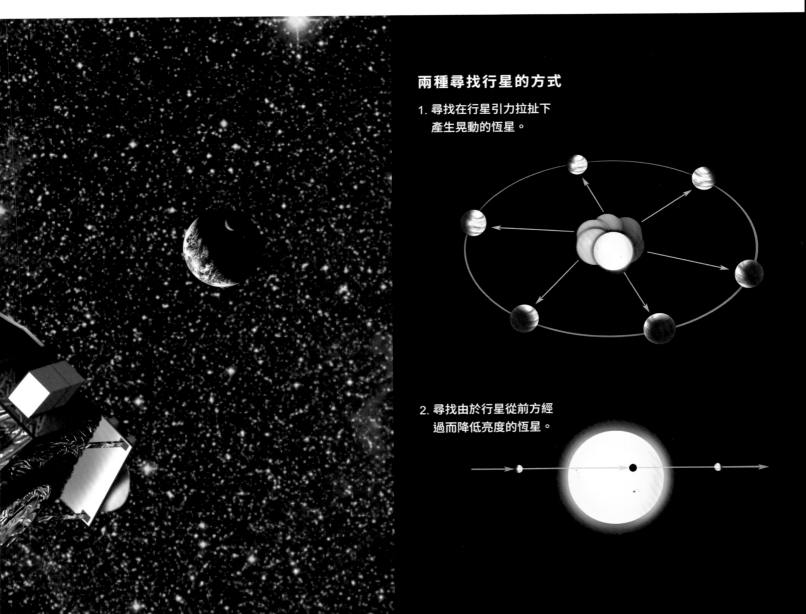

兩種尋找行星的方式

1. 尋找在行星引力拉扯下產生晃動的恆星。

2. 尋找由於行星從前方經過而降低亮度的恆星。

類地球行星的日出想像圖。這顆行星繞行兩顆恆星，第一顆正從地平線上升起，第二顆是它右邊的小亮點。

的亮度就會下降，行星通過後又會恢復亮度。當然，這種偵測方式只在行星軌道面與地球視線位於同一平面才適用（舉例來說，如果有人在觀察太陽系，要以凌星法偵測木星，觀察者不能位於木星軌道面的上方或下方，而必須與木星軌道位於同一平面。）這也表示，凌星法只能偵測到一部分的行星系統。

另一方面，克卜勒任務的科學家很快就指出，相較於早期的徑向速度法，凌星法有一個很重要的優點，這個方法可以偵測到每一顆行星，跟行星大小以及行星與恆星之間的距離沒有關係。要讓母恆星的移動量大到產生偵測得到的都卜勒位移，這顆行星對恆星要有很強的引力，代表徑向速度法偵測到的行星，很可能是軌道接近母恆星的巨大行星，也就是熱木星。實際上也確實如此，多數在克卜勒任務發射前偵測到的都是這類行星。相對來說，不管行星大小或它與恆星的距離，凌星法能偵測到任何會影響母恆星亮度的行星。

克卜勒的貢獻

尋找系外行星的過程中發現兩項驚人的結果，尤其是克卜勒望遠鏡的貢獻：

- 我們的銀河系中，行星的數量比恆星還多
- 沒有繞恆星運行的行星數量，比繞恆星運行的行星多

我們來逐一檢視這兩點。20 年前，天文學家曾經為有沒有其他行星系統存在而辯論，現在我

們知道到處都有行星系統存在。我們還知道行星系統有非常多不同的樣貌，太陽系這樣的行星系統反而是少數。

舉一個例子來說明這個現象。克卜勒望遠鏡發射前，唯一能夠尋找系外行星的方法是徑向速度法。想一下它的運作模式，你會發現這種方式最可能發現的是靠近恆星的大行星，這是因為這樣的行星會造成最大重力作用，事實上這也天文學家發現的結果。這些早期的發現，顯示我們的銀河系裡似乎到處都是熱木星（hot Jupiter）——也就是繞恆星運行的軌道，比我們的水星還要靠近太陽的巨大行星。

回想我們最好的太陽系形成理論（見 56-59 頁），你就會了解為什麼熱木星的存在令人困惑。

靠近恆星的行星應該是小的岩石行星，木星這樣的氣態巨行星應該在外側的地方形成，我們的理論是不是錯了呢？

結果是我們並不需要擔心。克卜勒望遠鏡很快就告訴我們，熱木星只占了系外行星中很小的比例，且原本是在恆星外側形成，後來才慢慢往恆星靠近。實際上我們從熱木星中學到的是，我們可能發現所有種類的行星系統，而大部分的行星系統都跟太陽系很不一樣。

TRAPPIST-1距離地球約40光年，至少有七顆地球大小的行星在軌道上繞行，其中有三顆位在連續適居區（continuously habitable zone, CHZ）。圖為TRAPPIST-1系統與我們太陽系的比較。

｜ 極 端 環 境 中 的 生 命

要全面討論系外行星或宇宙其他地方的生命，就得提及本身地球上的奇特生命。過去50年來，科學家在各種意想不到的地方找到了生命體，這些新發現的生命形式稱為「嗜極生物」（extremophile）。

1960年代，在美國黃石公園的溫泉中第一次發現嗜極生物。在水溫至少有沸點以上的環境中，一般的細菌都會被殺死，但嗜極生物卻活得很好，還賦予水池令人歎為觀止的色彩。此後，我們又在十多處不太可能有生物存在的環境中找到嗜極生物，如強酸、高鹽的環境，或高溫高壓的深海熱泉。日本的實驗者甚至發現，有的微生物能在重力是地球400倍的離心機中繁衍！

這些發現對科學界有深遠的影響。例如有些生物學家提出，地球上的生命是從深海海溝的嗜極生物開始的，後來才移居到地表。太空生物學家因此以審慎態度思考系外行星的生物，不對生命可能發展的場所過度設限。另外，地球上當然也可能有驚喜等著我們發掘，正如物理學家保羅·戴維斯（Paul Davies）所說：「生命可能就在我們的眼皮底下……或是鼻子裡面。」

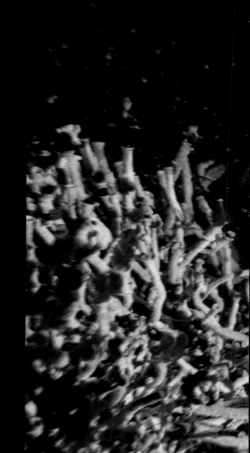

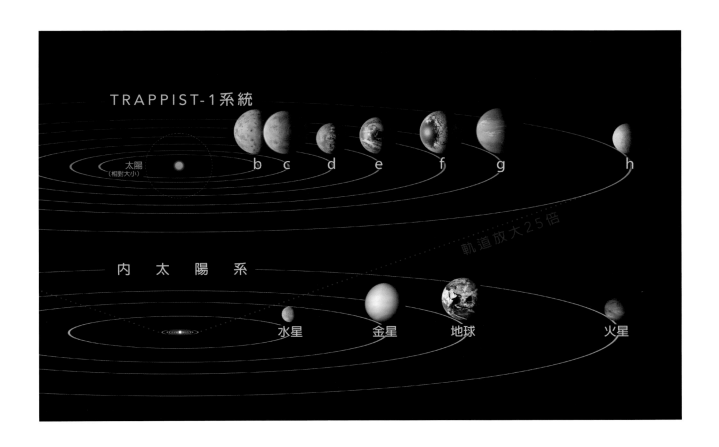

TRAPPIST-1系統

太陽
（相對大小）

b　c　d　e　f　g　h

軌道放大25倍

內　太　陽　系

水星　金星　地球　火星

冒著黑煙的深海熱泉

金髮女孩行星與連續適居區

　　要尋找外星生命，沒有別的地方比這裡更有斬獲。既然地球上的生命起源於海洋，所以我們最可能找到外星生命的地方是海洋長期存在的行星。藉由這個想法，科學家定義了所謂的連續適居區，這個區域是恆星附近區域的行星溫度能在數十億年內持續介於水的冰點和沸點之間。我們的太陽系中只有地球位在連續適居區內。位在恆星的連續適居區、大小近似地球的行星，通常稱為「金髮女孩行星」（Goldilocks planets），這個稱呼取自知名童話《金髮女孩與三隻熊》中的燕麥粥，溫度不燙也不冷，剛剛好。我們已經發現許多這類行星，第一顆金髮女孩行星是克卜勒 186f（從編號可以看出，它是克卜勒望遠鏡系外行星目錄中的第 186 顆恆星被發現的第五顆行

星）。這些行星將成為下一段要介紹的先進偵測系統的首要研究目標。

特別的系外行星

要對系外行星的多樣性有些概念，可以看看以下幾個例子：

- 有一顆行星軌道非常靠近它的恆星，實際上可以把它當作位在恆星裡面。
- 有一顆行星的溫度非常高，面向恆星的岩石蒸發汽化。行星轉動時，這些物質會凝固，固態岩石像「雪花」一樣從空中落下。
- 有些行星表面海洋的深度有數百公里。

不過最驚人的發現是找到所謂的「流浪行星」（rogue planet），這種行星在漆黑的太空中閒晃，不屬於任何一顆恆星。如果你還記得前面介紹過的太陽系形成過程（見 56-59 頁），在早期發展過程中有許多行星大小的物體被拋向太空，這些物體不會消失，而是形成大量的流浪行星。由於這些行星還保有內部熱源，有人甚至因此認為流浪行星上面有生命。有些作者把這樣的行星

左圖是流浪行星的想像圖，它不屬於任何恆星，獨自在太空中遊蕩。上圖是一幅幽默海報，內容是招攬遊客前往TRAPPIST-1系統探索一顆系外行星。

比做關了燈的房子，不過裡面的火爐還開著。

系外行星令人興奮的新發現愈來愈多，近幾年有兩項發現引起大眾矚目：

- 比鄰星（Proxima Centauri）是距離我們最近的恆星，科學家在比鄰星發現一顆和地球差不多大的行星位於連續適居區。比鄰星距離我們約 4 光年，表示它很可能是人類未來會造訪的第一顆系外行星。不過即使我們能建造一艘速度達到光速十分之一的太空船，往返這顆行星也需要 80 年。

- 2017 年美國航太總署和歐洲太空總署的科學家宣布，他們在距離我們約 40 光年的一顆小恆星 TRAPPIST-1 周圍發現了七顆地球大小的行星，其中三顆位在恆星的連續適居區裡，其他幾顆行星也離得不遠，只要大氣條件適當，這些行星表面也可能有液態水。所以 TRAPPIST-1 系統將是尋找外星生命的主要目標。

Search for Extraterrestrial Intelligence）是例外。1959年，朱塞佩‧柯克尼（Giuseppe Cocconi）和菲利普 莫里森（Philip Morrison）發表的論文開啓了這個新領域，並在1961年美國西維吉尼亞州山區舉辦的研討會中付諸實現。這兩位物理學家在論文中指出，當時的電波望遠鏡已經能掃描無線電波，查出是否有誰試圖與我們接觸，因此他們主張：「我們著手嘗試，成功的機率不高；但如果不試，成功的機率是零。」

尋找外星智慧計畫

| 宇宙中還有別人嗎？ |

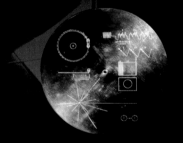

1895 年：帕西瓦爾‧羅威爾聲稱火星人挖了運河
1896 年：尼可拉‧泰斯拉（Nikola Tesla）提議用無線電尋找外星文明
1924 年：美國海軍天文臺收聽火星的無線電訊號
1959 年：菲利普‧莫里森和朱塞佩‧柯克尼提議使用微波無線電
1960 年：法蘭克‧德雷克（Frank Drake）領導的第一次無線電波搜尋開啟了奧斯瑪計畫（Project Ozma）
1971 年：獨眼巨人計畫（Project Cyclops）動用了 1500 架天線陣列
1981 年：保羅‧霍洛維茲（Paul Horowitz）建造了多頻道頻譜分析儀
1981 年：美國航太總署撤銷了 SETI 計畫的預算
1999 年：SETI@home（在家尋找外星智慧）計畫開始
2007 年：艾倫望遠鏡陣列（Allen Telescope Array）開始運作

位於美國加州的艾倫望遠鏡陣列。
（嵌入圖）航海家太空船金唱片封套上的圖案。

在西維吉尼亞州綠岸鎮美國國家無線電天文臺（National Radio Astronomy Observatory）舉行的研討會，聚集了 11 位科學家談論這個新的可能性。與會者最後簡潔地總結了他們估計的外星文明數量，也就是後來以康乃爾大學天文學家與會議籌辦人之一的法蘭克・德雷克的名字命名的「德雷克公式」。這個方程式的目的是估計出正在嘗試與地球溝通的外星文明數量：

$$N = R\, f_p\, n_e\, f_l\, f_i\, f_c\, L$$

方程式的符號由左到右分別代表：星系中新恆星的形成率、新恆星擁有行星系統的機率、能支持生命的行星數量、這些行星真的發展出生命的可能性、這些生命發展出智慧的可能性、這些

智慧生命發展出星際通訊科技能力的可能性，以及溝通開始後的持續時間。顯然從左到右的概念，是逐漸從天文學變成單純的猜測。儘管如此，要把我們對外星智慧的認識（或一無所知）系統化，德雷克公式還是很有用。

1961 年，綠岸鎮會議的與會者主張，方程式中的 N 可能大到 2 億，或小到只有 4，不過，他們估計比較可能落在 100 萬左右。別忘了那個時代的科學家仍相信可以在火星與太陽系的其他地方發現生命。一般大眾也開始接受數千種智慧生物可以彼此溝通的「星際俱樂部」概念，更催生出無數科幻情節。

很可惜，科學碰巧在這個領域無法追上科幻作品的腳步。一開始，美國政府多少資助了 SETI

｜法蘭克・德雷克

「當你相信你偵測到了外星文明……你就知道你即將看到的東西會改變整個歷史。」

美國天文學家法蘭克・德雷克的名字最常跟SETI連結在一起，他是1961年綠岸鎮會議的籌劃人之一，他最有名的就是所謂的德雷克方程式（可見於照片的背景），好幾世代的研究人員用這個方程式來探討發現外星生命和文明的可能性。使用艾倫望遠鏡陣列搜尋天空中的訊號也是出自於德雷克的構想。

計畫，但是當這些搜尋得不出任何有趣的結果時，資金來源也逐漸減少。如今，SETI 計畫是透過私人贊助在維持。例如，2015 年俄羅斯創業家尤里 · 米爾納（Yuri Milner）就承諾在十年內贊助 SETI 計畫 1 億美元的經費。

想想這場搜尋會遇到的問題，就不難理解為何步調如此緩慢。恆星的數量多達數十億，正如 235 頁介紹過的，其中很多恆星都擁有行星系統。搜尋每一顆恆星時，都得遵循一套緩慢的程序。我們不知道外星人會用哪個頻率傳送訊息，所以就像在陌生城市聽收音機一樣，必須慢慢調整頻率，還要不時停下來聽有沒有什麼有趣的內容。SETI 計畫如今利用現代的快速電子產品，可以同時監聽數千個頻率和數千顆恆星，一邊整理排山倒海而來的資料。

其他生物到底在哪裡？

儘管付出了這麼多努力，也受到了廣泛的關注，不幸的是，我們至今尚未與外星生物接觸。SETI 會這麼吸引人，其中一個原因是它完全符合「扶手椅科學」，全靠猜想，不需要嚴格的實證支持。下面這幾個假說設法解釋為何 SETI 計畫還未接收到任何訊號：

動物園假說：我們的太陽系被外星人視為銀河系中不得闖入的蠻荒之地。

悲慘厄運假說：任何物種只要能勝過演化的篩選，並且發展出科技，就會在核子武器的威力下自我毀滅，因此德雷克公式中的 L 值非常低。

神奇頻率假說：我們搜尋時找錯了頻率。不過，這個理論的支持者最近發現了其他神奇頻率，並提議改監測這個頻率。

另外還有許多假說，你當然也可以提出你的假說。

SETI 最有趣的論點，是義大利裔美國物理學家恩里科 · 費米（Enrico Fermi）早期提出的。有人問他對最後導引出「星際俱樂部」的那些論點有什麼看法，他大概是先想了一下，然後反問：「那大家都到哪去了？」像費米這樣能洞悉複雜問題核心的天才，提出的論述是這樣的：近代科學只有幾百年的歷史，以天文學的時間尺度來說不過是一瞬間。很可能再過幾百年，也就是又過了一瞬間之後，我們就已經解決了星際旅行的問題，自己到別的星球去殖民了。如果真的有幾百萬個外星文明存在，肯定有些文明早已遠遠超越這個階段，應該早就來過了，所以費米才會問：「那大家都到哪去了？」

這個論述的重點當然是：我們不應該「出去」尋找外星智慧，而應該「就近」在地球上找。許多作者（包括筆者）都用過費米悖論來支持 N 其實很小，甚至只有 1 的想法，人類在宇宙中可能是孤單的。

不過，不論 SETI 的搜尋結果如何，還是值得一試。發現外星智慧了？好極了！確定銀河系沒有別人了？可能還更好！畢竟很少有科學研究是像這樣不管哪種結論都收穫滿滿的。

恆星的誕生方式都和太陽一樣，始於一團星際塵埃。受到壓縮凝結後，恆星會用各種方法對抗向內拉扯的重力。我們在介紹太陽的誕生時，已經討論過第一種策略，也就是啟動核心的核融合反應，產生向外推的壓力，阻止塵埃雲持續塌縮。幾乎所有可見的恆星都處於這個氫燃燒階段，天文學家稱這些恆星為主序星。太陽處於這個階段已經大約45億年。

恆星的晚年

| 燃料耗盡會發生什麼事？ |

心宿二

參宿七　　　　　　　天狼星A　　太陽

不同質量恆星的壽命

─────────────────────

0.1 個太陽質量：**6-12 兆年**
1 個太陽質量：**100 億年**
10 個太陽質量：**3200 萬年**
100 個太陽質量：**10 萬年**
不同質量恆星的命運
0.1 個太陽質量：**紅矮星**
1 個太陽質量：**紅巨星，然後變成白矮星**
10 個太陽質量：**超新星，然後變成黑洞**
100 個太陽質量：**超新星，然後變成黑洞**

球狀星團半人馬座奧米茄星團的恆星。
（嵌入圖）典型的恆星：天狼星 A、太陽、藍巨星參宿七，與紅超巨星心宿二（背景）。

當然氫的燃燒不可能永遠持續下去，核心內的氫燃料遲早會耗盡，到時恆星就必須有新的辦法對抗重力。至於燃料多久會耗盡，則視恆星的大小而定。此時有兩個彼此競爭的效應：一方面，恆星愈大燃料愈多；但另一方面，恆星愈大重力也愈強，必須燃燒得更快才足以抗衡。結果第二個效應的影響更大，所以恆星愈大，能夠燃燒氫的時間也愈短。舉例來說，假設銀河系只有一歲，像太陽一樣的恆星可以燃燒十個月左右，但非常大的恆星或許只能燃燒半小時。

紅巨星

那麼，太陽這種典型恆星燃料用盡時會怎麼樣？核反應的火力當然會開始減弱，對抗重力長達數十億年的壓力也會變弱。重力再度主導局勢，使恆星開始收縮。這種收縮會使恆星內部溫度再次升高，產生兩種影響：首先，緊鄰核心外側的區域還有許多沒燒完的氫，因此溫度會提高，使氫融合成氦。其次，核心本身會升溫，直到氦原子核（原本核融合反應的最終產物）運動速度變得非常快，開啟新的融合周期。最後，三個氦原子核（各有兩個質子和兩個中子）會在核心結合成碳原子核（有六個質子和六個中子），同時產生多餘能量。原本在核反應的火力下產生的餘燼，變成下一個反應的燃料，這正是老化恆星產生能量的一大特色。

最後大約是太陽六倍的恆星來說，這種新的融合反應會增加恆星釋出的能量，並造成外氣層擴張。以太陽為例，它的邊界將擴張到地球目前的軌道之外。此時，恆星的能量得在更大的表面積上釋出，因此表面顏色會從炙熱的白色（目前太陽的顏色）變成溫度較低的紅色，這種天體就稱為紅巨星。

55 億年後，太陽變成紅巨星時，地球會發生什麼事？水星顯然會被吞噬，金星也可能遭殃。轉變成紅巨星的期間，太陽會把大量質量拋到太空中，它對行星的引力作用減弱，因此地球軌道會外移。如果只有這樣，地球還能驚險逃過被吞噬的命運。但最近的計算顯示，潮汐效應可能會把軌道往內拉，地球注定遭到毀滅。即使地球沒有被吞噬，海洋還是會蒸發，表面的岩石也會融化，終結任何倖存的生命。

白矮星

接下來呢？像太陽這樣的恆星產生的壓力不夠高，不能用先前在核心產生的碳原子啟動新的核融合反應，因此也無法擺脫重力的束縛。重力再度主導局勢，讓恆星繼續塌縮。

我們知道形成太陽的星際塵雲在塌縮初期，原子劇烈碰撞，使電子脫離原子核。從主序星到紅巨星的恆星生命周期中，主角是在核心進行的核反應，這些電子基本上只是旁觀者，但現在輪到它們上場了。

在這個階段，電子的一個特性變得非常重要，也就是所謂的「不相容原理」，指的是任兩個電子不能處於相同的狀態。想像有一群人，你可以推擠他們，讓他們靠得很緊，但終究有個極

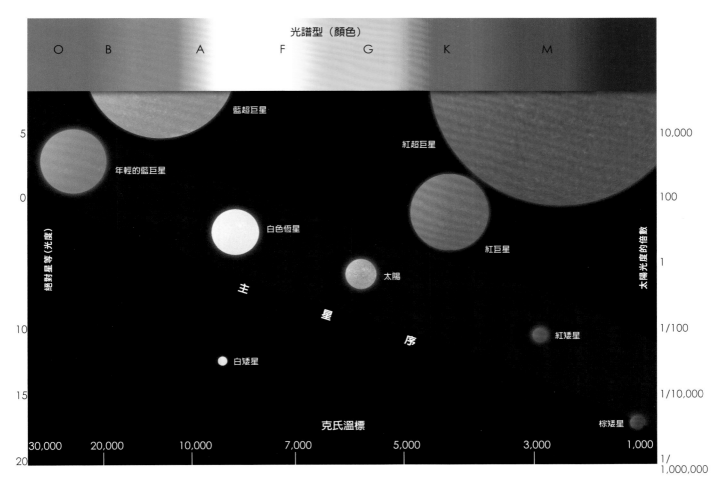

光譜型（顏色）

O　B　A　F　G　K　M

藍超巨星

紅超巨星

年輕的藍巨星

白色恆星

太陽

紅巨星

主
星
序

白矮星

紅矮星

絕對星等（光度）

太陽光度的倍數

10,000

100

1

1/100

1/10,000

克氏溫標

棕矮星

30,000　20,000　10,000　7,000　5,000　3,000　1,000

1/
1,000,000

赫羅圖（Hertzsprung-Russell diagram）呈現恆星溫度與光度的關聯性（上圖）。從左到右，恆星溫度由高至低；從下到上，恆星由暗到亮。太陽是一顆典型的恆星，位在主星序的中間。

限，每個人都需要最低限度的空間，此時這群人所占的空間已經縮到不能再小了。同樣的道理，最後的塌縮開始時，太陽中鬆散的電子被往內推，最後會達到不能再縮的程度。重力往內拉，電子往外推，達到最終平衡狀態，並永遠持續下去。

太陽縮到和地球差不多大時，就會達到這個新的平衡，進入白熱狀態，就像燒剩的餘燼，天文學家稱這種天體為白矮星。它會繼續釋放在漫長的一生中產生的殘餘能量，但也會像餘燼一樣持續冷卻、變暗。這就是太陽和天空中許多恆星結束一生的方式。

不過恆星的死法不是只有這樣。下一節介紹的恆星，將以更精采的方式結束一生。

當你望向銀河深處，會看到各種大小的恆星。假設太陽和保齡球一樣大，那麼銀河系裡會有保齡球大的恆星散落各處，其間夾雜著各種大小的球，最大的可能有巨型海灘球那麼大。既然恆星大小如此多變，我們自然會預期各種恆星有不同的生命故事。雖然所有恆星一開始都和太陽一樣，從氫燃燒階段開始，類太陽恆星（從高爾夫球到籃球大小）也像前一章介紹的，會從紅巨星變為白矮星。但更大的恆星結局會更壯觀，對地球生命的歷史也有更重要的影響。

超新星

｜以爆炸收場｜

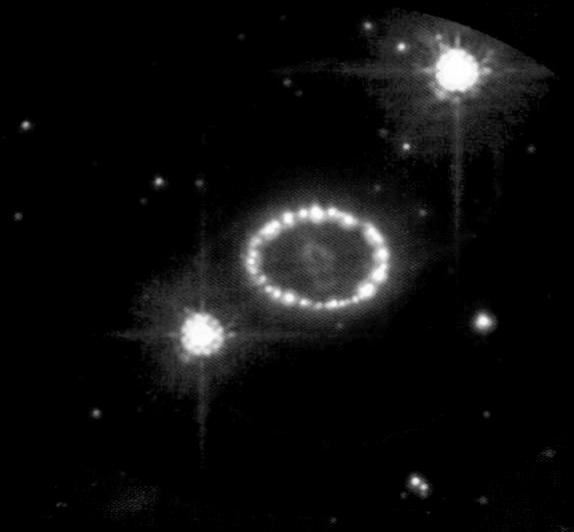

最著名的超新星：**1054（蟹狀星雲）**

1054 超新星與我們的距離：**6500 光年**

最近一次觀察到的銀河系超新星：**1604**

1604 超新星與我們的距離：**1 萬 4000 光年**

超新星概念的誕生：**1931 年，華特 · 巴德（Walter Baade）和弗里茨 · 茲威基（Fritz Zwicky）**

最近一次觀察到的明亮超新星：**大麥哲倫雲內的 1987**

1987 超新星與我們的距離：**16 萬光年**

超新星爆炸波的速度：**每秒 3 萬公里**

每年發現的超新星數量：**數百個**

超新星在銀河系形成的頻率：**約每 50 年一個**

超新星的類型：**IA、IB、IC、IIP、IIL**

超新星殘骸仙后座 A（Cassiopeia A）的假色影像。
（嵌入圖）震波使超新星 1987A 四周的物質溫度上升。

先 快速複習一下：每個恆星都是從星際塵埃的塌縮中誕生的。核心的溫度上升到一定程度，就能啟動核融合反應，把氫變成氦，進入第一個平衡狀態。核心的氫用完時，就會繼續塌縮，使內部溫度升高，燃燒氦的餘燼與尚未用盡的氫。對體積是太陽六倍的恆星來說，它的質量不夠大，無法讓溫度升到一定的程度，核反應就此結束，它會變成白矮星。

但是對體積是太陽的九或十倍的恆星來說，情況就不一樣了。這些恆星的質量夠大，可以提高溫度和壓力到一定程度，讓核反應持續燃燒。一旦氫用完了，這些恆星會跟太陽一樣，用之前產生的氦繼續燃燒，最後把三個氦原子核結合成一個碳原子核，同時，核心周圍尚未燃燒的氫也會被燃燒成氦。現在這個恆星有一個碳核，周圍是一層氦殼，外面再包著尚未燃燒的氫。當塌縮再次發生時，所有區域的溫度都會升高。中心的碳（有 6 個質子和 6 個中子）會與其他原子核結合，產生氧（8 個質子和 8 個中子）與其他較重的產物。第一層外殼的氦轉變為碳，更外層的氫則轉變為氦。

上次燃燒的餘燼成為下次的燃料，並依照元素周期表上的順序持續進行這個過程。隨著一次次的塌縮，產生的元素愈來愈重，恆星便逐步發展出洋蔥般的層狀結構。每次反應都會產生新的一層，不過，每次循環的效力會逐漸減弱。經過計算發現，確實在這個過程的最後階段，核心會產生鐵原子核，但只能與持續往內拉的重力抗衡

｜ 新 星 和 超 新 星

新星（nova）在拉丁文是「新」的意思，這個詞長久以來用在一種特定的天文事件上：在空中本來沒有恆星的地方忽然出現了恆星。如今我們知道許多過程都可以產生新的星體，並根據不同的形成原因來命名。

雙星系統其中一顆恆星結束生命周期變成白矮星（見248頁）時，就會發生新星現象。如果兩顆恆星很靠近彼此，白矮星會把另一顆恆星的物質吸引過來，這些物質又以氫為主。氫在白矮星表面累積到數公尺厚時，會引發核反應，就像一顆巨大的氫彈引爆，在沒有恆星的地方短暫地照亮天空。當外層再度開始累積氫，這個過程就可能重複發生。

新星和超新星常被搞混，但只有這種表層會暫時變亮的恆星稱為新星。超新星則是另一種劇烈過程引發的恆星爆炸現象（見254-255頁）。

超新星的演變過程

個幾天，為恆星爭取到短暫的喘息空間。

臨界質量

鐵是最後一次核反應的餘燼，已經無法透過分裂或融合得到能量，所以鐵會像火爐中的灰燼，堆積在核心，為宇宙中最壯觀的事件準備舞臺。鐵在恆星的中心累積時，核反應的力量已無法對抗本身重力造成的塌縮，此時，鐵核中的電子能暫時提供壓力來與之抗衡。實際上，這個龐大恆星的核心會變得有點像白矮星的狀態，差別在於它是由鐵構成的。

當愈來愈多的鐵「灰」落到恆星中心，核心的質量會逐漸逼近臨界值。超過太陽質量的 40%時，電子會開始與鐵原子核中的質子結合，產生中子。隨著電子數量減少，對抗重力的能力減弱，核心很快就會變成一堆劇烈塌縮的中子。

依據恆星的質量大小，塌縮會持續到中子無法再壓縮為止；或是繼續塌縮，直到變成黑洞。下面幾節將介紹這兩種可能性，但現要先來看看恆星的其他部分，也就是核反應產生的重元素所形成的巨大洋蔥狀結構。

爆炸

對這個層狀結構來說，就像腳下的毯子突然被抽走，原本支持恆星其他部分重量的鐵核忽然不見了，於是向內塌陷，直到撞上新的中子核心，反彈產生巨大的震波，使整顆星球爆炸。在爆炸產生的漩渦中，核反應會產生周期表上在鈾之前

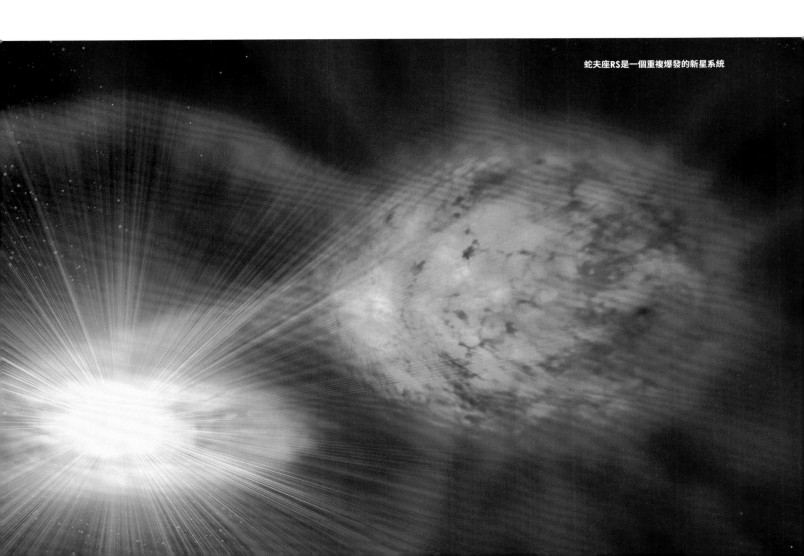

蛇夫座RS是一個重複爆發的新星系統

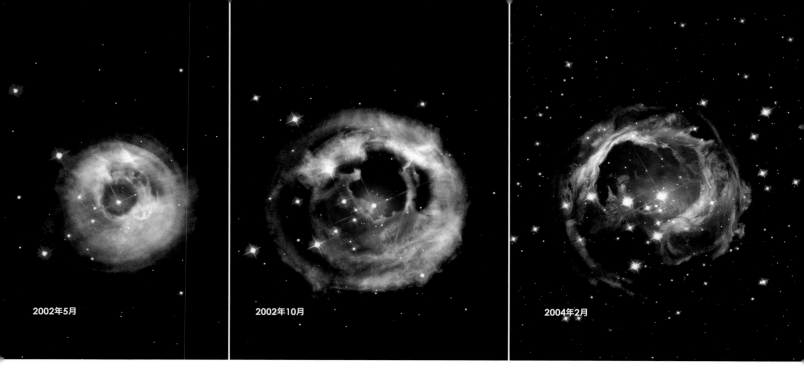

2002年5月

2002年10月

2004年2月

的所有元素。在這個巨大的爆炸中誕生了一顆新星：超新星。

外層的殘餘物帶著恆星所有的重元素，因為爆炸而往外飛散，在接下來的幾千年間逐漸冷卻，並與星際中的物質混合，形成塵雲，將來會有新恆星與行星系統從中誕生。太陽系在銀河系歷史較晚期才形成，系內行星與生命型態都含有死去已久的恆星製造的重元素。

I 型超新星

由於歷史因素，剛才描述的事件稱為「II 型超新星」。雖然「I 型超新星」也會產生這種大爆炸，但運作方式不同。I 型超新星發生在雙星系統，其中一顆恆星結束生命周期變成白矮星，它可能會把另一顆恆星的氫吸引過來。當質量增加到臨界值時，也就是太陽的 1.4 倍左右，整個恆星就會發生劇烈爆炸。

現在，讓我們想想超新星的故事將銀河系描繪成什麼模樣。故事發生在數十億年前，大霹靂

留下的氫和氦組成了一團雲，壽命很短的大型恆星從中誕生，之後又變成超新星。過程中產生了重元素，一開始量不是很多，但隨著時間逐漸變多。因此也可以把銀河系想像成一部巨大的機器，不停吃進原始氫，然後吐出元素周期表上的其他元素。

或許你會有興趣知道，根據天文學家的預測，150 光年遠的恆星飛馬座 IK（IK Pegasi）將在數百萬年內成為 I 型超新星。

從2002年開始，哈伯太空望遠鏡捕捉到一系列壯觀的影像，展現恆星麒麟座V838（V838 Monocerotis）忽然膨脹、升溫，並照亮周圍一層塵雲的過程。

2006年9月

我們在前一節說明超新星時，重點放在恆星外層的爆炸，現在要回來看塌縮的核心發生了什麼事。你或許還記得外層之所以突然失去支撐而塌縮，是因為核心的電子與鐵原子中的質子結合，使核心大部分都變成中子。中子沒有電荷，不會互斥，因此也無法對抗中心的重力，導致核心的物質自由落下，直到有某種力量可以對抗這種往內的拉力。

中子星和脈衝星

| 旋轉的磁球 |

發現第一顆脈衝星：**1967 年 11 月 28 日**
發現者：**喬瑟琳 · 貝爾 · 伯內爾（Jocelyn Bell Burnell）和安東尼 · 休伊什（Antony Hewish）**
確認為中子星：**湯瑪斯 · 郭爾德（Thomas Gold）和法蘭科 · 帕西尼（Franco Pacini）**

第一顆脈衝星周期：**1.33 秒**
最長的脈衝星周期：**8.51 秒（PSR J2144-3933）**
第一個脈衝雙星：**PSR 1913+16**
第一個雙脈衝星系統：**PSR J0737-3039**
第一個 X 射線脈衝星：**半人馬座 X-3**
第一個帶有行星的脈衝星：**PSR B1257+12**
最快自轉速度：**每秒 716 次（PSR J1748-2446AD）**
最接近地球的距離：**510 光年（PSR J0437-4715）**

超新星殘骸中的脈衝星。
（嵌入圖）蟹狀星雲中的脈衝星。

中子和電子一樣，沒辦法被壓得太過緊密，所以如果恆星不是太大，最後這些擠在一起的中子就能和重力抗衡。然而，量子力學告訴我們，粒子愈重就可以聚集得愈緊密，而中子比電子重將近 2000 倍，表示在塌陷中的核心內形成的天體，會比 248-249 頁討論的白矮星小得多。事實上，科學家認為中子星的直徑多半小於 16 公里，比很多都市的都會區還要小。我在華盛頓特區的郊區教書時，我跟學生說，495 號州際公路內的範圍絕對裝得下一顆中子星。

中子星的性質

像中子星這樣的天體有許多奇異的特質。首先，超新星的鐵核要比太陽大上許多（比太陽大 40-200%）才會開始塌縮。把這麼多的物質塞進和一座小城市一樣大的空間，物質會緻密到難以想像。事實上，一小滴中子星物質就比埃及的吉薩大金字塔要重。由於質量非常集中，表面重力也很龐大，可能比地球表面強 1000 億倍。

另一個奇異的特質與自轉有關。所有恆星都會自轉，像太陽自轉一周的時間大約是一個月。超新星的鐵核應該也要有類似的自轉速度，然而，就像溜冰選手收起雙臂時轉速會加快，核心在塌縮的過程中也會轉得更快。中子星的轉速有時會變得非常快，每秒將近 1000 圈！

最後，塌縮會使中子星產生極強的磁場。恆星的磁場通常不怎麼強，像太陽磁場大約是地球的一半。然而，磁場和恆星物質有緊密的關係，所以隨著核心塌縮，磁場密度也會提高。某些中子星的磁場甚至是地球的 1000 兆倍。

我們當然沒辦法近距離研究中子星，但對於它是什麼樣子，已經有相當完整的理論模型。一個直徑 16 公里的中子星，應該會有一層堅硬外殼，壓縮在一起的原子核呈網格狀緊密排列，厚度約 1.5 公里。在強大的引力作用下，它的大氣（由原子核和電子組成）不到 1 公尺高，表面極為平滑，表面的起伏最高或最深不超過一枚硬幣。在這個模型中，中子星的內部是主要由中子組成的一種液態結構。

根據這些敘述，我們就可以想像中子星的全貌：一個非常緻密、快速自轉，並擁有超強磁場的天體。一般來說就像地球一樣，中子星的磁北極與地理北極是有差異的。（地球的磁北極在加拿大，而非地理北極。）這表示星體在旋轉時，磁場也會繞圈轉。加上磁場又超強，中子星會發出無線電波束，沿著磁軸方向送出去。就像燈塔的光束繞著圈子掃射出去，中子星旋轉時，也會向太空送出無線電波束。如果地球正好位於電波束的路徑上，那就有趣了。

恆星燈塔

想像一下你站在海岸邊，附近有一座燈塔。光束轉過來時，你會看到一道閃光，光束轉走時又回到黑暗，然後再轉回來出現閃光。同樣的道理，如果有一臺無線電接收器位在中子星自轉時電波束會經過的路徑上，就會在磁軸指過來時，接收到無線電波的脈動，回歸平靜一段時間後，又出現一次脈動，不斷重複這個循環。

1967 年，科學家首度以英國的電波望遠鏡

觀察到這種規律的脈動。沒有人預料到會發生這種情況，科學家一開始戲稱它為「小綠人訊號」（LGM signals）。後來知道這個訊號來自中子星的自轉，於是開始稱這種天體為「脈衝星」。

從首度發現以來，在銀河系又找到了數千顆脈衝星。從十秒內到數毫秒，它們的自轉周期各不相同。也發現脈衝星會放出 X 射線和伽馬射線；少數甚至還有行星。距離地球最近的脈衝星，在 280 光年外的鯨魚座（Cetus）內。

脈衝星的科學

許多種類的脈衝星在各項調查中很受重視，但這裡只介紹其中幾種。

有時脈衝星的轉速會加快。回想那個溜冰選手縮回手臂的比喻，我們就可以知道這種中子星肯定有稍微變小。這個現象被解釋為「星震」（starquake）：星體外殼的破裂壓縮。

1974 年，普林斯頓大學的羅素・赫斯（Russell Hulse）和喬瑟夫・泰勒（Joseph Taylor）發現一個脈衝星繞著另一顆恆星轉。利

| 喬瑟琳・貝爾・伯內爾

「發現第一個脈衝星時很令人不安 —— 甚至會害怕，因為我們不確定那是什麼東西。」

每年諾貝爾獎得獎名單一公布，就會引起誰沒被選上的小爭論。每一項科學發現都有許多人做出了重大貢獻，卻沒有得到這項終極認可，而加入了「陪榜」的行列。這些爭論通常都很低調，不過，有少數幾場爭論持續了數十年，喬瑟琳・貝爾發現脈衝星就是其中之一。

貝爾當時是劍橋大學的研究生。1960年代晚期，她參與建造最早的電波望遠鏡，採用她的論文指導教授安東尼・休伊什建議的技術，偵測天空中無線電波的緊密波源。貝爾負責操作望遠鏡，並率先分析得到的數據。1967年，她開始注意到一種她稱作「浮渣」訊號，並勇敢面對資深天文學家不友善的懷疑，證明這些規律的無線電訊號確實存在，而非人為干擾。這些訊號最初被戲稱為「小綠人」，因為它們說不定來自外星人。不過，這些訊號很快就被確認是來自如今稱為脈衝星的星體（見上文）。

由於這項發現，休伊什和射電天文學家馬丁・萊爾（Martin Ryle）共同獲得1974年的諾貝爾物理學獎，這也是物理學獎第一次頒給天文學領域。貝爾被排除在外的事受到許多傑出天文學家的抗議 —— 但貝爾本人（婚後改姓伯內爾）並沒有加入抗議行列。她現在仍是一名活躍的天文學者，也曾獲得許多其他獎項，包括2007年大英帝國的爵級司令勳章。

超新星蟹狀星雲大約在

1000

年前爆炸

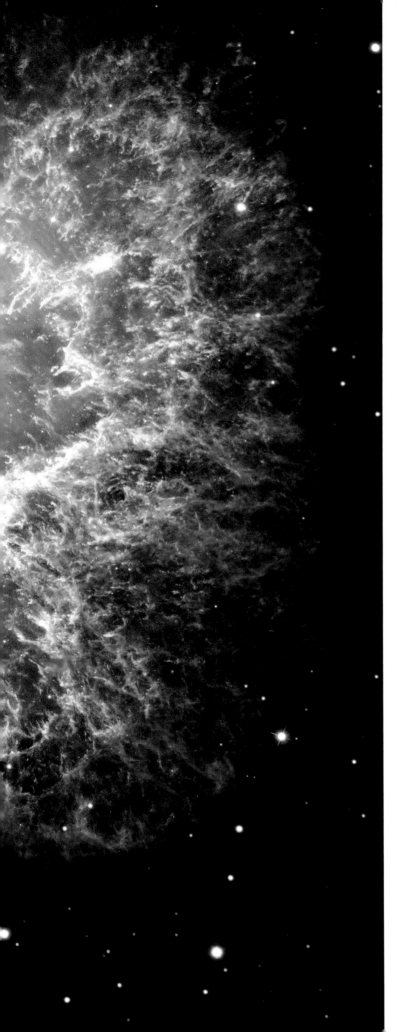

蟹狀星雲是一個超新星殘骸,最早可追溯到1054年日本和中國天文學家的觀察紀錄。這個殘骸如今形成了6光年寬的氣體雲,恆星爆炸後核心坍縮成中子星,在氣體雲中央快速旋轉形成磁場,使它泛著藍光。

用脈衝精準的時間特性,他們記錄到脈衝星軌道的緩慢衰減。消失的能量正好符合廣義相對論的預測——基本上,這個系統釋放出的輻射稱為重力波。(重力波在 2016 年時被偵測到,268-271 頁會介紹。赫斯和泰勒因為這項發現獲得 1993 年的諾貝爾物理學獎。)

事實上,屬於雙星系統的中子星,正好為科學家提供了一個絕佳的天然實驗室。舉例來說,研究一顆中子星在飛魚座(Volans)內繞著比它大的伴星轉時,加上中子星數公分高的大氣有極強的引力,天文學家就能觀察伴星發出的光如何彎曲並發生紅移。

有天文學家曾建議用脈衝星精確的旋轉速率,來定義新的時間標準,改善目前使用的原子鐘系統。原子鐘的精確度「只到」小數點後第 13 位,但一般相信脈衝星計時系統可達到第 15 位。時間標準本來就源自天體觀察,再度以天空來定義時間標準的確也說得通。

不論是在科幻作品或日常生活中，應該沒有其他天體比黑洞更備受矚目。而它確實是我們所知最奇特的天體。黑洞的簡短定義是一個密度極高的龐大天體，沒有物質能逃過它表面的重力吸引，光進到黑洞就再也逃不出去。據估計，質量比太陽多30倍的恆星經歷超新星過程後，就會變成黑洞。這種恆星核心的引力非常強，能夠克服中子的抗力。

黑 洞

| 巨大恆星的永恆終點 |

最早提出黑洞的想法：**1783 年，約翰 · 米契爾（John Michell）**
最早的近代理論：**1916 年，卡爾 · 史瓦西（Karl Schwarzschild）**

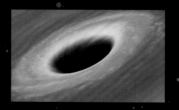

微型黑洞大小：**最大 0.1 毫米**
微型黑洞質量：**最大達月球質量**
恆星黑洞大小：**約 30 公里**
恆星黑洞質量：**約太陽的 10 倍**
中型黑洞大小：**約 1000 公里**
中型黑洞質量：**約太陽的 1000 倍**
超大質量黑洞大小：**15 萬至 15 億公里**
超大質量黑洞質量：**太陽的 10 萬至 10 億倍**

氣體從半人馬座 A 星系內的黑洞邊緣噴出。
（嵌入圖）物質被吸入黑洞的示意圖。

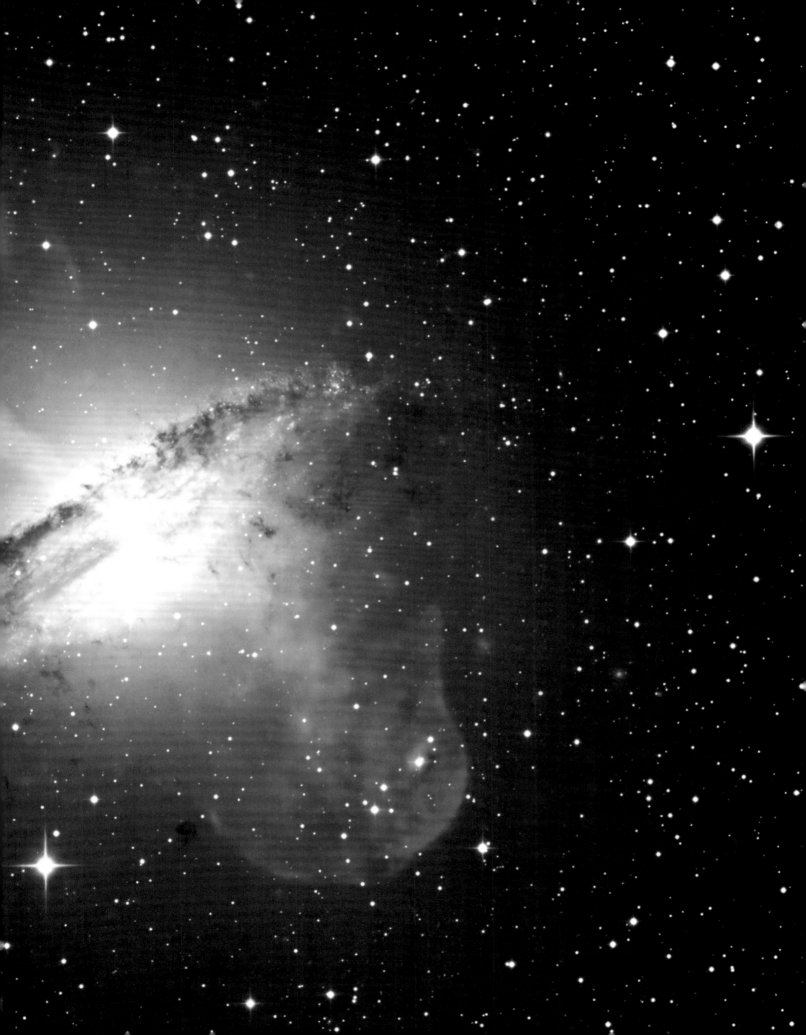

這些超大質量恆星一開始塌縮，就會發生驚人的變化。瀕死恆星的核心不是形成中子星，而是繼續塌縮，直到形成恆星黑洞。後面還會看到其他種黑洞，不過，現在先來看看愛因斯坦在相對論中指的黑洞是什麼樣子。

要理解愛因斯坦所說的重力，可以想像一張有彈性的橡膠片，上面畫著網格狀座標，繃緊固定在框架上。上面放一顆很輕的小彈珠，它會直線滾動。現在改放一個像保齡球這樣的重物，保齡球會把橡膠片往下拉，使它變形。如果再放上剛才的小彈珠，它會滾入保齡球製造的凹陷處。用愛因斯坦的話來說，保齡球的質量使網格（他會說「時空座標」）扭曲，而我們所知的重力，其實就是扭曲造成的結果。

現在想像這顆保齡球愈來愈重，使橡膠片陷得愈來愈深。到某個程度，保齡球周遭的橡膠片會完全包住這顆球，與其他網格斷開。基本上，這就是黑洞：與宇宙其他部分切割開來的空間。

越過「事件視界」

愛因斯坦發表相對論後不久，德國物理學家卡爾·史瓦西（Karl Scharzchild）在 1916 年預測黑洞存在。長久以來，史瓦西對愛因斯坦方程式的解讀被認為是一個很怪的想法，就像天文物理學界的鴨嘴獸。事實上，我還記得 1960 年代，在史丹佛大學的廣義相對論課堂中，我們學到黑洞雖然理論上可能存在，卻不可能在真實世界形成。這種看法在 20 世紀大半時間都居於主流。

史瓦西的解讀之所以這麼怪異，是因為存在所謂的「事件視界」（event horizon，或稱為「史瓦西半徑」）。這個界限把黑洞的內部與宇宙其他部分區隔開來，超越邊界就有去無回了。事件視界圍繞的區域小到不可思議，舉例來說，得把等同於太陽的質量裝入一個直徑不到 2 公里的球體，才能製造出這個區域。然而，真正怪異的事，其實是發生在黑洞的事件視界。

以下的比喻或許有助於了解事件視界。假設你和朋友坐進幾艘獨木舟順流而下，你們在起點說好，為了讓彼此知道對方的所在，你們會定期發出呼喊聲（比方說手表每過一分鐘就喊一次，傳送聲波）。後來出現了瀑布，愈靠近它水流得愈快，最後甚至超越音速，這就是事件視界。你前往下游的這段過程，對站在岸上的人和你自己來說，看起來會是什麼樣子？

對岸上的人來說，你的速度加快時，呼喊聲的間隔會愈來愈長。更準確地說，他們會覺得你的手表（藉由測量每次呼喊聲的間隔）變得愈來愈慢，等你一越過事件視界，你的聲音（與手表）就停止了。然而，與你一同順流而下的朋友卻不會注意到任何奇怪的地方，你們可以繼續正常溝通。而對你來說，在越過事件視界時也沒什麼變化。

同樣地，天體掉進黑洞時，在遙遠的觀察者得眼中，它的時間會變慢，並在越過事件視界時停止。但如果觀察者本身就位在這個天體上，就不會看到時鐘的速度有任何改變，這就是事件視界的本質。

尋找黑洞

依據前面的描述，光線進入黑洞後就無法逃出，那顯然用反射光來偵測天體的一般方法，並不適用於黑洞。不過，依據質量大小，每個黑洞都有強度不同的引力，可以用來找出它們。

1980 年代，科學家觀察天體在看不見的重力場中運動，發現了黑洞存在的第一個證據。研究者監測銀河系中心（位在人馬座）的天體，發覺那裡的天體都繞著某個質量龐大的東西運轉，如今稱為銀河黑洞。這個位於銀河系中央的黑洞，質量是太陽的數百萬倍。

儘管聽起來很驚人，不過別忘了，銀河系有數十億個恆星，這個位於中央的黑洞所占的質量還不到銀河系總質量的千分之一。天文學家

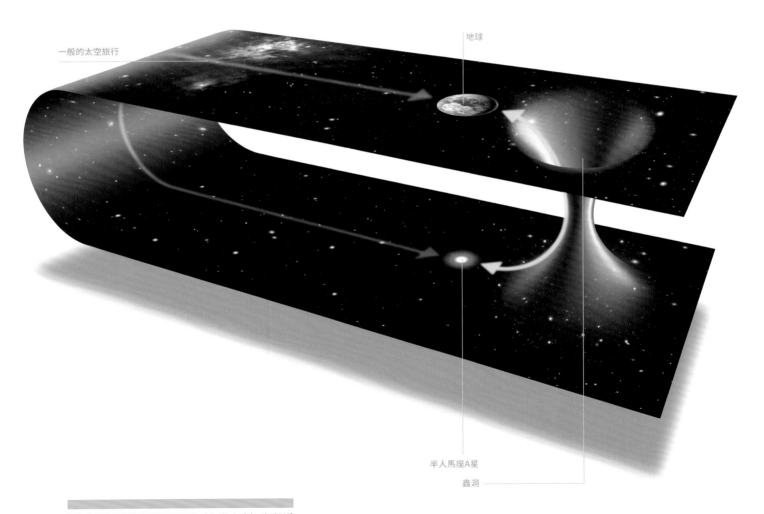

一般的太空旅行

地球

半人馬座A星

蟲洞

圖示說明蟲洞如何連通地球（上半中央）和鄰近的半人馬座α星，使旅程比一般路線（紅色箭頭）快上許多，幾乎和光速一樣快。理論上，蟲洞確實可能存在，也是科幻作品常用的題材。

認為，可能大部分（甚至所有）的星系中央都有黑洞。

另一個找出黑洞的方法，是透過黑洞外圍的輻射。掉入黑洞的物質常會聚集，形成所謂的吸積盤。盤中會發生碰撞而升溫，釋出高能輻射，讓我們能看到恆星塌縮產生的較小黑洞，稱為恆星黑洞。最有可能形成恆星黑洞的是雙星系統，當其中一個恆星完成生命周期，會形成黑洞。在這種情況下，黑洞能吸引另一個恆星的物質形成吸積盤，吸積盤之後會升溫，放出 X 射線等輻射。像放射強烈 X 射線的天鵝座 X-1 星，就是恆星黑洞其中一個最佳候選者。

天鵝座X-1系統（Cygnus X-1，左下圖）非常靠近銀河系一個恆星誕生區。普遍認為在這個雙星系統內，有一個質量約為太陽15倍的黑洞繞著一個藍巨星轉（右頁下）。科學家相信這個黑洞會吸引伴星的氣體，並高速噴出一部分。

進入黑洞

目前為止，我們只談到從外側觀察黑洞。我們無法直接研究黑洞內部，因為任何訊息都沒辦

天鵝座X-1的光學影像

法從裡面傳出來。不過，數學模型顯示，黑洞內部可能非常怪異。舉例來說，史瓦西預測黑洞的中心可能有一個「奇異點」，時空曲率在那裡會變成無限，已知的物理定律到了奇異點便不再適用。至於帶電或轉動的黑洞，理論上要從某處進入，再從另一個時空連續體出去則是有可能的。這種路徑是科幻小說家的最愛，稱為蟲洞。同一個模型也顯示，穿越黑洞或許就可以進行時光旅行。

　　不過，在一頭陷入這些奇妙的可能性以前，

要先知道黑洞附近的重力場非常強大，光是頭部和腳部間的重力差，就足以把人拉長並扯開，天文物理學家稱為「義大利麵化」。即使是最堅固的星際戰艦，也沒辦法平安通過奇異點。所以最好還是不要接近黑洞！

在 2016年9月14日，天文學家開啓了一扇新的宇宙窗口——LIGO（Laser Interferometer Gravitational Observatory，雷射干涉重力波天文臺）這部龐大的儀器記錄到通過地球的重力波。可以把重力波想像成時空中的漣漪，時空的概念是1916年時由愛因斯坦提出，他預測每當巨大物體移動時就會產生重力波。第一次偵測到的重力波，是數十億光年外一個星系裡的兩個大質量黑洞發生碰撞所導致。

重力波

| 新的宇宙窗口 |

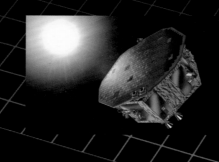

第一次預測：**1916 年，阿爾伯特 · 愛因斯坦**
第一次偵測：**2016 年 9 月 14 日，LIGO**

第一次偵測到的事件：**兩個大質量黑洞互撞**
其他的偵測：**至少兩次**
第一階段太空偵測：**2016 年，ELISA 開創者號**

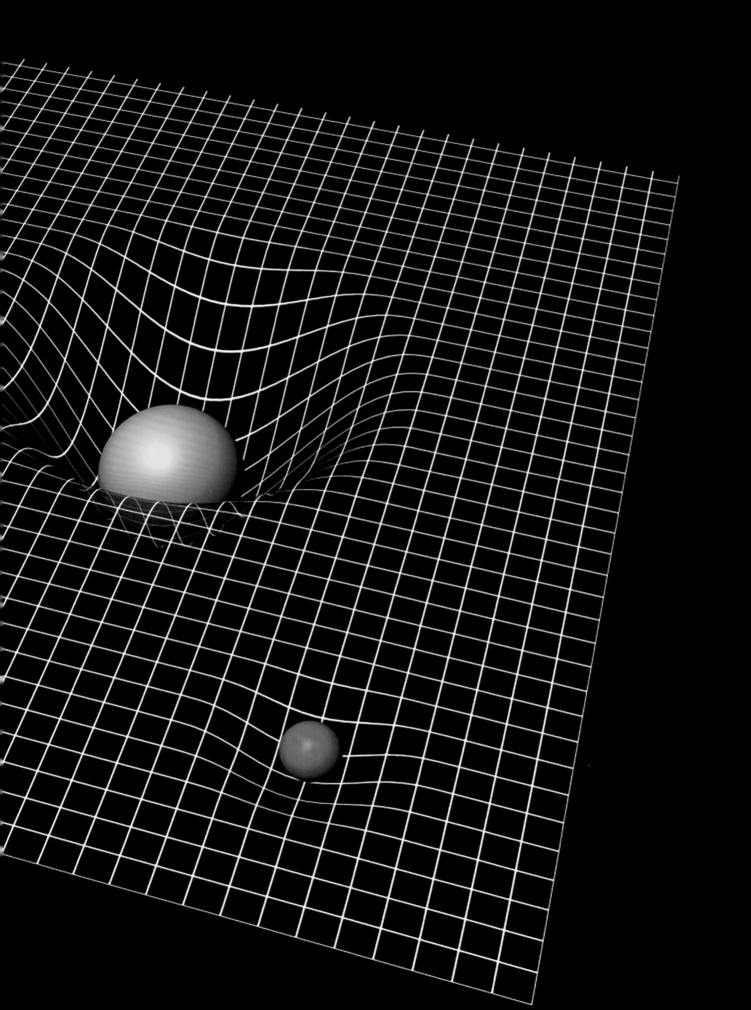

公元 1916 年，年輕卓越的理論物理學家愛因斯坦把他的一篇論文提交給柏林的一群科學家。論文正式發表的時間是 1917 年，內容是廣義相對論的概論，這個理論很快地成為解釋重力最好的理論。

可以用兩個概念來領略一下廣義相對論的道理：

- 物質的存在會造成時空結構扭曲
- 物質在扭曲的空間中移動會採取最短的可能路徑

第一個概念的簡單想像方式是，你有一張拉平的橡膠床單，床單上畫著標準的方型格線。接著想像你放了一個重物在床單上，例如保齡球。保齡球的質量（第一個概念）造成床單凹陷（「扭曲」），當物體在床單上移動（想像一顆彈珠從一側滾到另一側），如果物體太靠近保齡球就會偏移（第二個概念）。

廣義相對論實際的運作當然需要用到複雜的數學，但就如所有科學理論一樣，它預測出來的結果可以用實驗和觀察來驗證。例如廣義相對論預測，當光靠近太陽，會受到時空扭曲而偏折。英國天文學家亞瑟‧愛丁頓在 1919 年的日全食確認了這項預測，因而使愛因斯坦開始享有國際聲譽（《紐約時報》稱他為「爆紅的愛因斯坦博士」）。20 世紀中，一個接一個的理論預測被精密實驗確認，但有一項預測一直沒有被證實，這項預測是關於「重力波」。

了解重力波最簡單的方法是回到前面提到的保齡球例子，想像拿著保齡球在橡膠床單上上下移動，如果這樣做的話，不難看見床單上往外傳播的漣漪，這就是重力波，重力波的漣漪造成時間和空間扭曲。

要偵測這些重力波，有兩個問題必須要解決。第一，預測的變形量非常小。第二，跟第一個問題有關，重力波的偵測器必須非常靈敏，因而可能會偵測到許多不相干的訊號，例如，車輛通過附近街道，或風吹過建築物產生的震動，這些都會遮蔽真正的重力波訊號。

LIGO 加入

LIGO 是 Laser Interferometer Gravitational Wave Observatory 的縮寫，即雷射干涉重力波天文臺，這個非常複雜的設備是史上最有野心的科學計畫之一。基於前面提到的幾個理由，LIGO 實際上有兩座偵測器，一座位在美國華盛頓州，另一座在美國路易斯安納州，只有兩座偵測器都偵測到的才是真正的重力波事件。每座偵測器由兩條互相垂直的 4 公里長管組成，就像一個大大的英文字母 L。長管內維持高度真空，兩條長管的尾端各有一面鏡子。一束雷射注入兩長管交會處，在這裡分成兩束，各往 L 形的其中一臂前進，L 形臂尾端的鏡子會反射雷射光束，反射的光波會在中央的地方會合。用物理上的術語來說，兩束雷射發生「干涉」，可以用來精準量測兩面鏡子微小的位置變化。

LIGO 在 2002 年開始運作，之後到 2010 年之間展開大量的工程和設計工作。接著偵測器暫停運作，進行重要升級，2015 年重新啟用（升級後的偵測器稱為「先進 LIGO」）。2016 年 9 月 14 日第一次偵測到重力波事件，接下來 2016 年

12 月 26 日又再偵測到另一次，這兩次的重力波都是兩顆黑洞撞擊產生的，兩次事件中鏡子移動的距離大約是質子大小的千分之一。

我們知道 LIGO 和黑洞之間的關連，廣義相對論預測最大質量天體運動將形成最大（最容易偵測）的重力波。雙星系統中，如果兩顆恆星都演化成黑洞，這兩個黑洞會以螺旋方式靠近對方，最後合而為一，形成一個大質量黑洞。

LIGO 的成功有兩個重大意義。第一，這是廣義相對論的重要驗證。第二，為宇宙開啟一扇新的窗口，讓我們能夠了解最暴烈的事件。我們得到這個新發現的能力之前，只能想像猜測這樣的事件是怎麼發生的。

雖然好幾個國家都建有類似 LIGO 的偵測器，

位在美國路易斯安納州利文斯頓的LIGO偵測器。2016年第一次偵測到重力波後，已經有更多的重力波被偵測到。2017年諾貝爾獎頒發給首次到偵測重力波的科學家。

也都在運作中，不過重力波的未來取決於歐洲航太總署，這個還在計劃階段的任務稱為 eLISA，即「進化雷射干涉太空天線」（evolved Laser Interferometer Space Antenna），它將包含三顆繞太陽運行的人造衛星，這三顆衛星分別位在三角形的頂點，彼此相距數百萬公里。科學家相信 eLISA 有能力偵測到大霹靂產生的重力波。

十世紀後期最震撼的發現之一，就是我們熟悉的一般物質——例如構成人體的物質——只占宇宙的一小部分。後面談到宇宙的擴張時會再回到這個主題，這一節要先討論暗物質，這項發現再一次讓我們了解自己的渺小。要討論暗物質，就得了解星系如何轉動。銀河系就像一個巨大風車，以數億年的周期旋轉，太陽每2億2000萬年左右會繞完一圈。

暗物質

| 隱形的銀暈 |

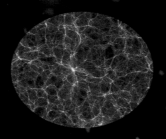

最早的提出者：**1932 年，揚 · 歐特；1933 年，弗里茨 · 茲威基**
發現者：**1970 年代早期，薇拉 · 魯賓（Vera Rubin）**
發現方法：**星系的轉速**

今日宇宙中一般物質的比例：**5%**
今日宇宙中暗物質的比例：**23%**
今日宇宙中暗能量的比例：**73%**
暗物質的類型：**冷暗物質、溫暗物質與熱暗物質**
冷暗物質：**以普通速度移動的物體**
溫暗物質：**移動速度足以產生相對論效應的粒子**
熱暗物質：**以接近光速移動的粒子**
部分由暗物質構成的星系：**VIRGOH121**

天文學家研究星系結構的其中一個方法，就是觀察星系旋轉的細節。這項研究的主要工具是「星系自轉曲線」，天文學家以恆星的移動速度，算出它與星系中心的距離。

要了解星系自轉曲線的概念，可以先看一個自轉物體的簡單例子：旋轉木馬。旋轉平臺內側的移動速度很緩慢，愈往外圍移動速度就愈快。此時自轉曲線顯示，隨著位置遠離中心，速度會穩定提高。所有會自轉的固體都有這種特徵。

在銀河系這類星系的中央區域，情況也很類似。在擁擠的星系中央，恆星彼此會被重力綁在一起，呈現旋轉木馬效應。但是往外移動到某個地方（實際位置依星系的詳細結構而有所不同），一越過某個點，就發現不管距離中心多遠，所有恆星都以同樣的速度運行。就像賽跑選手在橢圓操場上有固定的跑道，外側的選手要跑的距離比較長，即使速度和內側選手一樣，還是會逐漸落後。這也是為什麼銀河系的旋臂會彎成這樣。

如果繼續往外，星系自轉曲線又會如何？這

薇拉・魯賓

「對光學天文學家來說，發現宇宙幾乎一片黑暗可不是什麼好消息。」

薇拉・魯賓（1928-2016）是一位和藹可親的女士，乍看之下不像是一個能顛覆整個天文學界的人。唯一看得出她是天文學家的線索，是她偶爾會戴的一條石頭項鍊，這條項鍊的顏色由紅漸變到藍，就像她們那群光學天文學家最愛研究的光譜。

魯賓對夜空的熱愛，可以追溯到十歲跟家人搬到華盛頓特區的時候。「從我房間的窗戶可以看到北天的星空，」她說，「我想我就是從那時候開始愛上天文學的。」她進入以訓練天文學家著稱的瓦薩學院就讀，之後又到康乃爾大學的研究所。撰寫碩士論文時，她首次接觸星系研究，後來那成為她研究生涯的重心。她與先生慶祝第一個孩子出世的三週後，在美國賓夕陽法尼亞州哈弗福（Haverford）的一場研討會中發表論文，研究內容涉及其他星系的運動。現在回想地方報紙隔天的頭條，仍會逗得

她發笑，「標題說：『年輕媽媽透過恆星運動解開造物的核心』。」

年輕的魯賓夫婦搬回華盛頓特區後，她進入喬治城大學的天文學博士班。她當時的指導教授，是在附近的喬治華盛頓大學任教的著名物理學家喬治・加莫夫（George Gamow）。兩人總是在華盛頓卡內基學院碰面，魯賓回憶道：「我第一次走進那棟建築，就知道那是我想待的地方。」最後她就在1965年進入卡內基學院任職。

那她對發現暗物質有什麼感想？她笑著說：「對光學天文學家來說，發現宇宙幾乎一片黑暗可不是什麼好消息。」然後又用比較認真的語氣補上一句：「我大半輩子都在觀看天空，到現在還在看。」

裡有一個小小的假想實驗：想像你在非常遙遠的地方，星系中符合旋轉木馬效應的部分變成遠方一個暗淡的光點。但星系的引力對你仍有影響，讓你繞著那個遙遠的小點轉。這種情況就類似繞太陽轉的行星，木星的公轉速度會比火星慢。既然距離星系這麼遠，外緣的塵雲和恆星距離愈遠就轉得愈慢，這就是克卜勒旋轉，以發現太陽系行星公轉定律的約翰尼斯·克卜勒（Johannes Kepler, 1571-1630）為名。

重力之謎

　　天文學家從星系中心往外圍追蹤自轉曲線時，預期會看到尾端下降的趨勢，但事實卻不是如此。1970 年代早期，華盛頓卡內基學院的年輕天文學家薇拉·魯賓，開始以先進的成像儀器測量星系自轉曲線。她從鄰近的仙女座（Andromeda）星系開始觀察，結果驚訝地發現，在她最遠測量得到的範圍內，這條曲線始終維持水平。也就是說，不管距離星系中心多遠，恆星都以同樣的速度運行。她繼續向外調查，但

每一個星系都是同樣的結果。到了 1978 年，天文學家終於明白，他們原本對星系旋轉的預期是錯誤的。

事實上，科學家很快就了解到，觀察到的星系自轉現象的唯一解釋，就是有一團構成巨大球狀的物質，包住了我們看得到的星系部分（我們探索過的恆星與塵雲）。我們看不見這團球狀物質，但還是能觀察到它的效應。很快地，這個新物質就被命名為「暗物質」。無論暗物質是什麼，它不會釋放或吸收光或其他電磁輻射，也不會與重力以外的一般物質起作用。這表示，雖然我們可以觀察它對發光物質的重力效應（例如對自轉

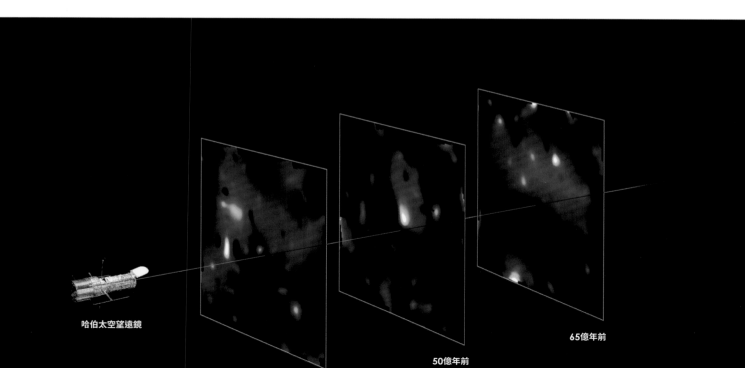

哈伯太空望遠鏡

50億年前

65億年前

曲線的影響），卻無法直接看到它。此外，計算顯示，像銀河系這樣的星系，肯定有超過 90% 的總質量都是由這種新物質構成。

暗物質的概念一問世，很快就找到其他地方也有暗物質存在的證據。舉例來說，有些星團中的個別恆星移動得很快，不會被其他恆星的引力捕捉。在這些情況下，就需要額外的重力，而暗物質就是重力提供者。我們將在 321 頁看到，天文學家如今相信暗物質構成了宇宙質量的 23%。（可以對照一下，恆星等發光物質占宇宙質量不到 5%。）

如果真有這麼多暗物質存在，它究竟是什麼東西？理論家很快就提出了許多假設，其中最受歡迎的解釋是：這塊遺失的拼圖是還未偵測到的「大質量弱作用粒子」（weakly interacting massive particle, WIMP）。每個假設都很有趣，但是要確認暗物質的組成物，唯一的辦法是在實驗室中把它找出來。

尋找暗物質

目前世界各地都在搜尋暗物質。整個星系內都充斥著這種新物質，代表不管它是由什麼組成的，肯定無時無刻穿越我們，卻不留痕跡（要記得，它不怎麼與一般原子作用）。事實上，既然地球持續繞著太陽運行，就應該有「暗物質風」不斷吹過地球。就像開車經過空氣靜止的地方時，還是能明顯感覺到有風。

要偵測暗物質，就得想辦法找出罕見事件，像是暗物質風在偵測器裡動到一兩個原子。很多過程都會動到原子，尤其宇宙射線的撞擊會掩蓋已經非常微弱的暗物質訊號。因此，通常搜尋暗物質的實驗會在地底深處的礦坑或隧道中進行，利用層層岩石作為屏障，避免受到干擾。靈敏度最高的暗物質搜尋工作，正在美國南達科他州黑丘陵的舊金礦中展開，這個空間之前是用來偵測太陽微中子（見 222 頁），舊稱霍姆斯特克金礦，不過現在是桑福地下研究機構（Sanford Underground Research Facility，以銀行家丹尼・桑福為名，他提供了可觀的經費建造這個實驗室）。設備的核心部分是一個電話亭般大的容器，裡面裝滿液態氙，這個設備稱為 LUX 偵測器（LUX 是 Large Underground xenon 的縮寫），想法是暗物質風吹過時，應該偶爾會跟氙原子起作用，這時氙會發出閃光和一顆電子，經過一連串複雜的交互作用，電子最後也會發出另一道閃光。成功偵測一個暗物質的訊號，必需先後發生這兩道閃光。

原本的研究使用 118 公斤的氙，2013 年結束時沒有任何與暗物質作用的證據。接續的實驗採用 368 公斤的氙，2016 年實驗結束時，結果還是一樣。這個結果對暗物質是由 WIMP 組成的想法產生懷疑，不過並未完全排除 WIMP 的可能。現在理論學家正忙著提出其他新奇的可能性，不過我們現在能說的是，我們知道暗物質存在，不過還是不知道它到底是什麼。

宇宙中暗物質的立體地圖。由於觀看遠處的天體等於觀看過去，我們可以追蹤數十億年間暗物質分布的演變。

螺旋星雲

史匹哲太空望遠鏡（Spitzer Space Telescope）拍攝的螺旋星雲（Helix Nebula）紅外線影像。這個700光年遠的行星狀星雲是瀕死恆星的氣體殘骸，觀察者看到的就是影像中央明亮的白矮星。

目前對宇宙的認識，起源於美國洛杉磯郊外威爾遜山頂一座當時新建的望遠鏡。這是艾德溫・哈伯一個人的構想。1920年代晚期，哈伯用這座新儀器進行研究時確立了這樣的概念：宇宙中的物質會形成銀河系等星系，也就是在銀河系外還有許多「島宇宙」存在。更重要的是，他指出那些星系正在遠離我們，代表整個宇宙正在擴張。

有了這項認知，我們就不難把時間倒轉，回到整個宇宙都壓縮成一個極熱、極緻密的點的時候。這個情節，也就是宇宙在過去某個時間點誕生後一直在擴張與降溫的假設，就是所謂的「大霹靂」。面對這個概

宇　宙
THE UN

念會想到三個問題：這個理論正確嗎？大霹靂是如何開始的？宇宙會如何終結？

　　這一章就要探討這些問題，首先從「宇宙微波背景輻射」開始講起，因為這個現象可能是支持大霹靂最有力的證據。第二個問題會帶到科學界最令人興奮的體悟：要研究已知最大的東西——宇宙，就得研究已知最小的東西，也就是組成所有物質的基本粒子。

　　近年來我們逐漸明白，一種叫「暗能量」的神祕物質構成了宇宙大部分的質量，宇宙的命運跟暗能量的性質息息相關，但此時此刻，我們對它沒有半點了解。

NIVERSE

宇宙

製圖者註記：右頁下圖顯示太陽系周遭還有眾多恆星，這群恆星屬於銀河系（左下），銀河系又屬於本星系群（左上），本星系群又屬於一個超星系團。超星系團是目前已知最大的結構，一般認為它的絲狀（filament）和長城（wall）構造串連到整個宇宙。

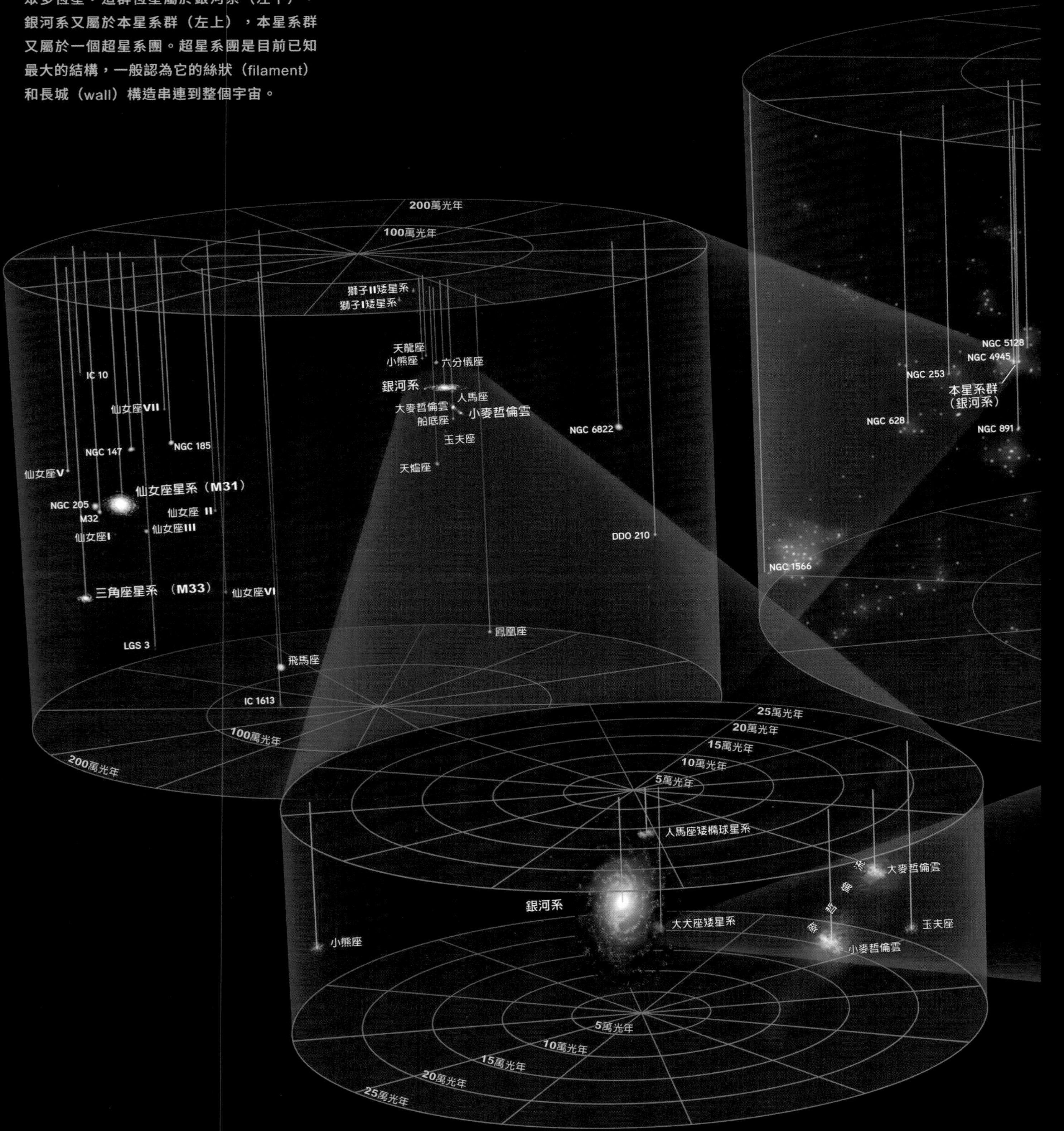

200萬光年
100萬光年
獅子II矮星系
獅子I矮星系
天龍座
小熊座
六分儀座
銀河系
人馬座
大麥哲倫雲
小麥哲倫雲
船底座
玉夫座
天爐座
NGC 6822
IC 10
仙女座VII
NGC 147
NGC 185
仙女座V
仙女座星系（M31）
NGC 205
M32
仙女座 II
仙女座III
仙女座I
三角座星系（M33）
仙女座VI
DDO 210
LGS 3
鳳凰座
飛馬座
IC 1613
100萬光年
200萬光年
NGC 5128
NGC 4945
NGC 253
本星系群
（銀河系）
NGC 628
NGC 891
NGC 1566
25萬光年
20萬光年
15萬光年
10萬光年
5萬光年
人馬座矮橢球星系
大麥哲倫雲
麥哲倫流
銀河系
大犬座矮星系
玉夫座
小熊座
小麥哲倫雲
5萬光年
10萬光年
15萬光年
20萬光年
25萬光年

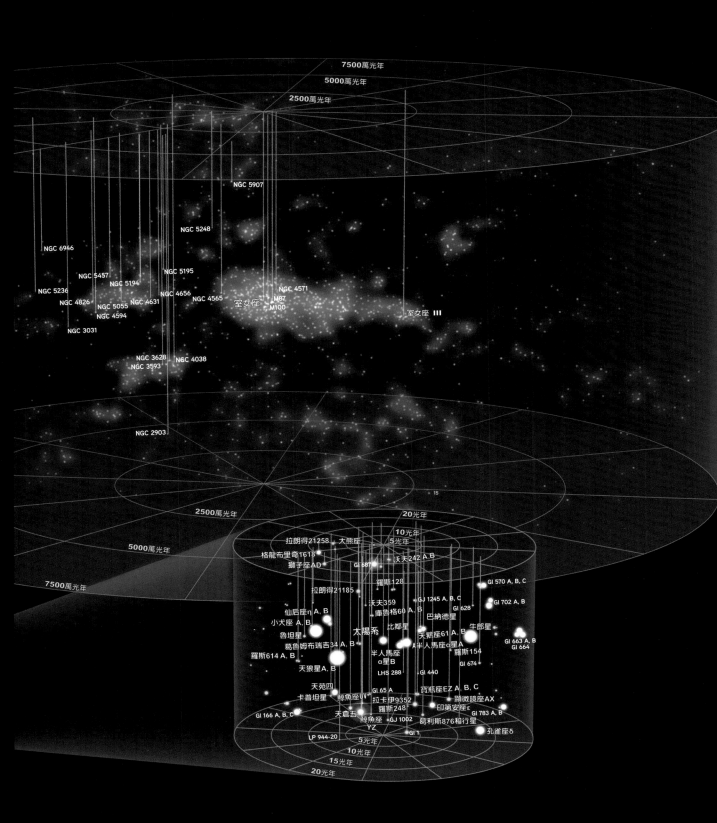

我們已經很習慣把太陽想成是銀河系數十億顆恆星中的一顆，而銀河系又是宇宙數十億個星系中的一個，或許幾乎沒有讀者注意到，本書到目前為止，都沒有對這些敘述多加解釋。但過去有一段時期，宇宙物質聚集形成星系的說法曾引起過激烈的辯論。宇宙的組成有許多種可能性，物質有可能隨機散布在太空；或全部聚在中央，周圍空無一物；或者聚集成隨機散布的星系。

星系大辯論

| 艾德溫 · 哈伯和島宇宙 |

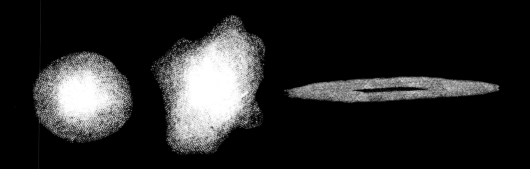

公元前 400 年左右：希臘哲學家認為銀河是灼熱的蒸汽
1610 年：伽利略 · 伽利萊觀察到銀河由恆星組成
1918 年：哈羅 · 沙普利（Harlow Shapley）發現太陽並不在銀河系中央
1920 年代：艾德溫 · 哈伯發現星系由恆星組成
1929 年：哈伯觀察到星系正在遠離
1932 年：卡爾 · 顏斯基（Karl Jansky）偵測到來自銀河系中心的無線電雜訊
1936 年：哈伯發展出星系分類音叉圖
1939 年：格羅特 · 雷伯（Grote Reber）發現無線電波源天鵝座 A
1952 年：無線電偵測到銀河系的旋臂
1970 年代：薇拉 · 魯賓發現星系中的暗物質
1990 年代：哈伯太空望遠鏡進行深視野調查

名為 APR 274 的三個星系。
（嵌入圖）天文學家威廉 · 赫歇耳繪製的三個星雲。

理論天文學家的工作，是了解宇宙各種可能的樣貌。但是我們只能活在一種宇宙裡面，而觀測天文學家的工作，就是找出哪一種是我們的宇宙。

這裡所說的「星系大辯論」是由星雲的存在所引發的。星雲之所以叫做星雲，是因為早期天文學家第一次觀察到星雲時，它看起來就像一塊模糊的光雲。辯論的問題很簡單：星雲只是銀河系中的發光物質組成的，還是遠在銀河系外的「島宇宙」？要回答這個問題，天文學家需要兩樣東西：解析度更高的望遠鏡（以便觀察星雲中的個別恆星），以及測量那些恆星距離的方法。

20 世紀初，亨利耶塔・勒維特解決了測量距離的問題（見 216-217 頁）。另外，雖然進度沒有那麼快，望遠鏡的問題也即將獲得解決。

100 吋望遠鏡

要知道我們對宇宙的了解如何發展到今天的樣貌，得先回到 19 世紀中葉，認識美國史上最了不起的人物之一：安德魯・卡內基（Andrew Carnegie）。他 12 歲來到美國，一開始在匹茲堡擔任電報傳遞員，最後成為美國巨富。他有許多豐功偉業，像是創立了後來成為美國鋼鐵（United States Steel）的公司。這位 19 世紀的美國資本家靠剝削致富，之後卻做了一件出人意料之外的行為，他寫下〈財富的福音〉（The Gospel of Wealth）一文，說明人一旦獲得了財富，就有義務把財富用來解決重要的社會問題。他說：「死時還家財萬貫，是非常可恥的。」只要看看今天的比爾與梅琳達・蓋茨基金會，就知道仍有人在奉行卡內基的遺志。

安德魯・卡內基創立了華盛頓卡內基學院（Carnegie Institute of Washington），致力於科學研究。他特別感興趣的一項計畫，是在洛杉磯附近的威爾遜山上，建一座大型天文臺。20 世紀初，這個天文臺擁有世界最大的望遠鏡。1919 年，艾德溫・哈伯（Edwin Hubble，見右頁）開始在威爾遜山任職，並大大改變了我們對宇宙的認識。

天文臺雄偉的新儀器配有 2.5 公尺寬鏡面，可捕捉到前所未有的光量。哈伯使用這座望遠鏡，開始系統性地研究星雲。他首先根據星雲的外觀加以分類，這個分類系統直到今天還在使用。但更重要的是，這座新望遠鏡可以從附近的星雲中找出造父變星，換句話說，哈伯可以利用勒維特的標準燭光法，得出這些星雲的距離。結果他測出的距離是數百萬光年，表示這些星雲不可能是銀河系的一部分。到了 1925 年，哈伯確立了我們居住的宇宙是由許多星系構成的。

單憑這項貢獻，哈伯就足以名留青史。但他的研究的另一個面向又導出了宇宙大霹靂，主宰了近代的宇宙學。要了解哈伯如何想出這個理論，我們得稍微岔開話題，談談所謂的「都卜勒效應」（Doppler effect）。

紅移

如果你曾在高速公路上，聽過某輛車一邊按喇叭一邊快速駛過，那你已經親身經歷過都卜勒效應了。你可能會注意到，喇叭的音調在車子經過後往下掉。當車子靜止不動時，聲波的波峰會

均勻地四處擴散，每個人聽到的音高會一樣。然而，如果車子正在移動，每個往外擴散的聲波的中心，都位在放出波峰時車子的位置。對車子前方的人來說，波峰會擠在一起（聽到較高的音調），而對車子後方的人來說，波峰之間的間隔會拉長（聽到較低的音調）。這種音調的改變就是都卜勒效應，由移動波源釋放的任何一種波都會有這種現象。

哈伯以前的天文學家就注意到，星雲中恆星發出的光會往光譜上波長較長的一端（紅）偏移，代表波峰之間的距離拉長了。也就是說，觀察到的星雲正在遠離我們。當時天文學家還不知道星

｜艾德溫・哈伯

「天文學的歷史也是人類視野不斷擴張的歷史。」

1889年，艾德溫・哈伯出生在美國密蘇里州的一個中產階級家庭，在伊利諾州芝加哥郊區惠頓長大。就讀芝加哥大學期間，他不但是優秀的學生，也是傑出的運動選手，1908年籃球隊奪冠時他就在隊上。物理學界還傳說，哈伯曾是很厲害的業餘拳擊手，甚至認真考慮過是要繼續求學，還是去當職業拳擊手。顯然他最後決定留在學校，並獲得羅德獎學金到牛津大學學習法律和西班牙文。回到美國後，他花了一年時間在高中教西班牙文，並通過了肯塔基州的律師考試，但卻決定回芝加哥研究天文學。攻讀博士期間，他曾在威斯康辛州的葉凱氏天文臺（Yerkes Observatory）任職，受到幾位傑出天文學家的關注。1917年，他通過博士論文口試，隔天就自願參軍。1919年一戰尾聲，他以少校身分退伍後，威爾遜山天文臺給了他一個職位，接下來的事就眾所皆知了。直到1953年過世以前，哈伯都持續他的研究，永遠改變了我們對宇宙的認識。

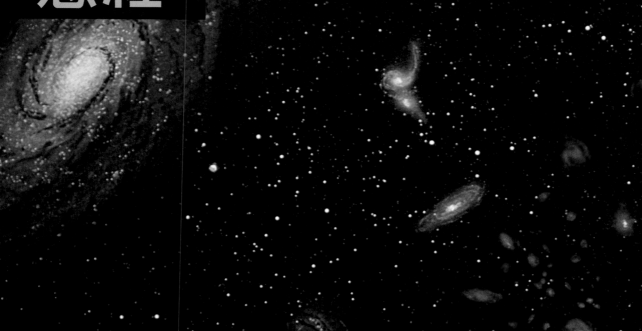

遙遠星系遠離時會

愈變
愈紅

雲離我們有多遠，所以並沒有在觀察到的紅移之間，看到系統性的關係。哈伯一算出星雲的距離，就注意到紅移愈大（代表星系遠離的速度愈快）距離愈遠，這種現象通常以哈伯方程式表示：

V＝H × D

V 是星系遠離的速度，D 是星系的距離，H 則是哈伯常數。這個方程式告訴我們，觀察兩個星系，其中一個的距離是另一個的兩倍，較遠的星系遠離的速度也會是較近星系的兩倍。

下一節，我們會探討哈伯這項發現帶來的驚人結果。

都卜勒效應會使正在遠離我們的物體（例如星系）發出的光往長波段偏移（紅移，中圖）；正在靠近我們的物體發出的光，波長則會往短波段偏移（藍移，最下圖）。

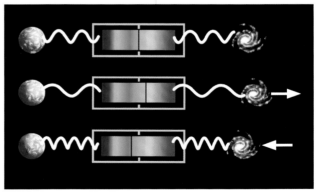

宇宙紅移的概念圖，較接近我們的星系會發出白光，離我們愈遠（且遠離速度愈快）的星系發出的光愈紅。

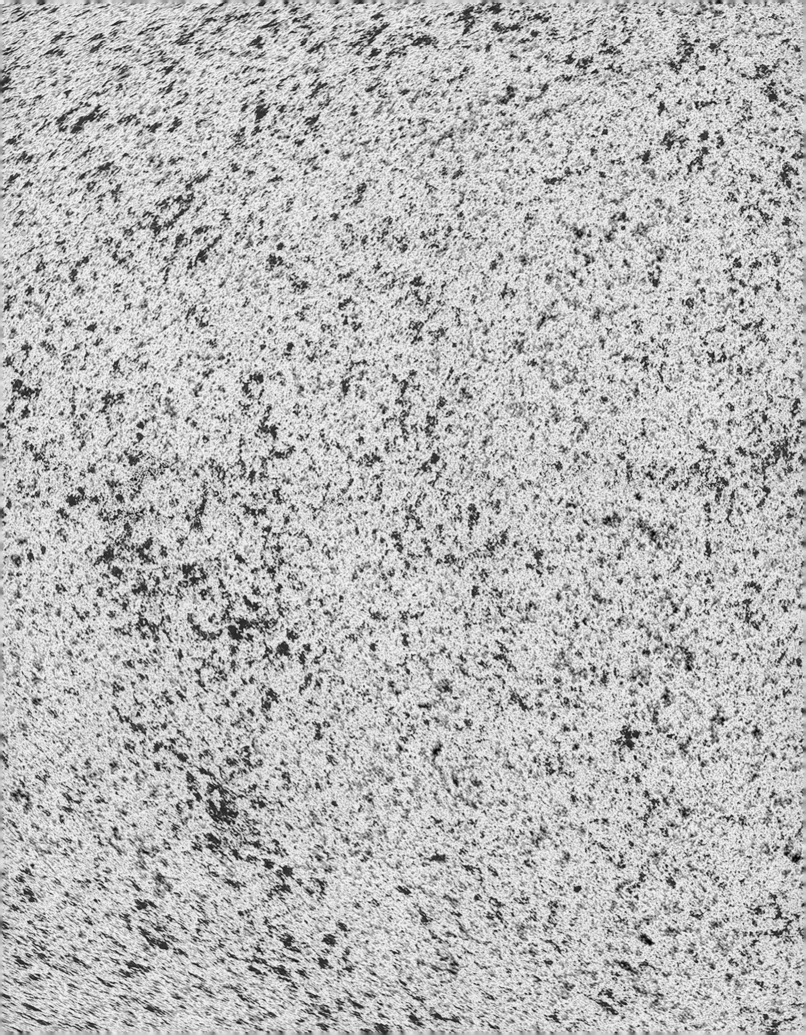

科學上最重要的發現有時出自意外，宇宙微波背景輻射（cosmic microwave background）就是一例。1960年代早期，洲際電視傳輸才剛實現，以今天的標準來說技術還很原始，必須把微波接收器指向天空才能接收電視訊號。這也連帶出現干擾的問題：宇宙中是否有別的東西會向接收器送出微波？1964年，新澤西州貝爾實驗室的兩位科學家阿諾·彭齊亞斯（Arno Penzias）和羅伯特·威爾遜（Robert Wilson）為了尋找解答，開始調查天空中的微波。他們利用一個老接收器掃描整個天空，有系統地記錄了可能干擾電視訊號的背景微波輻射。

宇宙微波背景輻射

│ 來自時間起源的訊息 │

最早的預測：**1948 年，勞夫 · 阿爾菲（Ralph Alpher）和羅伯特 · 赫爾曼（Robert Herman）**
發現者：**1964 年，阿諾 · 彭齊亞斯和羅伯特 · 威爾遜**
1989 年：**發射宇宙背景探測衛星（COBE）**
2001 年：**發射威爾金森微波異向性探測器（WMAP）**
2009 年：**發射普朗克太空船 （PLANCK）**
發現方式：**微波望遠鏡**

宇宙背景溫度：**絕對溫度 2.725 度（攝氏零下 270.425 度）**
宇宙背景輻射的變化：**1 萬 4000 分之一**
微波背景輻射起源：**宇宙誕生 38 萬年後**
宇宙目前年齡：**137 億年**
銀河系相對於背景的速度：**每秒 627 公里**

宇宙初期微波圖的細節。
（嵌入圖）發射毫米波段氣球觀天計畫（BOOMERanG）望遠鏡來測量微波背景輻射。

宇宙微波背景

天空的背景輻射圖顯示宇宙初期溫度和密度的些微差異。

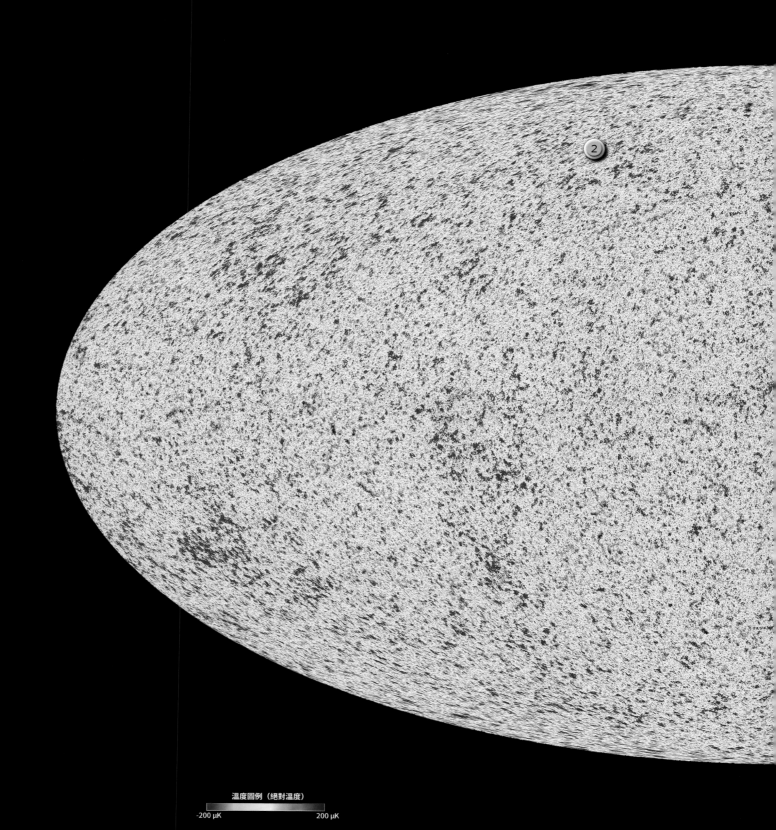

溫度圖例（絕對溫度）

-200 μK　　　　　200 μK

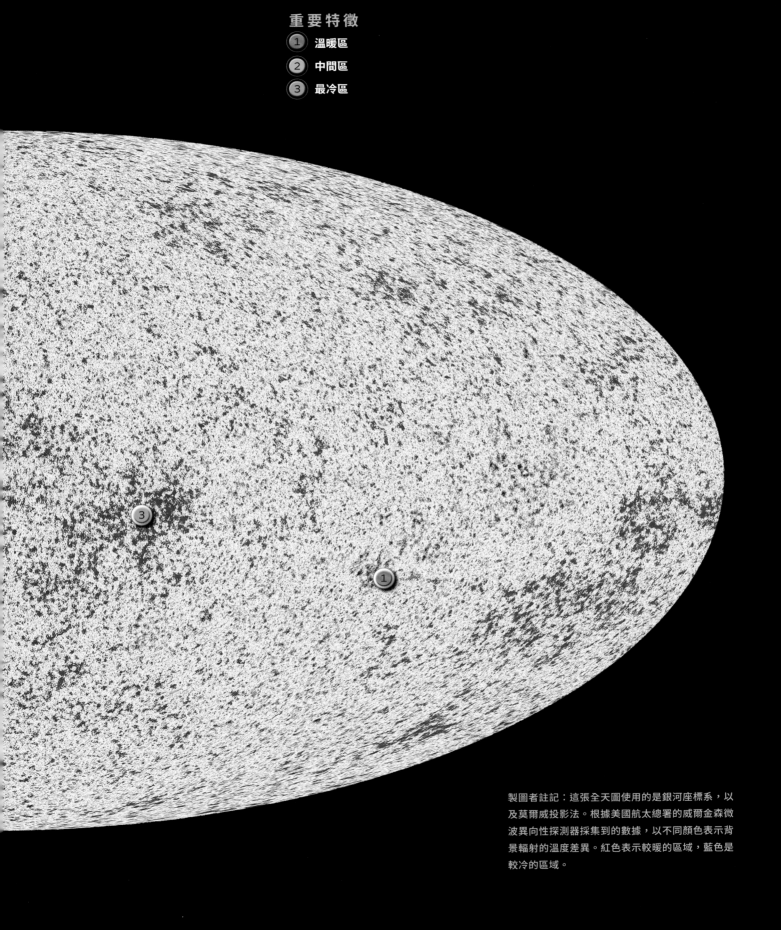

重要特徵
① 溫暖區
② 中間區
③ 最冷區

製圖者註記：這張全天圖使用的是銀河座標系，以及莫爾威投影法。根據美國航太總署的威爾金森微波異向性探測器採集到的數據，以不同顏色表示背景輻射的溫度差異。紅色表示較暖的區域，藍色是較冷的區域。

彭齊亞斯和威爾遜開始掃描天空後，很快就遇到一個問題。無論把接收器指向天空的哪個方向，都會偵測到微弱的微波訊號，也就是透過耳機聽到的嘶嘶聲。遇到這種情況，科學家都會認為是電子設備出了問題，於是彭齊亞斯和威爾遜接下這件繁瑣的事，決定找出問題所在。他們趕走了在接受器裡築巢的鴿子，在內部塗上一層白色介電材料，但都沒有用，那個嘶嘶聲就是擺脫不掉。最後有人建議他們跑一趟普林斯頓大學，找一群在研究叫做什麼大霹靂理論的宇宙學家。那些理論家提出，宇宙中應該存在一種普遍存在的微波輻射，也就是宇宙起源的回聲。

我們先來了解一下這項預測。觀察燃燒中的煤炭，你會發現煤炭隨著時間改變顏色。火勢最猛時，呈現白熱狀態，隨著火勢減弱，會先轉紅再轉橘。隔天即使已經看不到火光，仍然能感覺到煤炭的溫度。從物理學家的角度來看，煤炭會釋出輻射，而且隨著溫度下降，輻射的波長會變長。在這個例子中，一開始是可見光（波長相當於數千個原子的寬度），後來轉變為可以感覺到卻看不到的紅外線，波長比紅光更長。普林斯頓的理論家認為，宇宙就是這個例子中的煤炭，起初非常熾熱，隨著溫度逐漸下降，相關輻射的波長就愈來愈長。數十億年後，輻射的波長會達到將近 1 公尺，剛好落在微波的範圍內。這就是彭齊亞斯和威爾遜發現的輻射，而那微弱的嘶嘶聲，可以形容是宇宙誕生時的哭啼聲！彭齊亞斯和威爾遜因為這項發現，得到了 1978 年的諾貝爾物理學獎。

地球大氣對某些微波來說等於不存在，這也就是為什麼衛星電視可以運作，不過，還是有些微波會被地球大氣吸收。要徹底了解宇宙微波背景輻射，就必須到大氣外，許多衛星就是專為這個目的而發射的。

太空之眼

宇宙背景探測衛星（Cosmic Background Explorer, COBE）是這一類衛星的始祖，1989 年發射後運作了四年。它確認了微波是在絕對零度以上大約 3 度的物體的特性（更精確地說，是絕對溫度 2.725 度，約為攝氏零下 270 度），並以十萬分之一的精確度確認微波輻射是「等向的」，也就是在各個方向都一樣。COBE 得到的結果，是當時宇宙學最精確的測量。約翰・馬瑟（John Mather）和喬治・斯慕特（George Smoot）兩位科學家在 COBE 上貢獻良多，因此在 2006 年得到了諾貝爾物理學獎。

COBE 的另一項重要成就，是首度測量背景輻射不均勻度。雖然背景輻射在每個方向幾乎都一樣，卻還是有微小的偏差，學術上稱為「微波異向性」（microwave anisotropy）。後來發現，這些微小的差異極為有趣，其中包含了宇宙初生狀態的資訊。我們將在 317 頁看到，宇宙初期以類似太陽的電漿狀態存在，電子和質子到處飛竄，就算某個電子正巧與質子聚集成原子，下一次碰撞又會讓它們掙脫束縛。此外，有兩種力量會互

（右頁，左上）宇宙初期的微波輻射看起來就像散布在雲層上的光。我們的儀器可以看到過去原子尚未形成時，自由電子的分布。
（右頁下）電磁頻譜的範圍從無線電波（波長可達數千公里）到伽馬射線（波長比原子的直徑還小）。微波是一種高頻無線電波，波長最長1公尺。

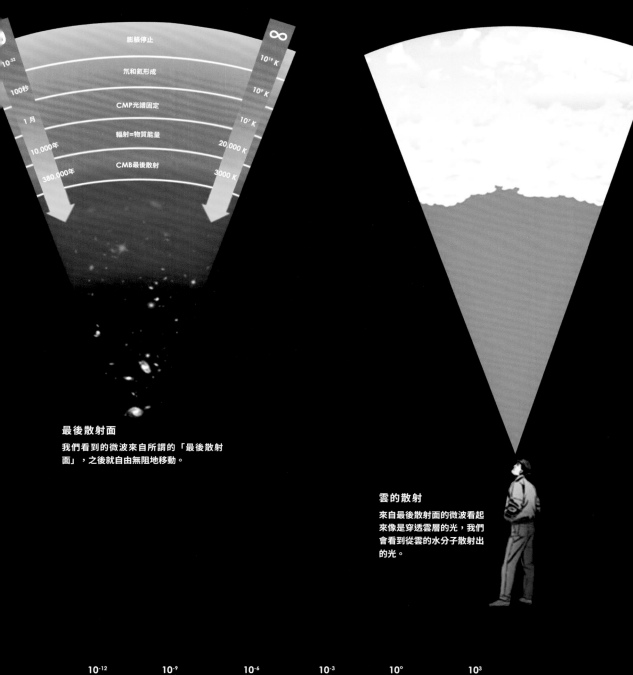

膨脹停止

∞

10^{-32}

10^{19} K

氘和氦形成

100秒

10^{9} K

CMP光譜固定

1 月

10^{7} K

輻射＝物質能量

10,000年

20,000 K

CMB最後散射

380,000年

3000 K

最後散射面

我們看到的微波來自所謂的「最後散射面」，之後就自由無阻地移動。

雲的散射

來自最後散射面的微波看起來像是穿透雲層的光，我們會看到從雲的水分子散射出的光。

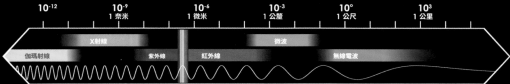

10^{-12}

10^{-9}
1 奈米

10^{-6}
1 微米

10^{-3}
1 公釐

10^{0}
1 公尺

10^{3}
1 公里

X射線

微波

伽瑪射線

紫外線

紅外線

無線電波

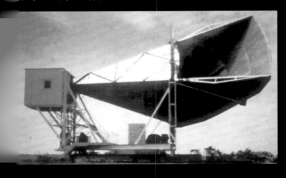

5年 彭齊亞斯和威爾遜

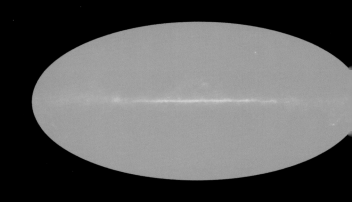

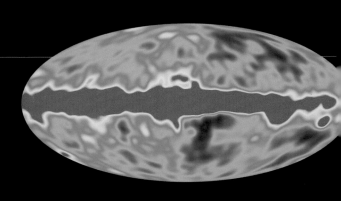

2年
背景探測衛星

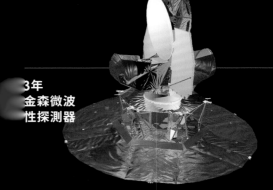

3年
金森微波
性探測器

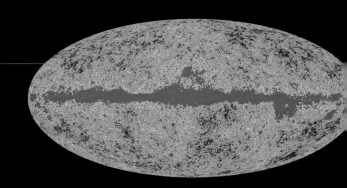

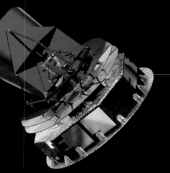

2009年 普朗克

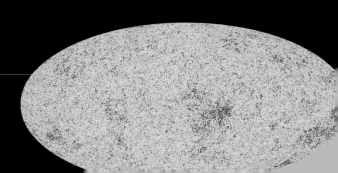

相抗衡，粒子在引力影響下聚在一起，輻射又把它們分開。宇宙的歲數達到數十萬年時，溫度下降到某種程度，使原子可以在撞擊下繼續存在。此時的宇宙變為透明（317 頁將進一步解釋），釋放輻射向外流出，最終變成我們今天看到的宇宙微波輻射。因此，我們觀察到溫度的微小差異時，其實是看到在宇宙數十萬歲時物質的濃縮，一名天文學家稱之為「時間初始的漣漪」。正是當時的這些小種子，長成了今天宇宙中的大規模結構。

21 世紀的掃描

下一個研究微波背景的衛星在 2001 年發射，叫作威爾金森微波異向性探測器（Wilkinson Microwave Anisotropy Probe, WMAP），以傑出的普林斯頓宇宙學家大衛·威爾金森（David Wilkinson）命名，但發射後一年他就過世了。WMAP 沒有進入繞地軌道，而是經過 13 個月的航程，抵達地球和太陽之間一個稱為拉格朗日點（Lagrange point）的地方。在那裡，地球和太陽的引力一樣強，衛星可以維持在穩定的軌道上。很多衛星會停在那裡，這樣儀器就不會受到地球的輻射干擾。

WMAP 對天空中的微波進行了更精確的調查。藉由比較 WMAP 收集到的精確數據跟理論的預測，宇宙學家就能為本章敘述的大霹靂理論提供確切的證據支持。事實上有很多宇宙學家認為，這些能複製不均勻的背景輻射的理論，為我們建構的宇宙結構與演化模型提供了最佳證據。此外，宇宙學家透過 WMAP 的資料，能確立宇宙的年齡是 137 億歲，精確度在 10 萬年左右。這個衛星從 2010 年 8 月起停止收集資料，到了 2012 年，已經把大部分收集到的資料都釋出。

2009 年 5 月歐洲太空總署發射新一代的微波探測器，稱為普朗克，以 20 世紀德國科學家馬克斯 · 普朗克（Max Planck）為名，他是量子力學的開創者之一。普朗克從發射到 2013 年任務結束，描繪出前所未見最精確的微波背景和異向性的影像。

雖然普朗克太空船並沒有帶來新的結果，不過也使我們對宇宙的了解更加精確。例如，普朗克探測船測得的宇宙年齡是 137 億 9800 萬年，誤差正負 3700 萬年，這個年齡在當時遠比其他量測值精確許多。

隨著儀器的進步，宇宙背景輻射圖也愈來愈精確。左頁上圖是彭齊亞斯和威爾遜發現背景輻射時，使用的大型地面微波接收器；下面是從1992年起，為了繪製背景輻射圖而發射的幾具衛星，年代愈近愈精細。右側的圖是各個衛星偵測到的微波背景全天圖。

我們向外觀看宇宙時，會看到各式各樣的星系。很多星系跟平靜而舒適的銀河系一樣，系內恆星會慢慢將大霹靂產生的原始氫轉變為其他化學元素，偶爾才會有超新星（見226-31頁）為這幅平和景象帶來一點刺激。天文學家延續哈伯的研究，以螺旋、橢圓與不規則等形狀為一般星系分類，各個類別又分許多層級。銀河系屬於螺旋星系，星系被壓力波掃過而形成旋臂，有點像在浴缸裡翻滾的水，這些壓力波會使明亮的新星在旋臂中形成。

星系動物園

| 星系、星系團和超星系團 |

螺旋　　　　　　棒旋　　　　　　橢圓　　　　　　不規則

星系中的恆星數：**1000 萬到 100 兆**
質量最大的星系：**M87，質量是太陽的 6 兆倍**
質量最小的星系：**威爾曼 1（Willman 1），質量約為太陽的 50 萬倍**
離銀河系最近的星系：**大犬座矮星系，距離 2 萬 5000 光年**
銀河系所屬的星系群：**本星系群**
本星系群中的星系數：**30-50**
本星系群中最大的星系：**銀河系、仙女座星系**
本星系群屬於：**室女座星系團**
室女座星系團中的星系數：**1200-2000**
離室女座星系團中心的距離：**5400 萬光年**
室女座星系團的質量：**太陽的 1200 兆倍**

附近的螺旋星系 M74。
（嵌入圖）各種星系形狀。

星系分類音叉圖

根據艾德溫・哈伯的「音叉」分類系統，編列鄰近的75個星系。

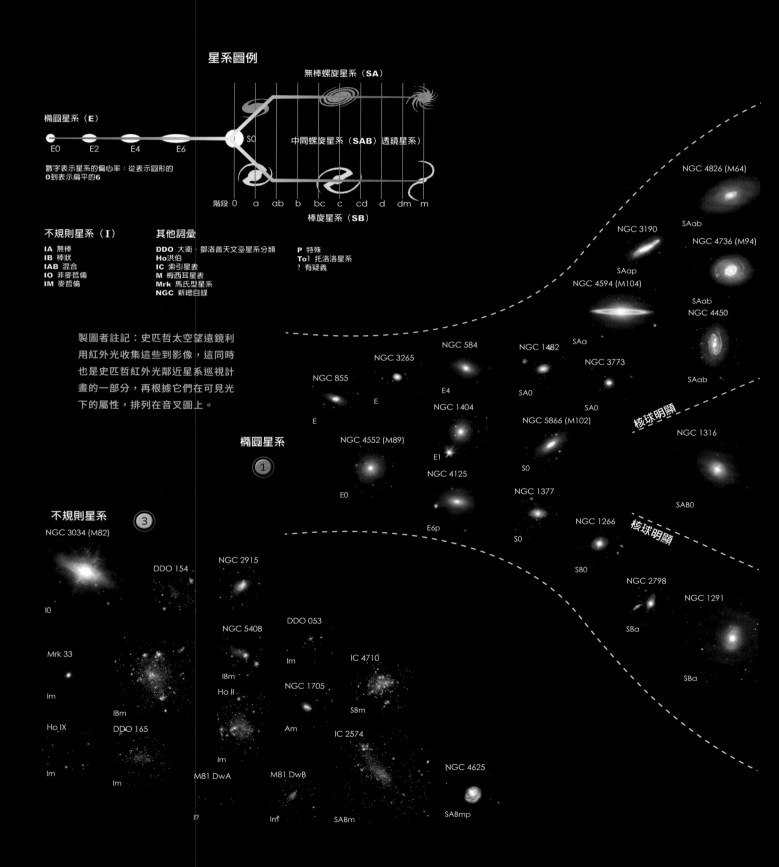

星系圖例

無棒螺旋星系（**SA**）

橢圓星系（**E**）

E0　E2　E4　E6

數字表示星系的偏心率：從表示圓形的
0到表示扁平的6

中間螺旋星系（**SAB**）透鏡星系）

SO

階段 0　a　ab　b　bc　c　cd　d　dm　m

棒旋星系（**SB**）

不規則星系（**I**）

IA 無棒
IB 棒狀
IAB 混合
IO 非麥哲倫
IM 麥哲倫

其他詞彙

DDO 大衛・部洛普天文臺星系分類
Ho 洪伯
IC 索引星表
M 梅西耳星表
Mrk 馬氏型星系
NGC 新總目錄

P 特殊
To1 托洛洛星系
? 有疑義

製圖者註記：史匹哲太空望遠鏡利
用紅外光收集這些到影像，這同時
也是史匹哲紅外光鄰近星系巡視計
畫的一部分，再根據它們在可見光
下的屬性，排列在音叉圖上。

橢圓星系

①

不規則星系 ③

NGC 3034 (M82)

NGC 2915

DDO 154

NGC 3265

NGC 855

NGC 584

E

E

NGC 4552 (M89)

E4

NGC 1404

E1

NGC 4125

E0

E6p

NGC 5408

DDO 053

DDO 165

IBm

Ho II

NGC 1705

IC 4710

Im

IBm

Am

IC 2574

M81 DwA

M81 DwB

I?

Im

SABm

NGC 4625

SABmp

NGC 1482

NGC 3773

SA0

SA0

NGC 5866 (M102)

SO

NGC 1377

SO

NGC 1266

SB0

NGC 2798

SBa

NGC 4826 (M64)

SAab

NGC 3190

NGC 4736 (M94)

SAap

NGC 4594 (M104)

SAab

NGC 4450

SAab

NGC 3773

SAa

核球明顯

NGC 1316

SAB0

核球明顯

NGC 1291

SBa

SBa

IO

Mrk 33

Im

Ho IX

Im

Im

重要特徵

1. 橢圓星系：主要由年老的恆星構成（藍色）
2. 無棒螺旋星系：紅色和綠色標出恆星誕生區
3. 不規則星系：常在碰撞中的星系團內找到

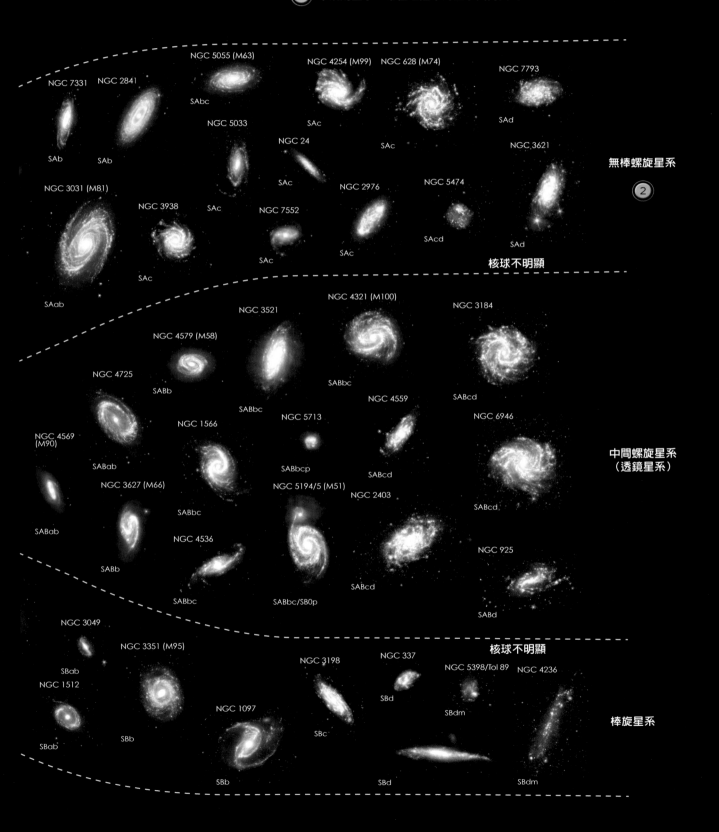

NGC 5055 (M63)
NGC 4254 (M99)　NGC 628 (M74)
NGC 7793
NGC 7331　NGC 2841
SAbc
NGC 5033
SAc
SAd
NGC 24
SAc
NGC 3621
SAb　SAb
SAc
NGC 3031 (M81)
NGC 2976
NGC 5474
SAc
NGC 3938　SAc
NGC 7552
SAcd
SAd
SAab
SAc
SAc
SAc

無棒螺旋星系

核球不明顯

NGC 4321 (M100)
NGC 3521
NGC 3184
NGC 4579 (M58)
SABbc
NGC 4725
SABb
SABcd
SABbc
NGC 4559
NGC 6946
NGC 4569
(M90)
NGC 1566
NGC 5713
SABab
SABbcp
SABcd
NGC 3627 (M66)
NGC 5194/5 (M51)
NGC 2403
SABbc
SABcd
SABab
NGC 4536
NGC 925
SABbc
SABbc/SB0p
SABcd
SABd

中間螺旋星系
（透鏡星系）

核球不明顯

NGC 3049
NGC 3351 (M95)
NGC 337
NGC 3198
SBab
NGC 5398/Tol 89　NGC 4236
NGC 1512
SBd
SBb
SBdm
NGC 1097
SBab
SBb
SBc
SBdm

棒旋星系

除了螺旋星系，宇宙中還有橢圓星系，從名稱上就知道它是一群聚集成卵形的恆星。從小不點到比銀河系大很多的巨無霸，這類星系有大有小。與螺旋星系不同的是，橢圓星系中幾乎沒有新星形成。

最後剩下的是不規則星系。我把它們想成用餅乾模型切出想要的形狀後，剩下的不規則形麵團。宇宙中大部分的星系都屬於不規則星系。

活躍星系

不過，有一小部分星系和我們的銀河系不一樣。這些星系內的活動非常狂暴，到處都是猛烈的爆炸，有時會噴出一大團熱氣到數百光年外，這就是所謂的「活躍星系」。活躍星系和一般星系一樣有許多類型，但每一種在中央一小塊區域，都有天文學家所說的活躍星系核心，會釋出驚人的能量。目前最佳的理論提出，每個活躍星系的中央都有一個大型黑洞，附近的物質掉入黑洞時，會聚集成高熱的吸積盤。應該就是這個吸積盤在活躍星系中，產生無線電波和噴流。

最重要的一類活躍星系稱為類星體（quasar，是 quasi-stellar radio source 的簡稱，意思是類似恆星的電波來源）。正如名稱所述，類星體多半以無線電波釋出能量，以可見光形式釋出的比較少。事實上，1950 年代首次發現類星體後，天文學家花了十年才確認某個可見天體與類星體的關聯。他們驚訝地發現，類星體有很大的紅移，這表示它離地球數十億光年遠。不過，在極遠的距離下，還是偵測得到類星體。科學家相信類星體跟其他活躍星系一樣，能量來源是掉入中央黑洞的物質。

星系團和超星系團

星系並非隨機分散在太空中，而是會聚成一個個集團，像銀河系就屬於所謂的本星系群。本星系群的直徑約為 1000 萬光年，包含大型螺旋星系仙女座星雲（Andromeda Nebula），以及 30 多個不規則星系。

本星系群本身又屬於更大的室女座超星系團（Virgo supercluster）。這個超星系團的直徑約為 1 億 1000 萬光年，包含至少 100 個星系群和星系團。而宇宙間共有數百萬個的超星系團。星系團和超星系團為暗物質的存在提供了證據（見 273-277 頁），因為即使把所有星系中所有恆星的引力加起來，還是沒有大到能使星系團和超星系團聚集。只有加入暗物質，才能維持住整個結構。

所以我們附近其實都是一團團的結構。問題是，在更宏觀的尺度下觀察，是不是還會呈現這樣的結構？要回答這個問題，就必須畫出一張大尺度的立體星系分布圖。這項壯舉不容易達成，因為哈伯使用的造父變星法對這項大型任務來說太麻煩了。不過先別灰心，因為哈伯定律（見 289 頁）正好提供了一個能快速估計出測量值的方法。測量星系的紅移，便能知道它遠離的速度，然後再透過哈伯定律找出它的距離。

1982 年，哈佛史密森尼天文物理中心（Harvard-Smithsonian Center for Astrophysics）的天文學家瑪格麗特·蓋勒（Margaret Geller）和約翰·赫克拉（John Huchra）首度完成這些紅移調查。他們發現星系並非均勻分布，而是有一個驚人的大尺度結構，之後許多研究也確認了這項發現。要了解這個大

尺度結構，最簡單的方法是想像用刀子切割肥皂泡泡，使肥皂薄膜包住空無一物的氣泡。同樣地，調查紅移時發現，超星系團沿著一長串薄膜排列，包圍巨大的泡狀「空洞」（void）。這個已知宇宙中最大的結構，是由超星系團組成的絲狀構造，長 5 億光年，寬 2 億光年，但厚度只有 1500 萬光年，又稱為「長城」（Great Wall）。

即使從我們看得到的最大尺度觀察，宇宙的結構依然非常有趣。

▍太空中的銳利目光

或許除了伽利略的望遠鏡之外，哈伯太空望遠鏡可說是有史以來最重要的天文儀器。於 1990 年發射後，它以低軌道繞行地球，離地表只有160多公里，配備的望遠鏡有一面直徑2.4公尺的鏡子。

哈伯望遠鏡其實看得不會比其他儀器遠（地面還有聚光能力更強的望遠鏡），但由於哈伯位在地球大氣上方，可以不受大氣扭曲看到更多細節。事實上，有些人認為與其說哈伯是望遠鏡，倒比較像一臺「天文顯微鏡」。此外，哈伯還看得到近紫外線和近紅外線，但一般來說，這些波段會被地球大氣吸收。

哈伯發射後不久就出了狀況，發現某些鏡片安裝不當。修復任務的太空人解決這個問題後，哈伯就持續帶來令人驚豔的成果，例如：

- 恆星距離的估計值變得更精確，讓我們在估計宇宙年齡時，精準到誤差在10%以內。

- 發現暗物質的存在。

- 發現星系黑洞。

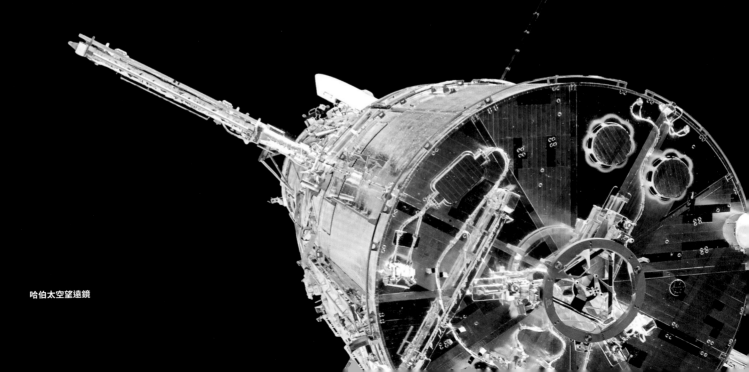

哈伯太空望遠鏡

哈伯確立了其他星系的存在和宇宙的膨脹之後，要談論宇宙的誕生就有了比較確切的依據。首先要記得，宇宙初始的大霹靂與炸彈往四周圍炸開不同，而是空間本身的膨脹。打一個比方，想像用一種特殊的透明麵團製作葡萄乾麵包。麵團膨脹時，站在任何一個葡萄乾上，隨著各個葡萄乾之間的麵團在膨脹，其他葡萄乾也會逐漸遠離。距離兩倍遠的葡萄乾遠離的速度會快兩倍，因為中間的麵團量是兩倍。

大霹靂

| 時間與空間的誕生 |

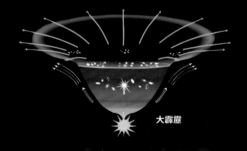

大霹靂

大霹靂發生時間：**137 億年前**
物質主控時期：**大霹靂之後最初 7 萬年**
氫和氦形成：**大霹靂之後 38 萬年**
最早的恆星：**大霹靂之後 1 億年**
最早的星系：**大霹靂之後 6 億年**
目前的退行速率：**對百萬秒差距（約 326 萬光年）遠的星系來說，每秒 70.4 公里**
大霹靂的關鍵預測：**微波背景輻射訊號**

- - - - - - - - - -

1912 年：**觀察到最早的證據（但尚未理解）**
1929 年：**艾德溫 · 哈伯觀察到星系在後退**
1949 年：**弗雷德 · 霍伊爾（Fred Hoyle）提出「大霹靂」一詞**
1964 年：**偵測到微波背景訊號**

電腦模擬的大霹靂。
（嵌入圖）宇宙膨脹示意圖。

大霹靂

宇宙在137億年間的演化與膨脹演示圖。

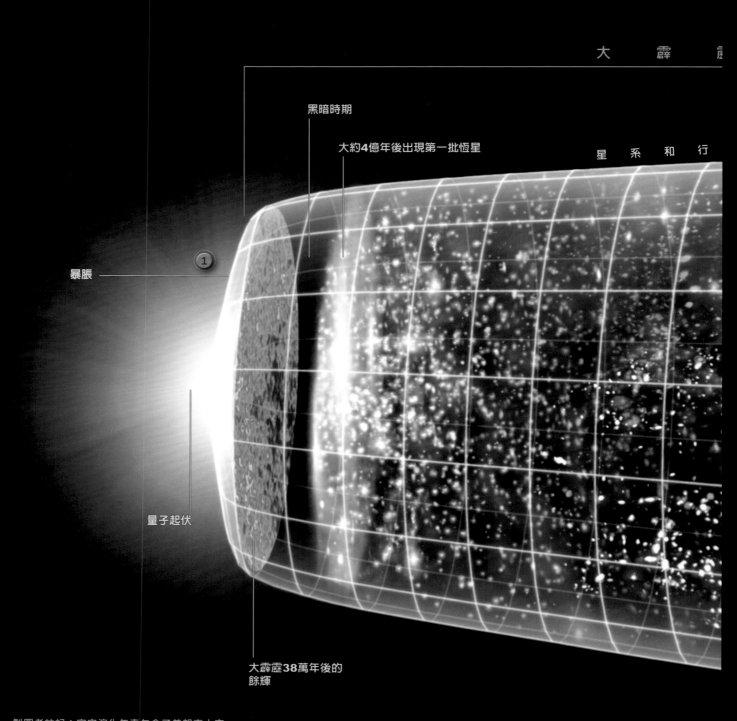

黑暗時期

大約**4**億年後出現第一批恆星

星　系　和　行

暴脹

①

量子起伏

大霹靂**38**萬年後的
餘輝

製圖者註記：宇宙演化年表包含了普朗克太空
船收集的資料，縱向網格表示宇宙的大小。大
霹靂後有一段快速膨脹期，在那之後宇宙就穩
定成長，直到最近暗能量開始加速膨脹過程。

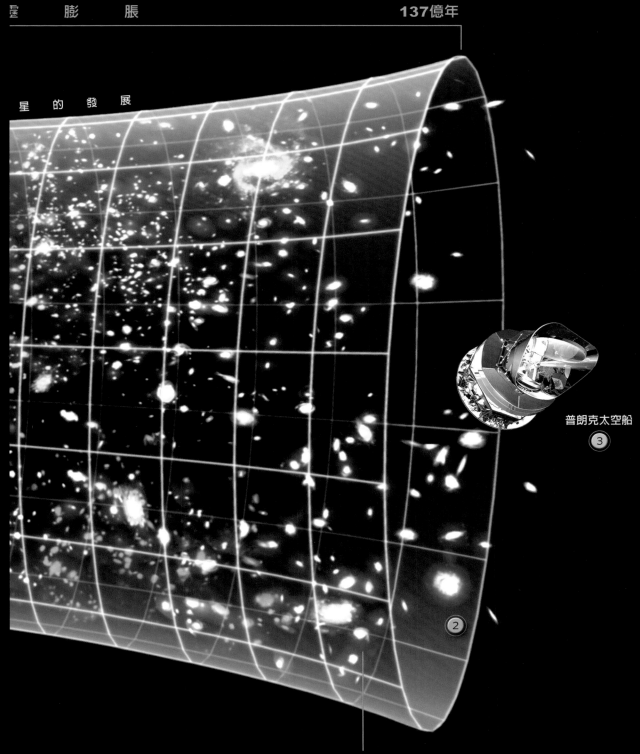

① 暴脹時期

② 暗能量使膨脹加速

③ 普朗克太空船

雪 膨 脹

137億年

星 的 發 展

普朗克太空船
③

②

暗能量使膨脹加速

以麵團膨脹來比喻大霹靂時，把葡萄乾換成星系，就是哈伯看到的宇宙膨脹。就像葡萄乾不會在麵團中移動，哈伯認為星系是隨著空間膨脹被帶著走，本身並沒有穿越太空。

由於所有東西都離我們愈來愈遠，難免會讓人以為我們位在宇宙中心。不過，再回想一下麵團的比喻，就有助於釐清這個錯誤認知。站在麵團裡任何一顆葡萄乾上，都會感覺自己是靜止的，看到其他葡萄乾離得愈來愈遠。換句話說，每顆葡萄乾都會認為自己位於宇宙膨脹的中心。這表示，雖然在地球上的我們視自己為哈伯膨脹的中心，但宇宙其他地方的觀察者也都這麼認為。借用 15 世紀神學家庫薩的尼古拉（Nicolas of Cusa）的話：「宇宙的中心無所不在，但邊緣不存在。」

影片倒帶

把哈伯膨脹想像成一部倒帶的影片，就能更認識宇宙。在這部倒著放的電影中，宇宙會愈縮愈小，最後變成一個點。也就是說，宇宙確實有一個起點。更精確地說，它的起點是在大約 137 億年前。

過去有一個明確的宇宙起點這件事，具有重大的哲學意義。哈伯膨脹被提出以前，我們單純想像宇宙永遠存在，無始無終，不曾改變。或者可能有一個宇宙循環，這還是一種永恆的形式。又或者宇宙是線性的，有起點也有結尾。要決定是哪一種正確地描述了宇宙，就要透過進行觀測，當然，這正是哈伯採取的行動。我們現在知道宇宙確實有一個起點，但是要決定它的結局則有點複雜，本書將在「宇宙的終結」一節中（見 318-321 頁）討論目前已經提出的看法。

壓縮時升溫，膨脹時冷卻，這是物質的一般特性。既然宇宙初期比現在更小更壓縮，當時的溫度應該會比現在高。也就是說，我們預期宇宙一開始非常熾熱，之後逐漸降溫。事實上，我們也確實從宇宙微波背景（見 291-297 頁）找到了證據。

凝聚

在下一個段落探討宇宙的開始以前，要先了解一個重要的概念：凝聚。宇宙一開始非常高溫的事實，能幫助我們了解宇宙初期的發展。用另一個比喻來說明：想像蒸汽維持在非常高溫高壓的狀態，之後忽然釋放。蒸汽膨脹並同時降溫，不過在攝氏 100 度時發生了一個重大事件：在這個溫度下，蒸汽會凝結成水滴。經過長時間的擴張與冷卻後，整個系統的基本結構忽然改變，這正是我們在宇宙發展初期看到的模式。要了解轉變如何運作，我們就要來看看宇宙最關鍵的凝結過程：原子核在宇宙誕生後三分鐘左右形成。

宇宙年齡在三分鐘以前，物質是以自由的質子、中子（組成原子核的粒子）與電子的形式存在。如果有質子和中子聚集形成簡單的原子核，下次遇到猛烈的碰撞兩者又會分開。然而，形成後經過三分鐘，溫度降到某種程度，使質子與中子可以形成原子核。這個凝聚過程忽然改變了整個宇宙的構造。

我們在 254 頁指出，宇宙所有的重元素都是在超新星的反應中形成的。現在我們又知道原子核如何在大霹靂中產生，也明白它的必要性。形

這幅想像圖以二維概念表現大霹靂從一開始能量極強的白熱中心，到數千年後溫度降低，物質開始凝聚成恆星和星系。

成後的三分鐘以前，原子核即使形成也無法維持。過了三分鐘，中子和質子就能形成原子核。但因為宇宙正在膨脹，粒子間的距離愈來愈遠，相互作用也愈來愈少，這中間出現了一個很短暫的機會，大概不到一分鐘，宇宙間的粒子密度就會降低，使粒子間交互作用太稀少，而無法再形成原子核。在這極短的期間，出現了各種形式的氫、氦、鋰，其他物質都是後來才在超新星中形成。

也就是說，後來形成恆星並相合形成整個元素周期表的元素，是在宇宙誕生最初幾分鐘的一小段時間中形成的。

　　如今宇宙富含這些輕盈的原子核的事實，有力地支持了大霹靂模型。我們可以在實驗室重現宇宙誕生三分鐘時粒子所具有的能量，透過哈伯膨脹模型也知道這些粒子的碰撞頻率，因此可以精確地預測每一種輕元素在大霹靂中產生的量。而這些預測其實是透過觀測得到的事實，更支持了大霹靂模型的基本正確性。

原子在達到絕對溫度
3000
度時開始形成

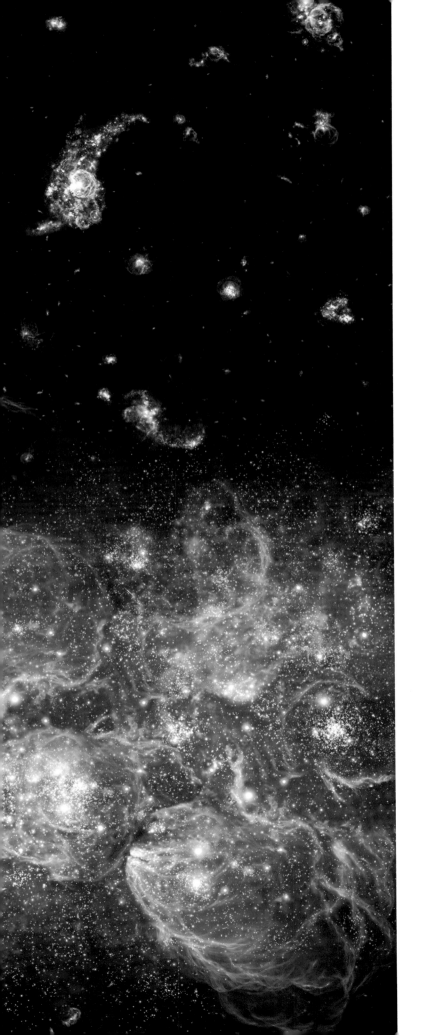

這幅想像圖描繪宇宙形成還不到10億年的初期,最早的恆星和星系從原始氫形成,還有超新星在天空各處爆炸。

可觀測宇宙

　　最後一點:「宇宙」和「可觀測宇宙」是有區別的。根據定義,前者是所有存在的事物,後者是我們實際上看得到的部分。可觀測宇宙的大小大致上可以從年齡估計,由於宇宙是 137 億歲,可見天體最遠的距離會是 137 億光年。在這個過度簡化的假設中,可觀測宇宙是一個以地球為中心的球體,半徑是 137 億光年,每年增加一光年。(更精細的計算還必須考慮到哈伯膨脹,以及我們接收到物體發出的光線時,物體的距離已經更遠的事實。)

　　許多宇宙學模型都把可觀測宇宙的圓球放在更大的宇宙中,就像把一支火光微弱的蠟燭放在巨大的洞穴裡。根據定義,我們當然無法直接觀察「可觀測」宇宙之外的東西,後面談到多重宇宙(multiverse)時,我們會再回到這個主題。

艾德溫‧哈伯發現宇宙仕膨脹，使我們明白宇宙初期肯定比今天更小更熱。談到「更熱」就要想到，一般物質加溫時，原子和分子會移動得更快，表示這些組成分子會更猛烈地高速對撞。我們已經看過一些例子在宇宙歷史中扮演的角色，宇宙誕生後不到三分鐘時溫度過高，原子核無法存在。直到數十萬年後，因為溫度過高、碰撞過於猛烈，連原子也無法存在。

宇宙的誕生

從能量到物質

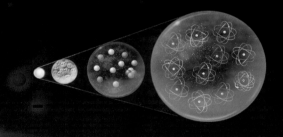

大霹靂後 0 到 10^{-43} 秒：**普朗克時期，量子重力**

10^{-43} 到 10^{-36} 秒：**電磁力、強核力與弱核力統一**

未知時間到 10^{-32} 秒：**宇宙呈指數暴脹**

10^{-36} 到 10^{-12} 秒：**強核力分離**

10^{-12} 到 10^{-6} 秒：**夸克時期（Quark Epoch），弱核力分離**

10^{-6} 到 1 秒：**強子時期（Hardon Epoch），氫原子核形成**

1 到 10 秒：**輕子時期（Lepton Epoch），輕子和反輕子相互「湮滅」**

10 秒到 38 萬年：**原子核電漿、電子與光子**

3 到 20 分鐘：**核合成，氦原子核形成**

1 億 5000 萬到 10 億年：**最早的恆星、類星體與星系**

90 億年：**太陽和太陽系形成**

大霹靂後三分鐘的基本粒子想像圖。
（嵌入圖）最早的原子形成。

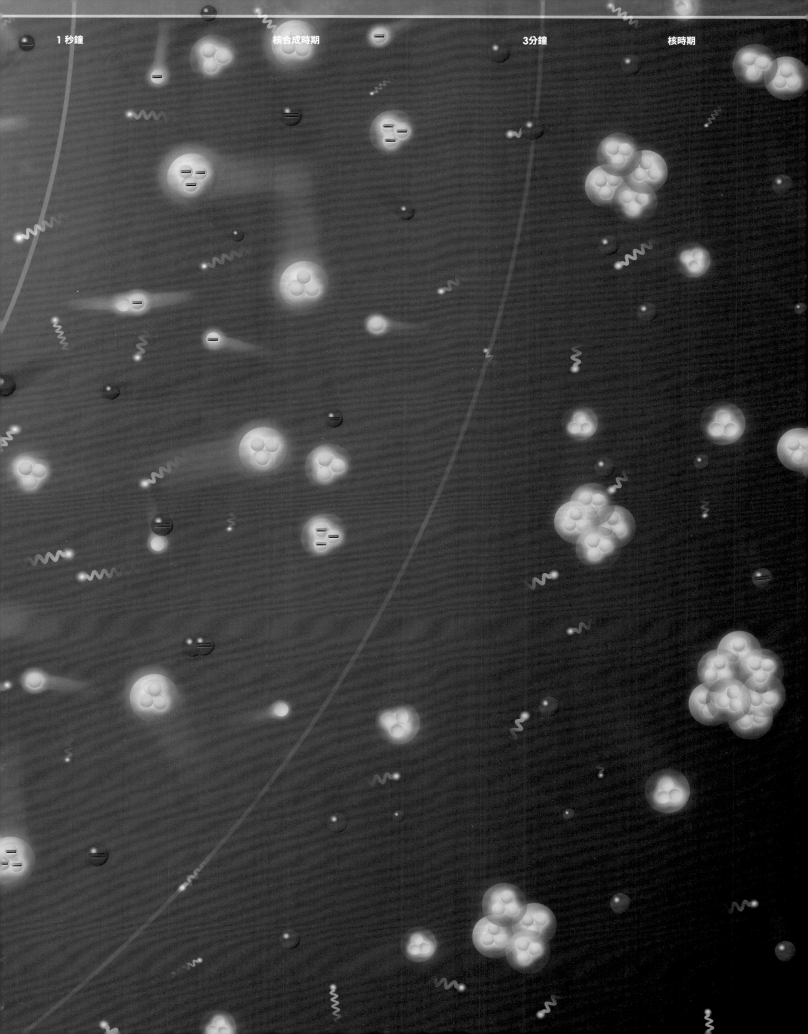

宇宙最初幾分鐘和幾年的每個里程碑都記錄了「凝聚」過程，也就是宇宙的基本物質發生的改變。首先，粒子會凝聚成原子核，過了一段時間，原子核和電子凝聚成原子。事實上，下面將介紹大霹靂之後，在宇宙初期發生的三次分離和三次凝聚事件。

最初的三次分離不涉及基本組成物質，而是物質之間的力。物理學家認為宇宙間有四種力在作用：

1. 強核力：穩定原子中的原子核
2. 電磁力：讓你能打開電燈、把磁鐵固定在冰箱上的力量
3. 弱核力：掌管某些輻射衰變
4. 重力：我們最熟悉的力

在宇宙中，每一種力都非常不一樣，各有各的特徵。穩定人體內原子核的力，以及把磁鐵固定在冰箱上的力當然會有明顯的差異。然而，從理論物理學家的觀點來看，溫度上升到某種程度，就不好區分這些力了。用理論物理的字眼來說，達到一定能量時，這些力會進入「大一統」狀態。

三次分離

我們從最開始談起。雖然沒辦法用實驗或理論證明，我們相信在宇宙誕生的一瞬間，還不到 10^{-43} 秒的時候，重力、電磁力、強核力與弱核力所有的力都統合成一個力。目前還沒有經過充分驗證的理論能支持，但我們相信大霹靂發生 10^{-43} 秒後，重力從其他統合的力中分離（或者說「凝結」）出來。

第二次分離是在大霹靂發生後 10^{-35} 秒，仍是一段短得難以想像的瞬間。經過測試的標準模型（standard model）理論認為，強核力分離出來了，但電磁力和弱核力仍統合在一起（稱為電弱力）。也就是說，在 10^{-35} 秒之前，宇宙中只有兩種力在作用（重力和統一的強電弱力）；在 10^{-35} 秒之後，有三種力在作用。

同時也發生了幾個重大事件。其中最重要的，是宇宙經歷了一段短暫但非常劇烈的膨脹，稱為暴脹（inflation）。大約在 10^{-35} 秒時，宇宙從比

最近的研究顯示，宇宙比我們想像的還要奇怪與神祕。上面的圓餅圖表示各種物質的比例，這裡要注意，我們所熟悉的物質只占全部的5%。下面的圓餅圖表示宇宙誕生38萬年後，各種物質的比例。

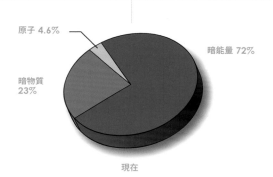

原子 4.6%
暗物質 23%
暗能量 72%

現在

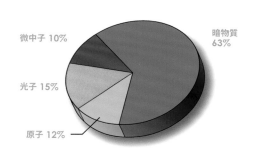

微中子 10%
光子 15%
原子 12%
暗物質 63%

137億年前（宇宙年齡38萬年時）

畫家描繪宇宙從大霹靂（左下）到物質形成的演變。黃色表示最一開始的普朗克時期，四種力量還統一的時候；橘色是急速暴脹時期；紅色是原子形成的時期。

10⁻⁴³ 秒　　　　　10⁻³² 秒　　　　　3 分　　　　　300,000 年

10²⁷ °C　　　　　10¹³ °C　　　　　10000 °C

質子還小，變成葡萄柚的大小。（要記住，這是空間的擴張，而不是物質在空間裡擴張，因此沒有違反愛因斯坦所說，物質的速度不能超過光速的限制。）物理學家亞倫·古斯（Alan Guth，目前任職於麻省理工學院）提出的暴脹宇宙，如今已經成為宇宙歷史必定會提到的理論。暴脹宇宙的出現，同時解決了宇宙學的另一個大哉問。

這個問題與宇宙微波背景有關。正如之前所說的，微波輻射到小數點第四位都是等向均勻的，這表示不管微波輻射來自宇宙的哪個部分，溫度都相同，精準程度也一樣。問題是，如果單純倒

這幅想像圖描繪類星體剛出現時可能的樣貌。中央的超大質量黑洞被正在掉入黑洞的氣體雲圍繞，在高度壓縮下發光。

推哈伯膨脹，兩個相差 180 度的天空彼此接觸的時間不夠久，應該達不到這種均質性。否則就像一打開熱水的水龍頭，整個浴缸的水就忽然變得一樣熱。基本上，我們觀察到的溫度均質性是在浴缸非常小的時候建立的，只不過在暴脹過程中繼續維持而已。

暴脹之後，宇宙還只有 1 億分之一秒大時，發生了第三次分離。先前統一的電弱力分離成電

磁力和弱核力，從那之後到現在，宇宙中一直都只有這四種力。

三次凝聚

下一個事件發生在宇宙誕生後 10 微秒。要了解發生了什麼事，就得稍微談談基本粒子。

從 1930 年代開始，物理學家觀察宇宙射線和原子核碰撞的碎屑，發現原子核裡除了質子和中子還有別的粒子。到了 1960 年代，科學家發現像質子這種所謂的基本粒子，其實一點都不基本，它們是由更基本的東西組成的，科學家稱之為「夸克」（quark）。（夸克的名稱由來非常奇特：美國物理學家莫瑞・蓋爾曼最初的理論中只有三種夸克，他在閱讀詹姆斯・喬伊斯的《芬尼根的守靈夜》時，看到「向麥克老大三呼夸克」這句話，就用了這個狀聲詞來取名。）

在 10 微秒以前，宇宙中充滿了夸克這種宇宙最基本的組成物。在 10 微秒時，夸克凝聚成基本粒子（像我們最熟悉的質子和中子），宇宙變成由原子核構成的炙熱電漿。

過了數十萬年，宇宙逐漸降溫，同時原子核捕捉電子形成原子。原子的形成也屬於重大事件，因為它一方面釋放出成為宇宙微波背景的輻射，一方面也記錄了一般物質塌縮成星系的開始。

物理學家描述宇宙此時變為「透明」。在這之前，自由漂浮又充滿能量的電子阻擋了光子，讓以光子形式存在的光無法在太空中自由移動。事實上，在發現暗物質（見 273-277 頁）之前，宇宙這種不透明狀態是一個問題。光子（電磁輻射）在電漿中會作用並施加壓力，在原子形成前，

如果一般物質嘗試凝聚成星系，強烈的輻射會把它們吹散。再者，計算顯示原子形成時，一般物質已經分布得非常稀薄，沒辦法聚集成星系。但是暗物質不會與輻射作用，所以在原子形成前就開始聚集。原子形成後，宇宙變透明，一般物質被吸引到暗物質聚集處，形成今日看到的星系。所以暗物質不只沒有造成麻煩，還解決了宇宙學界存在已久的老問題。

我們目前討論的六次轉變總結如下：在 10^{-43} 秒之前，宇宙中只有一個大一統的力在作用。在下一個非常短瞬間，各個力一一分離出來，先是重力，然後是強核力，最後是弱核力和電磁力。在 10 微秒時，夸克凝聚成基本粒子，並在三分鐘時凝聚成原子核。經過數十萬年，原子核捕捉電子形成原子。

在所有轉變發生之前，還有一個終極謎團：宇宙的起源。雖然科學家已經開始進行推測，不過，我認為以波斯詩人兼天文學家歐瑪爾・海亞姆（Omar Khayyám）的《魯拜集》中一段詩句描述最恰當：

門之鑰無處能尋
幕之後無可得見

乍看之下，預測宇宙的終結似乎比追蹤宇宙的開始簡單。遙遠星系之間只有重力作用，唯一的問題是，重力是否強到能逆轉哈伯膨脹？答案全視一個數字而定：宇宙中物質的質量。傳統上，天文學家區分出兩種情況。一種是質量不足以阻止膨脹，也就是所謂的「開放宇宙」；另一種是膨脹終將停止，並開始逆轉，形成「封閉宇宙」。介於兩種情況之間時，膨脹會減緩並停止，無限期地維持這個狀態，此時稱為「平坦宇宙」。

宇宙的終結

│ 全憑質量而定 │

現在的宇宙年齡：**137 億年**
30 億年後：**銀河系和仙女座星系相撞**
50 億年後：**太陽變成紅巨星，然後變成白矮星**

2 兆年後：**本超星系團以外的超星系團紅移到視線不可及之處**
100 兆年後：**不再形成恆星**
10^{34} 年到 10^{40} 年後：**質子衰變並消失？**
10^{40} 年到 10^{100} 年後：**黑洞占滿宇宙**
10^{100} 年後：**黑洞因霍金輻射而蒸發**
可能的最終命運：**大凍結（Big Chill）、大撕裂（Big Rip）、大崩墜（Big Crunch）**

大撕裂的想像圖。（嵌入圖）扁平、封閉與開放宇宙。

基於理論與觀測因素，天文學家假設宇宙是平的，並嘗試找到足夠的質量來引發這個結局。這個關鍵的物質質量據說可以「把宇宙封住」。

不幸的是，即使把恆星、星系與星雲等所有可見物質的質量加起來，也只達到把宇宙封住所需的質量的 5%。再加入暗物質（見 273-277 頁），這個數字會上升到 28%。這是 1998 年宣布驚人的觀測結果時的情況。

多年來，天文學家都在尋找不需要計算總質量，就能決定宇宙最終命運的方法。觀察遠方星系時，我們看到的是數十億年前發出的光，測量這個光的紅移，就能知道宇宙當時的膨脹速度。根據我們的預期，隨著時間經過，重力應該會減緩膨脹速度。因此，這個判斷宇宙命運的方法就稱為測量減速參數（deceleration parameter）。

要測量減速參數，就要有辦法測量位在數十億光年外的遙遠星系。這些星系離我們非常遠，連天文學家也看不清楚裡面的恆星。為了效仿艾德溫·哈伯以造父變星測量距離，我們需要另一種標準燭光，這時候就輪到 Ia 型超新星（type Ia supernova）登場了。

Ia 型超新星發生在雙星系統中，當其中一個伴星完成生命周期（見 254 頁）變成白矮星時，如果它把物質從一般大小的伴星吸引過來，可能

┃ 麥 可 · 特 納

「這可能是有史以來最不令人意外的驚喜。」

芝加哥大學的宇宙學家麥可·特納談到1990年代發現哈伯膨脹在加速時說了這句話。目前擔任凱維里宇宙物理研究所（Kavli Institute for Cosmological Physics）所長的特納，過去在粒子物理學設施成立了第一個宇宙學團隊，也就是位於芝加哥郊外的費米國立加速器實驗室（Fermi National Accelerator Laboratory）。

那是宇宙學界令人興奮的時期，除了發現暗物質，暴脹說又解釋了宇宙的基本幾何結構。儘管如此，似乎少了什麼東西。特納與少數幾名理論家提出，這片遺失的拼圖或許是空無一物的空間中的能量，也就是真空本身的能量，常被稱為宇宙常數（cosmological constant）。1998年，發現宇宙在加速膨脹後，所有人才承認造成加速的，就是這片遺失的拼圖。

那麥可·特納認為暗能量是什麼？

「有時候我覺得它是宇宙常數，但其他時候，我又覺得它應該是某個更基本的東西。」

會變得非常巨大，因而啟動核反應，使整顆星爆炸。這種事件會釋出龐大的能量，短時間使超新星比整個星系還明亮。由於所有白矮星基本上一樣大，而且從很遠的地方就能觀察到這種爆炸，所以 Ia 型超新星是很理想的標準燭光，可以用來決定遙遠星系的距離。

有了星系距離（透過 Ia 型超新星）和它遠離的速度（藉由測量紅移），就可以推算出宇宙在很久以前的膨脹速率。1990 年代的天文學家研究這些超新星時，預期會發現宇宙的膨脹速度減緩。然而，令人吃驚的是，膨脹速度不但沒有減緩，反而比數十億年前還快。哈伯膨脹現在正在加速！

暗能量

只有一個方法能解釋這項驚人的事實：宇宙中必然有某種力量可以克服向內拉動的重力。既然重力會把物質吸在一起，這種新的力一定就會把物質推開。芝加哥大學的宇宙學家麥可·特納（Michael Turner）稱這種新的現象為「暗能量」，但請不要把暗能量和我們在 272-277 頁討論的暗物質混為一談。然而，由於能量和物質是等值的（記住 E = mc2），暗能量對宇宙的質量也有貢獻。

因此，宇宙質量的總和如下：

普通物質：約 5%

暗物質：約 23%

暗能量：約 73%

這些全部加在一起，就足以把宇宙封起來。

我們認為是構成宇宙基本物質，以及構成我們的物質，竟然只占總質量的一小部分，打破了我們長久來的錯誤認知。

一旦將 Ia 型超新星作為標準燭光，就有可能追蹤哈伯膨脹的歷史。在最初 50 億年左右，膨脹似乎確實曾經減緩。在那個時代，物質密度比現在更高，往內拉的引力占優勢。當物質變得更分散時，重力減弱，往外推的暗能量占上風，使膨脹到現在為止都還在加速。

有了這項新的認知，宇宙會以什麼方式結束？答案要視暗能量的性質而定，但我們並不了解這種能量。即使如此，我們還是能列出一些可能性。

大凍結、大撕裂或大崩墜

在「大凍結」（big chill）的情境中，哈伯膨脹會永遠持續下去。物質散布得愈來愈開，宇宙最後會變成一個冰冷又空蕩的地方，偶而才會有少許物質飄過。

普遍認為暗能量代表了創造時空所付出的代價。如果真是如此，那麼宇宙擴張而使空間增加時，暗能量也會跟著增加。如果暗能量隨著時間增加，加速的速率也會增加，直到行星、原子與原子核等每樣東西都在「大撕裂」（big rip）中毀滅。這不太可能發生，但宇宙若以這種方式終結將會非常壯觀。

如果暗能量的量固定不變，到後來膨脹會稀釋它的力量，直到引力又奪回主控權，這就是「大崩墜」（big crunch）。一切都會回到原點，又要面對開放、封閉或平坦宇宙的選擇，而證據顯示平坦宇宙是比較可能的選項。

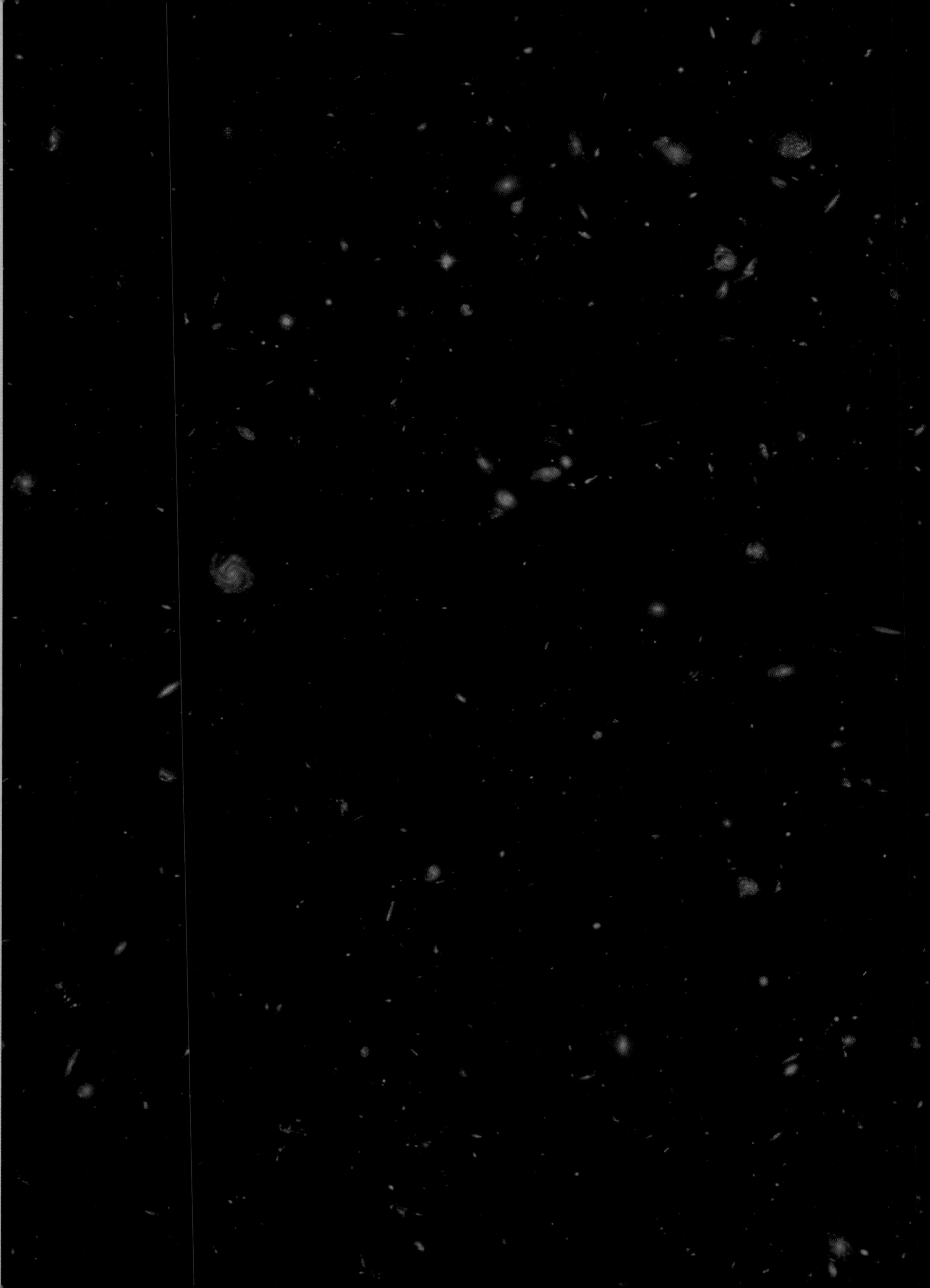

宇宙之謎

| 結語 |

我們探究宇宙的過程中最重要的進展之一，就是了解到要研究宇宙這個已知最大的東西，我們必須研究已知最小的東西，也就是構成物質基本單位的粒子。近幾年，奇特又複雜的弦論發展出另一個怪異的想法：平行宇宙。如果能用實驗來驗證多維的弦論，我們對現實的看法將會非常不同。哥白尼告訴我們地球不是宇宙的中心，哈伯告訴我們銀河系只是數十億個星系的其中一個，而弦論的理論家則告訴我們，這個宇宙或許只是眾多宇宙的其中一個，這些宇宙就稱為多重宇宙。

弦論和宇宙

過去兩個多世紀以來，物理學家對構成物質的基本元素鑽研得愈來愈深。我們往微小尺度探索的歷程大致如下：

19 世紀： 發現物質由原子組成。

20 世紀早期： 發現原子裡有原子核。

20 世紀中期： 發現原子核是由基本粒子組成。

20 世紀晚期： 發現基本粒子是由夸克組成。

今天： 我們猜測夸克是由一種稱作「弦」的怪東西組成的。

物理學家史蒂芬・古布瑟（Steven Gubser）在他精采的《弦論小書》（The Little Book of String Theory）一開頭就寫道：「弦論是個謎。」這句話真是再中肯不過了。這些理論的基本想法是，夸克由微小的「弦」構成。顧名思義，你可以把這些弦想成小提琴或吉他的弦，不同夸克會對應到弦的不同振動模式。弦論有許多種版本，不過為了方便說明，我們只會討論兩個特別有趣的特色：

- 統合重力和其他基本力（如後述），因此可以描述大霹靂的最早期階段。
- 使用到非常困難的數學，通常包含弦在 10 或 23 維度的震動。

多維度

第二點想必對多數人來說都很陌生，最好先

弦論導出由弦和膜構成的多維宇宙。（左頁）多維宇宙中膜的交疊假想圖。

從這一點開始解釋。我們生活在四維時空中，也就是三維空間加上時間這個維度。空間的維度是上下左右和前後，一般比較少用這種方式看待時間，不過，「之前」和「之後」也是我們所熟悉的概念。

物理學家開始發展弦論時，發現不要讓計算結果無窮大的唯一方法，就是加入更多維度。（物理學上會說這些理論只有在多維世界才「可重整」。）如果理論只在 10 或 23 維度中有意義，我們的世界卻只有四維，那該怎麼辦呢？

要知道弦論如何解決這個問題，可以使用一個簡單的比喻。想像草坪上有一條澆花用的水管。從遠方觀察，水管看起來像一條線。如果想沿著這條管子移動，只有兩種選擇：前進或後退。這表示從遠處看，這條水管只有一個維度。然而，這條水管在近距離下其實有三個維度，多了上下左右的選項。同樣地，弦論主張弦創造出一個從遠距離觀察的四維世界，但是只有在近距離才能清楚看到其他維度。不過，以目前的技術還辦不到。物理學家稱這些額外的維度為「緊緻化」（compactify）維度。

重力

然而，科學家對上述的第一個特色更感興趣：統合重力與其他力。弦論似乎可以化解過去我們看待自然的歧見。20 世紀早期有兩個主要的科學革命，一是愛因斯坦的相對論，它目前仍是解釋重力的最佳理論（見 270-271 頁）；另一個是量子力學，也就是目前解釋次原子世界的最佳理論。問題是，這兩個理論看待力的方式非常不同。在相對論中，重力是時空因質量存在而彎曲的結果，換句話說，重力是幾何改變的結果。另一方面，在量子力學中，力是由粒子交換而產生，本質上是一種動力學觀點。目前都是用這種方式來描述強核力、電磁力和弱核力，重力則是以幾何學來解釋。數十年來，在理論物理學界中，如何調和這兩種相互競爭的觀點，依然是個分外困難的問題。

但弦論解決了這個長期的困境。在弦論中，重力是一種稱為重力子（graviton，尚未發現）的粒子交換的結果，因此，重力與其他三種力並沒有本質上的不同。事實上，我們可以想像不同年代的科學家會如何回答這個簡單的問題：「為什麼我能坐在這張椅子上，不會浮起來？」

牛頓： 因為你和地球互相施加了重力。

愛因斯坦： 因為地球的質量使它表面的時空彎曲。

弦理論家： 因為你和地球之間交換了許多重力子。

這些解釋並不會互斥，反而是互補。把弦論套用到大質量物體上，就得到了相對論；把相對論套用到一般的物體上，就回到了牛頓力學。要培養出成熟的科學，用一個理論來取代另一個理論是行不通的，應該是要把舊理論併入新理論。

膜

新版的弦論提出了所謂的「膜」（brane，來自 membrane）。可以把膜想成是一個在多

維空間飛來飛去的膜狀物（想像一條弦垂直於它的長度方向移動，這樣它的軌跡就會形成一張薄膜）。物理學家也提到了最終極的弦論：M 理論，結束了我們對物質基本結構的追尋。M 理論尚未被寫下來，不過，很多絕頂聰明的人都在挑戰這個任務。

簡短介紹過這些最新理論後，我也必須提到，物理學界其實一直在爭論，這些理論是否稱得上是科學。弦論在數學描述上的困難，使弦理論家無法做出能以實驗證明的預測。懷疑論者主張，少了傳統上實驗和理論的互動，弦論只不過是數學。擁護者則提出，各種弦論普遍具有的特徵的確是可驗證的，例如預測「超對稱粒子」（supersymmetric particle）的存在，雖然目前還沒有發現這種粒子。等我們的理論和實驗能力更進步，應該就能化解這場爭論。位於瑞士日內瓦的大型強子對撞機是目前世界上最強大的加速器，最近物理學家使用大型強子對撞機的實驗中，並沒有發現超對稱粒子，無疑是敲響了弦論的喪鐘，這個結果未來會不會改變還是個未知數。

無論如何，我們之前提到，在經過充分研究的大霹靂，以及我們尚未徹底了解的重力統合過程之間，有一個不連貫的缺口，而弦論正好能可作為跨越這個缺口的橋梁，也讓我們能面對這個大哉問：一切是怎麼開始的？

英國理論物理學家麥可・格林（Michael Green）是弦論的先驅之一。

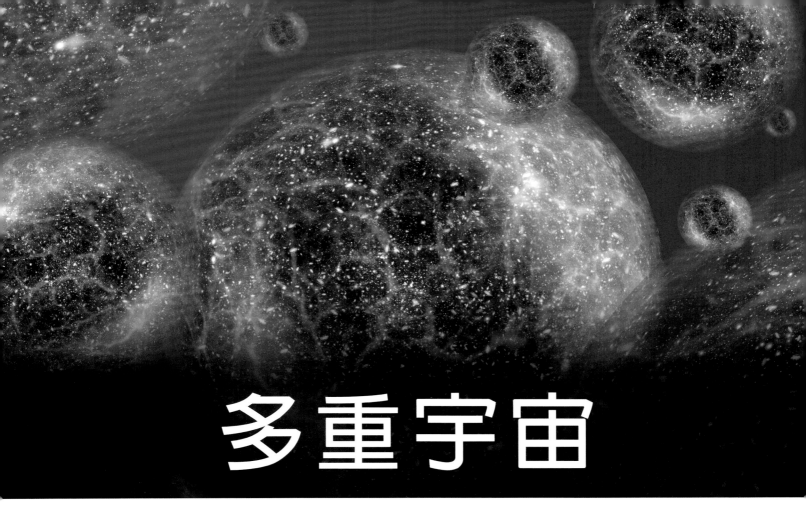

多重宇宙

多重宇宙和弦論一樣有許多版本。有的非常怪異，描述多維度的膜（見 325-326 頁）對撞而產生新的宇宙。不過，解釋多重宇宙時最常使用的比喻，是一鍋沸水中的氣泡。每個氣泡都是一個宇宙，我們的宇宙也是其中一個，裡面充滿星系。我們的這個宇宙氣泡正在膨脹，而在某些版本的多重宇宙理論中，這種氣泡表面會持續產生小氣泡，每個小氣泡都各自經歷大霹靂。也就是說，當你在閱讀這段文字時，我們的宇宙可能正在產生小宇宙。

弦論地景

由於所謂的「弦論地景」（string theory landscape），弦論預測出多重宇宙的存在。想像一場宇宙彈珠臺遊戲，彈珠會滾過遍布山丘和山谷的表面。我們知道彈珠遲早會停在某個山谷中，但那不見得是彈珠臺上最深的山谷，因為彈珠也可能會停在比較淺的山谷中。在理論物理學術語中，這種山谷稱為「假真空」。

根據弦論，我們依照多維空間可能的能量狀態繪製地圖時，會找到非常多的假真空（山谷），甚至多達 10500 個。事實上，每一個假真空都可能困住一顆彈珠，也就是可能的宇宙。10500 是很大的數字，因此為了方便起見，我們可以說在弦論地景裡，可能的宇宙有無限多個。如果我們的宇宙真的在產生小宇宙，每次有宇宙誕生，我

多重宇宙的概念圖。

們可以想像成又有一個彈珠滾過山丘和山谷。如果我們有足夠的彈珠，可想而知，大多數的假真空最後都會被填滿。也就是說，在弦論多重宇宙中，所有可能的宇宙最後都會出現在地景某處。

　　和弦論一樣，多重宇宙也引發了哲學上的辯論。主要探討的是，在絕大多數的版本中，不同的宇宙之間完全沒有溝通的機會，因此根本無法針對我們的宇宙之外是否還有別的宇宙這個問題，直接用實驗加以確認。另一方面，如果某個版本的弦論通過了實驗測試，而它又預測多重宇宙存在，我們就不得不認真看待這個結果。這可是一件大事，因為如果多重宇宙的確存在，說不定就能解決長久以來我們在認識宇宙時產生的問題。

這幅想像圖描繪多重宇宙的同時誕生，各有不同的物理定律。圖中央是我們的宇宙，右邊是一個沒有物質的宇宙。

微調問題

　　這個問題稱作「微調問題」（fine-tuning problem）。有許多方法可以描述這個問題，不過你可以試想重力。如果重力比實際上強大很多，大霹靂開始後很快就會崩潰，因為強大的重力會在膨脹開始前就使之結束。同樣的，如果重力比實際上弱很多，就沒有足夠的力量把物質聚在一起形成恆星或行星。不論是這兩種狀況的哪一種，宇宙中都不會產生出能夠思考重力問題的生物。所以重力必須要「微調」——精確調整到某特定

範圍，生命才能存在。

這種精準微調似乎是整個自然界常數的特性。例如理論計算指出，強核力（把原子核維持住的力）或電磁力（使得電子以固定軌道繞著原子轉的力）只要改變幾個百分比，就會導致某些原子如碳和氧無法形成，也就消滅了我們所知的生命誕生的可能性。同樣的，某些理論家認為與哈伯膨脹（見第 321 頁）有關的宇宙常數，被測出在我們的宇宙中幾乎等於零（雖然並不是零）。然而當物理學家用量子力學來計算這個常數時，卻與實際值差了 120 個數量級！（一個數量級就是十倍，120 個數量級就是 1 後面有 120 個零。）必然有某種效應把這個大數值抵銷，但我們不知道那種效應是什麼，只知道宇宙常數似乎也經過大幅的「微」調。

對科學家而言，自然中的力和常數的微調一直是個問題。為什麼在我們的宇宙中，這些數字都剛好如此？有些神學家甚至說，微調證明了上帝的存在。

人本原理

然而，弦論多重宇宙還支持另一個觀點，與一個老概念「人本原理」（anthropic principle）有關。這個觀點的支持者指出，「為什麼自然界的常數正好是這樣？」是錯誤的提問。真正的問法應該是：「在有智慧生物提出這個問題的情況下，為什麼自然界的常數正好是這樣？」在無法產生生命的宇宙，這個問題永遠也不會被提出，所以這個問題被提出的事實本身，就已經闡明我們宇宙的類型。

我必須指出，人本原理其實有兩個版本：弱版與強版。弱人本原理就如同上述，認為我們必然存在於能夠產生生命的宇宙，我們問了這樣的問題就是證據。強人本原理則聲稱有某種還未發現的自然律，說明宇宙必須讓生命存在。多數科學家偏向弱人本原理。

我過去的統計學教授常談起他所謂的「球道上的高爾夫」問題。在高爾夫選手揮桿之前，球落在特定草葉上的機率微乎其微，但球最後一定會落在某片草葉上。如果球沒有落在那片草葉上，也會落在機率同樣微小的其他地方。同樣的道理，我們思考弦論地景時，去問我們為什麼存在於這個難以置信的宇宙是沒有用的，因為就算我們不在這裡，其他版本的「我們」也會出現在同樣難以置信的地方。

從這樣的觀點看待事情，可以引發一些有趣的想法。例如，可能存在的宇宙數量是如此之大，能夠產生生命的宇宙子集合應該也很大。這就讓人想起標準科幻故事的情節：在另一個宇宙還有另一個你，在讀同樣這些文字，只是那個你可能有一條尾巴和綠色的鱗片。多重宇宙代表了哥白尼世界觀的勝利——把人類從存在的中心徹底移除。

船底座星雲

歐洲南方天文臺（European Southern Observatory）的超大望遠鏡（Very Large Telescope）拍攝的這張紅外線影像，描繪出船底座星雲（Carina Nebula）明亮的輪廓。船底座星雲是一個激烈的恆星誕生區，距離地球7500光年。圖的左下角是不穩定的船底座η星。

左頁：地球、月球和太陽在這張合成影像中排成一直線。地球和月球的繞日軌道在同一平面上，因此會造成日月蝕。本頁：水星上的隕石坑。

地圖詞彙

原文詞彙	中文詞彙	定義
Albedo feature	反照率特徵	對光線的反照率不同的地理區
Arcus	弧	拱形特徵
Astrum	星芒地形	金星上放射狀的特徵
Catena	鏈坑	一連串的隕石坑
Cavus	深坑	中空又不規則的凹陷處，側壁陡峭，通常聚集為一群
Chaos	深坑	明顯的破裂地形區域
Chasma	峽谷	深而狹長，兩側陡峭的凹陷地形
Collis	小丘	小山丘或圓丘
Corona	冠狀地形	卵形特徵的地貌
Crater	隕石坑	圓形的凹陷地形
Dorsum	山脊	脊
Eruptive center	噴發中心	埃歐上活躍的火山中心
Facula	光斑	明亮的點
Farrum	薄餅狀穹丘	薄餅狀結構，或一排這樣的結構
Flexus	彎脊結構	呈扇形的低矮山脊
Fluctus	流動地形	流出的液體覆蓋的地形
Flumen	溝渠	泰坦上可能有液體的渠道
Fossa	塹溝	長而狹窄的凹陷地形
Insula	島	島，隔離的地區，周圍被液態區域完全或幾乎包圍住
Labes	崩坍地	崩坍地形
Labyrinthus	溝網	交錯的複雜山谷或山脊地形
Lacuna	窪地	泰坦上形狀不規則的凹陷地形，形似乾涸的河床
Lacus	湖	湖泊或小型平原；泰坦上的「湖」，或是深色的小塊平地，邊界分散而銳利
Lenticula	鏡	歐羅巴上的深色小點
Linea	線狀地形	明亮或深色的長條記號，可以是直的或彎的
Lingula	舌	延伸的臺地，有圓弧形舌狀邊界
Macula	黑斑	深色小點，形狀可能不規則
Mare	海	海；圓形的大平原；泰坦上的大片深色物質被認為是液態碳氫化合物
Mensa	桌狀山	頂部平坦的突起地形，邊緣類似懸崖
Mons	山	山
Oceanus	洋	月球上遼闊的深色區域
Palus	沼	沼澤；小型平地
Patera	火山口	不規則火山口，或是邊緣呈扇狀的複雜地形
Planitia	平原	低地平原
Planum	高原	臺地或高地平原
Plume	羽流	海衛一的冰火山特徵
Promontorium	岬	岬角
Regio	區	一個大片區域，由於鄰近區域或寬廣的地理地區反照率或顏色不同，而非常明顯
Reticulum	網狀結構	金星上的網狀特徵
Rima	溝紋	裂隙、深溝
Rupes	峭壁	崖
Scopulus	不規則斷崖	裂片或不規則狀的崖
Sinus	灣	小片平坦區域
Sulcus	溝	近平行的溝槽和山脊
Terra	地	廣大的陸塊
Tessera	鑲嵌地塊	磚塊般的多邊形地形
Tholus	山丘	小型的圓頂山丘
Unda	沙丘	沙丘地形
Vallis	谷	山谷地形
Vastitas	荒原	遼闊的平原
Virga	幡狀地	有色的帶狀區域

謝誌

作者感謝卡內基學院的薇拉・魯賓與芝加哥大學的麥可・特納參與本書文稿的撰寫，感謝兩位編輯蘇珊・泰勒・希區考克（Susan Tyler Hitchcock）和派翠西亞・丹尼爾斯（Patricia Daniels），以及製圖師馬修・崔斯提克（Matthew Chwastyk）的協助，讓本書得以順利完成。

作者簡介

詹姆斯・特菲爾（James Trefil）

美國喬治梅森大學羅賓森學者計畫的物理學教授，專門為非理科主修生開設科學課程，擅長將複雜的科學概念化為容易理解的體系，並定期擔任法官與政府官員的科學於法律顧問。發表過約100篇學術論文，撰寫過無數膾炙人口的雜誌文章，以及將近50本科普書籍，2007年獲得美國物理研究所頒發的科學寫作獎。近期著作包括《科學大演化》。現與妻子住在維吉尼亞州的費爾法克斯。

延伸閱讀

國家地理出版的其他天文學書籍

蒂索・繆爾－哈莫尼著，姚若潔譯，《重返阿波羅：開創登月時代的50件關鍵文物》，大石國際文化，2019

詹姆斯・特菲爾著，周如怡譯，《科學大演化：從發現、發明到創新，細數改變科學史的重大里程碑》，大石國際文化，2018

希瑟・庫伯等著，胡佳伶譯，《國家地理圖解太陽系：最權威的太陽、行星與衛星導覽圖》，大石國際文化，2017

李奧納德・大衛著，姚若潔譯，《火星時代：人類拓殖太空的挑戰與前景》，大石國際文化，2017

霍華德・施奈德著，李昫岱譯，《國家地理終極觀星指南》，大石國際文化，2015

馬克・考夫曼著，姚若潔、陳心冕、邱筱涵、許雋安譯，《火星零距離：好奇號任務全紀錄》，大石國際文化，2015

巴茲・艾德林著，林雅玲譯，《前進火星：尋找人類文明的下一個棲息地》，大石國際文化，2014

大衛・阿吉拉著，李向東、陳逾前譯，《終極太空百科》，大石國際文化，2014

提摩西・費瑞斯著，鄭方逸譯，《大創意：五千年來改變世界的科學大發現》，大石國際文化，2013

地圖出處

製圖師
Matthew W. Chwastyk, National Geographic

所有地圖
地名：Gazetteer of Planetary Nomenclature, Planetary Geomatics Group of the USGS (United States Geological Survey) Astrogeology Science Center http://planetarynames.wr.usgs.gov

國際天文聯合會（IAU）(International Astronomical Union): http://iau.org

美國航太總署（NASA）(National Aeronautics and Space Administration): http://www.nasa.gov

太陽系52-53頁，內行星60-61頁，外行星120-121頁
所有影像：NASA, JPL (Jet Propulsion Laboratory, California Institute of Technology), Johns Hopkins University Applied Physics Laboratory, Carnegie Institution of Washington

水星64-67頁
合成圖：MESSENGER (MErcury Surface, Space ENvironment, GEochemistry, and Ranging), NASA, Johns Hopkins University Applied Physics Laboratory, Carnegie Institution of Washington

金星64-67頁
合成圖：Magellan Synthetic Aperature Radar Mosaics, NASA, JPL (Jet Propulsion Laboratory, California Institute of Technology)

地球83-87頁
古大陸地圖：C.R. Scotese, Paleomap Project

表面衛星合成圖：NASA Blue Marble, NASA's Earth Observatory

測深圖：ETOPO1/Amante and Eakins, 2009

月球94-97頁
合成圖：Lunar Reconnaisance Orbiter, NASA, Arizona State University

火星104-107頁
合成圖：NASA Mars Global Surveyor; National Geographic Society

衛星影像：Phobos, Diemos, NASA, JPL (Jet Propulsion Laboratory, California Institute of Technology), University of Arizona

穀神星118-119頁
合成圖：NASA, JPL-Caltech (Jet Propulsion Laboratory, California Institute of Technology), UCLA/MPS/DLR/IDA

木星124-125頁
合成圖：NASA Cassini Spacecraft, NASA, JPL (Jet Propulsion Laboratory, California Institute of Technology), Space Science Institute

木星的衛星132-139頁
所有合成圖：NASA Galileo Orbiter NASA, JPL (Jet Propulsion Laboratory, California Institute of Technology), University of Arizona

土星130-131頁
合成圖：NASA Cassini Spacecraft NASA, JPL (Jet Propulsion Laboratory, California Institute of Technology)

土星的衛星148-161頁
所有合成圖：NASA Cassini Spacecraft NASA, JPL (Jet Propulsion Laboratory, California Institute of Technology) Space Science Institute SATURN'S RINGS PP. 168-169

NASA Cassini Spacecraft NASA, JPL (Jet Propulsion Laboratory, California Institute of Technology) Space Science Institute

土星環168-169頁
天王星174-175頁；天王星的衛星176-179頁；海王星180-181頁；海衛一182頁
全圖：NASA Voyager II, NASA, JPL (Jet Propulsion Laboratory, California Institute of Technology)

冥王星193頁
全圖：NASA, Johns Hopkins University Applied Physics Laboratory, Southwest Research Institute, Lunar and Planetary Institute

銀河系210-211頁
插畫：Ken Eward, National Geographic Society

太陽 220-221頁
插畫：Moonrunner Design, National Geographic Society

宇宙282-283頁
插畫：Ken Eward, National Geographic Society

宇宙微波背景292-293頁
合成圖：Planck Mission, ESA and Planck Collaboration

哈伯星系音叉300-301頁
影像：SINGS (Spitzer Infared Nearby Galaxies Survey, NASA, JPL-Caltech

大霹靂306-307頁
圖表：NASA, JPL-Caltech (Jet Propulsion Laboratory, California Institute of Technology)

圖片出處

一般索引

地名索引

如何使用本索引

國際天文聯合會規範了地外地形特徵的命名方式。慣用的命名法是用拉丁文描述類型（例如火星上的「烏托邦平原」原文為 Utopia Planitia，planitia 的意思是「低平之地」之意），這類詞彙都列於 334 頁。用來標定地形位置的座標，是以經緯系統為根據。本書使用了三個相似的系統來呈現地圖。水星、金星、地球、火星這些類地行星與月球使用下圖一的方法，周圍標示字母，赤道上標記數字。像木星和土星的衛星這樣，同時呈現衛星的兩面時，則以下圖二的方式呈現：中央經線上標示字母，赤道上標記數字，且兩面的數字會連貫。由於只有南半球的資料，專門用下圖三的最後一種方法來呈現太陽系外側的天體。周圍標示字母代表經線，數字表示環形的緯線。本索引中的地形將以上述三種方式標示位置。除了地球上的地形，名字裡少了類型的地形都是隕石坑。有的條目擁有兩組座標值，表示它橫跨兩個半球。

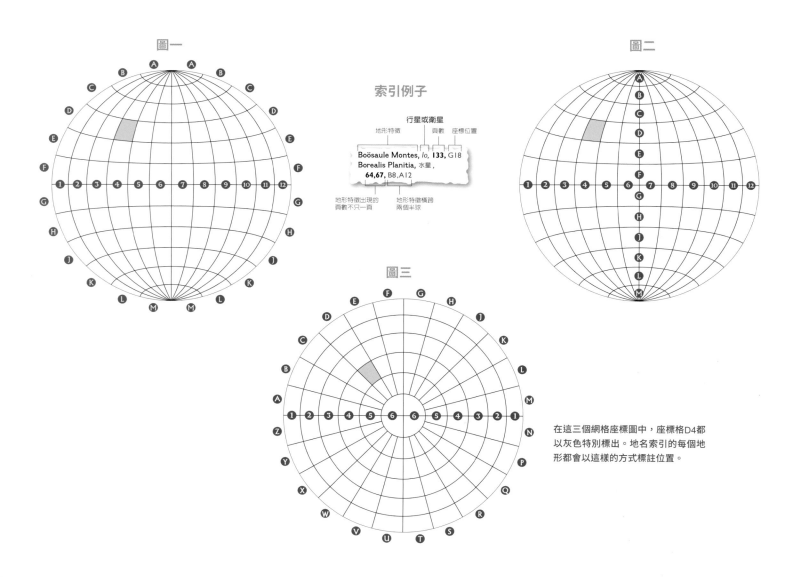

圖一

索引例子

行星或衛星

地形特徵　　頁數　　座標位置

Boösaule Montes, *Io*, **133**, GI8
Borealis Planitia, 水星，
64,67, B8, AI2

地形特徵出現的
頁數不只一頁

地形特徵橫跨
兩個半球

圖二

圖三

在這三個網格座標圖中，座標格D4都以灰色特別標出。地名索引的每個地形都會以這樣的方式標註位置。

最新增訂版

國家地理圖解太空

從內太陽系到外太空，最完整的宇宙導覽圖

作　　者：詹姆斯・特菲爾 James Trefil
翻　　譯：李昫岱、姚若潔
主　　編：黃正綱
資深編輯：魏靖儀
美術編輯：吳立新
行政編輯：吳怡慧

印務經理：蔡佩欣
發行經理：曾雪琪
圖書企畫：黃韻霖、陳俞初

發 行 人：熊曉鴿
總 編 輯：李永適
營 運 長：蔡耀明
出 版 者：大石國際文化有限公司
地　　址：新北市汐止區新台五路一段97號14樓之10
電　　話：（02）2697-1600
傳　　真：（02）8797-1736
印　　刷：博創印藝文化事業有限公司

2024年（民113）2月初版五刷
定價：新臺幣990元／港幣330元
本書正體中文版由National Geographic Partners, LLC
授權大石國際文化有限公司出版
版權所有，翻印必究
ISBN：978-957-8722-76-7（精裝）
＊ 本書如有破損、缺頁、裝訂錯誤，請寄回本公司更換

總代理：大和書報圖書股份有限公司
地　　址：新北市新莊區五工五路2號
電　　話：（02）8990-2588
傳　　真：（02）2299-7900

國國家地理合股企業是國家地理學會和華特迪士尼公司合資成立的企業。結合國家地理電視頻道與其他媒體資產，包括《國家地理》雜誌、國家地理影視中心、相關媒體平臺、圖書、地圖、兒童媒體，以及附屬活動如旅遊、全球體驗、圖庫銷售、授權和電商業務等。《國家地理》雜誌以 33 種語言版本，在全球 75 個國家發行，社群媒體粉絲數居全球刊物之冠，數位與社群媒體每個月有超過 3 億 5000 萬人瀏覽。國家地理合股公司會提撥收益的部分比例，透過國家地理學會用於獎助科學、探索、保育與教育計畫。

國家圖書館出版品預行編目（CIP）資料

最新增訂版 國家地理圖解太空 - 從內太陽系到外太空，最完整的宇宙導覽圖
詹姆斯・特菲爾 作 ；李昫岱、姚若潔 翻譯. -- 初版. -- 新北市：大石國際文化, 民108.12　352頁 ; 21.7 x 28.3公分
譯自：Space atlas : mapping the universe and beyond
ISBN 978-957-8722-76-7(精裝)
1.太空科學

326   108020697